高等学校教材

遥感技术与应用实验和实习教程

YAOGAN JISHU YU YINGYONG SHIYAN HE SHIXI JIAOCHENG

汪金花　李孟倩　郭力娜　梁鹏　张永彬　编著

测绘出版社

·北京·

内容简介

本书为综合类高等院校非测绘类专业教学用书,是《遥感技术与应用》《遥感原理》教材的配套教材,也是遥感技术课间实验和集中实习的指导书。

全书内容分为遥感外业观测、遥感图像处理、遥感专题实习和附录四个部分。书中列出了31个实验项目和6个专题实习,介绍了各种遥感外业观测设备和观测方法,以及遥感图像校正、增强、分类与信息提取实验(习)方法与规范要求,其中还包括遥感制图、矿山监测、植被信息提取等专题实习过程和方法,内容全面,适用广泛。

本书条理清晰,实验(习)目的内容明确,操作内容描述细致,可作为高等院校测绘工程、地理信息工程、海洋工程、地质勘查工程、矿业工程及环境工程等相关专业本科及研究生的遥感类教材,也可作为相关专业工程技术人员的参考用书。

图书在版编目(CIP)数据

遥感技术与应用实验和实习教程/汪金花等编著. —北京:测绘出版社,2019.7
高等学校教材
ISBN 978-7-5030-4197-6

Ⅰ. ①遥… Ⅱ. ①汪… Ⅲ. ①遥感技术—高等学校—教材 Ⅳ. ①TP7

中国版本图书馆 CIP 数据核字(2019)第 024985 号

责任编辑 巩 岩　**封面设计** 李 伟　**责任校对** 石书贤

出版发行	测绘出版社	**电　　话**	010—83543965(发行部)
地　　址	北京市西城区三里河路 50 号		010—68531609(门市部)
邮政编码	100045		010—68531363(编辑部)
电子邮箱	smp@sinomaps.com	**网　　址**	www.chinasmp.com
印　　刷	北京建筑工业印刷厂	**经　　销**	新华书店
成品规格	184mm×260mm		
印　　张	15.625	**字　　数**	381 千字
版　　次	2019 年 7 月第 1 版	**印　　次**	2019 年 7 月第 1 次印刷
印　　数	0001—1000	**定　　价**	45.00 元

书　　号 ISBN 978-7-5030-4197-6

前　言

遥感技术是当前一种先进的信息采集方式，能全天候、多角度、宏观动态地监测地表地物信息，已经广泛应用于多个行业，发展多个学科互相影响和交叉应用的研究领域，也是测绘工程、地理信息工程、海洋工程、地质勘查工程、矿业工程及环境工程等专业的必修课或技术基础课。不同的专业方向对遥感技术理论与实践教学内容的要求既有共性部分，又各有特色，具体应用技术与范畴也不同。本书根据上述本科专业对遥感类课程的课内实验环节和集中实习要求，以及研究生集中课题的专项训练，采用了"模块化"的编写思想，将整个教学内容分成通用模块和方向模块。通用模块是遥感外业部分与图像处理部分，方向模块则是针对各个专业展开具体应用和专题案例。意在遥感教学中整合教学资源，与相关辅助教学资料配套，规范教学质量管理和教学过程管理。本书根据测绘、遥感、地理信息等不同行业对高层次人才的要求，结合大量实例，反映现代遥感数字图像处理技术与方法。

全书内容分为三个部分：遥感外业测量部分、遥感图像处理部分、遥感专题应用部分。第一部分介绍光谱仪使用、光谱数据采集、外业像控点测量、遥感外业调绘等内容；第二部分包括遥感图像辐射校正、图像几何校正、图像融合、图像增强、图像分类等基础实验训练操作；第三部分主要以专项实验形式介绍专题内容、技术流程与实验过程，包含遥感制图、土地利用遥感分类、矿山遥感监测、地质遥感、水体遥感等在实践生产中的应用。本书亦可作为本科及研究生的遥感技术实践用书及工程技术人员参考用书。

本书编著工作由汪金花、李孟倩组织编写，集体讨论，分工合作。其中，实验一至实验三、实验五至实验十八、实习三十七由李孟倩编写；实验十九至实习三十二、实习三十五由汪金花编写；实习三十三、实习三十四由郭力娜编写，实习三十六由张永彬编写，实验四由梁鹏编写。各章编写完毕后，汪金花、李孟倩对书稿进行了统一校对工作。另外，研究生曹兰杰、郭云飞、吴兵等参加全书录入、校正与编辑工作。

由于编者水平有限，书中难免有不足之处，敬请专家、读者指正。

目　录

第一部分　遥感外业观测

第二部分　遥感图像处理

第三部分　遥感专题实习

第一部分　遥感外业观测

实验一　光谱仪的认识与使用

一、目的与要求

认识光谱仪基本结构和各部分组件的名称，了解光谱仪主要技术参数，掌握光谱仪的操作方法、光谱采集的工作流程及操作的注意事项。

二、光谱仪的认识

光谱仪是测量地物反射光谱的仪器。SR-2500 便携式高性能地物光谱仪是美国 Spectral Evolution 公司的产品，可以测量辐射度、光谱反射率和光谱透过率。光谱仪主机波长覆盖范围为 350～2 500 nm，是全波段阵列式检测器。仪器配有外置式可充电电池、电脑或手持式触摸屏 PDA 控制器。该仪器特点是野外工作时间长，可以遥控光谱测量和数据存储。图 1-1 为光谱仪的外形及各部件名称，按图对照仪器实物，认识各个部件，并熟悉它们的名称。

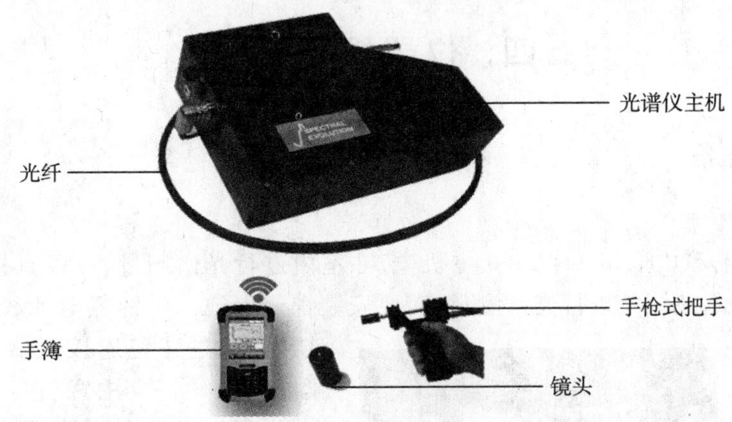

图 1-1　光谱仪各组件名称

光谱仪主要参数包含光谱的覆盖范围、色散率、分辨率、灵敏度、动态范围、信噪比、光谱获取速度等。表 1-1 是 SR-2500 便携式高性能地物光谱仪主要参数。

表 1-1　光谱仪主要参数

光谱范围	350～2 500 nm	波长精度	≥0.5 nm
光谱分辨率	波段内优于 25 nm	波长重复精度	0.1 nm
采样带宽	≥1.5 nm(波长为 350～1 025 nm) ≥6 nm(波长为 1 025～2 500 nm)	视场角	4°、8°、14°或 25°

三、仪器操作流程

为了研究不同地物表面的光谱特性，分析被测地物光谱随时空变化规律，需要使用光谱仪采集研究对象或地表物体的光谱信息。使用光谱仪采集样本光谱时，需要完成仪器准备、通信连接、参数设置、光谱数据采集、数据导出等步骤，如图 1-2 所示。

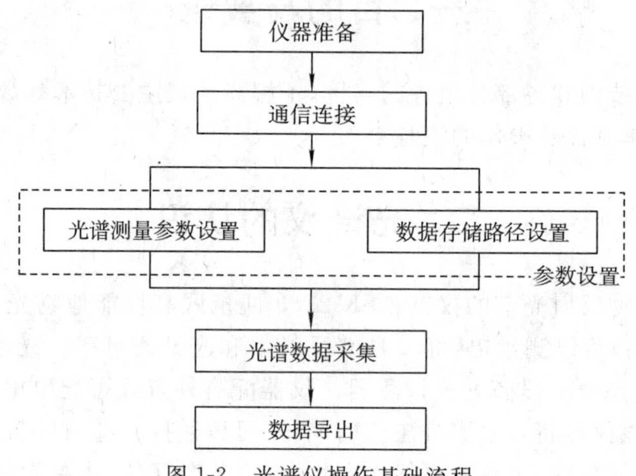

图 1-2　光谱仪操作基础流程

四、仪器操作步骤

(一)仪器准备

1. 连接电源

从黑色的运输箱内取出 SR-2500 主机，若在室内进行光谱测量，可以直接连接附近的交流电源；若在室外组装背负进行光谱测量，需要安装镍氢电池。将镍氢电池放置于背包中，用连接线穿过背包连接仪器电源端口，并旋紧固定螺丝。应注意，在需要去除电源端口时，先将螺丝旋松，握紧前端后拔出。另外电池需提前充满电，保证仪器连续工作 4～6 小时以上。

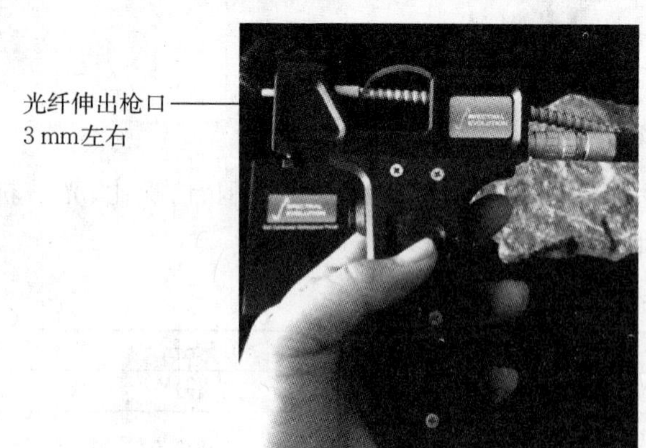

图 1-3　光谱仪的光纤连接

2. 连接光纤

取出手持 PDA(或电脑)及附件，将光纤线缆前端和手枪式把手连接。光纤前端插入把手，直到前端伸出枪口 3 mm 左右，旋紧固定螺旋即可，如图 1-3 所示。

（二）通信连接

光谱测量结果的实时传输，需要设置 PDA（或电脑）与光谱仪主机的通信方式。SR-2500 便携式高性能地物光谱仪有内置的蓝牙模块，可通过无线蓝牙完成通信。

1. 运行电脑 DARWin SP 软件

软件主窗口界面如图 1-4 所示，包含菜单栏、扫描工具栏、控制工具栏等快捷方式。

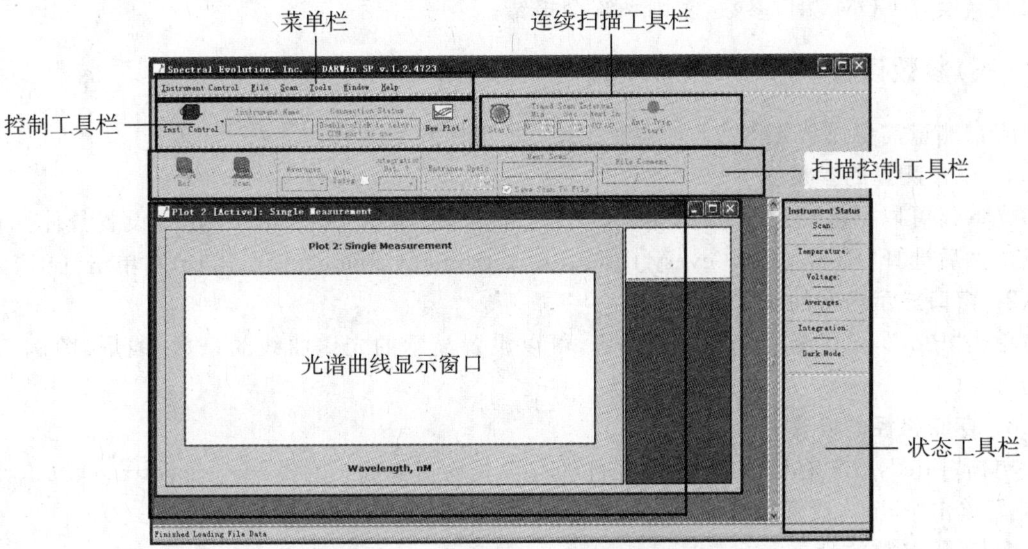

图 1-4　DARWin SP 窗口界面

2. 进入仪器控制面板

单击主菜单上"Instrument Control"→"Open Control Panel"，或者直接单击"Inst. Control"按钮，进入控制界面，如图 1-5 所示。

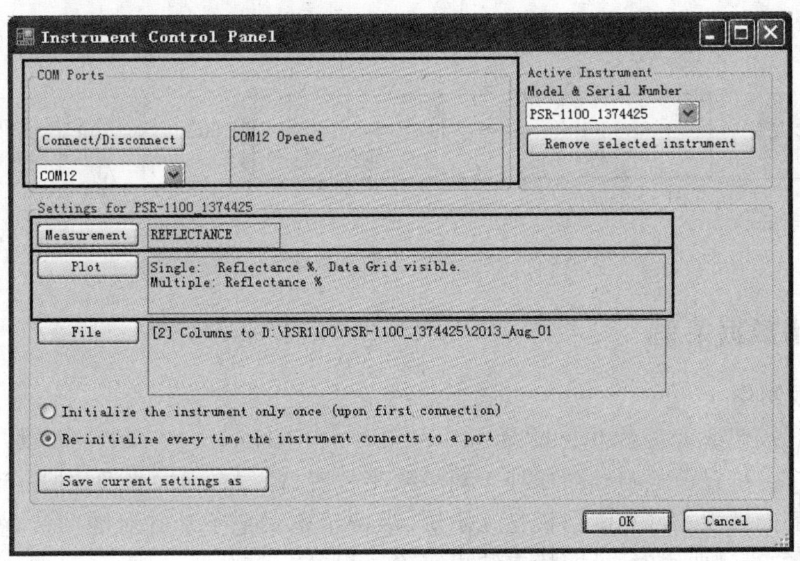

图 1-5　控制窗口界面

3. 完成通信初始连接

设置 SR-2500 和电脑连接端口,完成通信初始连接。查询电脑的设备管理器端口数字,在屏幕对应的"COM Ports"区域,单击"Connect/Disconnect"按钮。此时"Connect/Disconnect"右侧的 text 窗口会显示"COM〈#〉Opened"。然后将"Measurement/Plot/File"设置为默认值,选择"Re-initialize every time the instrument connects to a port",单击"OK"。

另外,第一次连接后,光谱仪主机与该台电脑会形成固定端口连接。如果选择其他端口,需要重新设置 COM 端口参数,否则系统会报错。

(三)参数设置

光谱测量需要设置光谱数据存储路径、采集指标两类参数。

1. 设置测量的参量

光谱仪可以测量辐射度、反射率、吸收率三种参量,单击"Measurement",设置具体测量的参量。然后选择"Re-initialize every time the instrument connects to a port",单击"OK"。

2. 窗口显示内容的设置

单击"Plot",设置测量窗口显示内容,可以设置显示的光谱曲线的条数、线形、图例、光谱区间等。

3. 存储路径的设置

单击"File",设置存储路径,弹出文件保存设置窗口界面,选择"Save Spectral Data to SED files"。单击"Edit",设置保存路径、文件名称、序号,单击"OK"。

4. 采集参数的设置

在主窗口选择快捷菜单"New Plot"→"Single Measurement Plot"或者通过"Windows"→"New Plot"→"Single Measurement Plot"进入采集界面,如图 1-6 所示。在采集界面主窗口设置平均测量次数(Average)、测量速度(随平均次数增多而变慢)、积分时间(通常设为自动积分)。

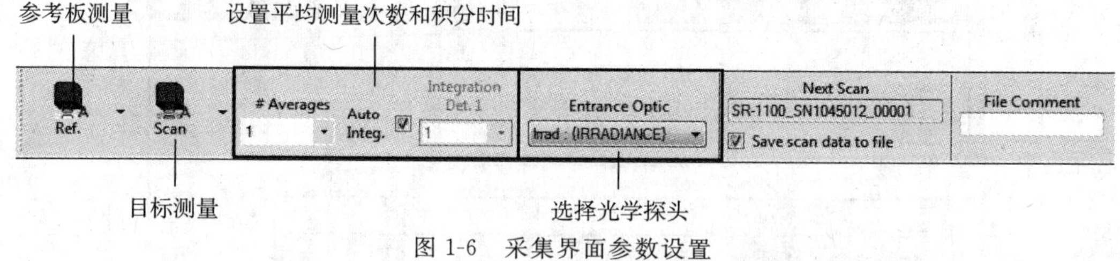

图 1-6 采集界面参数设置

(四)光谱数据采集

1. 参考板测量

选择"Ref"按钮或者主菜单上的"Scan"→"Perform Reference Scan"测量参考板。将白板放置在样品周围,确定白板与样品面处于同一水平位置,操作者面向光源,伸展手臂,确定光纤采样高度,保证光纤视场域充满白板且无阴影,手持手枪式把手垂直对准白板,参考板测量结果显示为红色的光谱曲线时,说明标定结果正确。

2. **目标地物的光谱测量**

移开参考板，对准地物，仪器探头应垂直于目标地物，测量高度和角度与测量参考板时一致，测定地物光谱曲线。选择“Tgt”或者“Scan”→“Perform Target Scan”测量目标，系统会自动将测量结果保存到先前设置的存储路径中。

3. **更换测量其他目标**

更换目标，重复步骤1、2，直到测量完成。

注意：对每种地物进行光谱测量前，对参考板进行定标校准，得到接近100%的基线，然后再进行目标地物测量；如果环境稳定，大约每隔5分钟采集完目标光谱数据后，需要重新测量一次参考板；为了使所测数据能与卫星传感器所获得的数据进行比较，测量仪器探头最好垂直于目标地物。

(五)数据导出

实测光谱数据通过DARWin SP软件上传至SR-2500主机内存，大约可以存储500次测量数据。一次光谱测量结束后，可以将数据导出。

1. **选择需导出数据并上传**

选择主菜单“Tools”→“Retrieve Stored Scans from Instrument”，弹出数据导出窗口，如图1-7所示。其中“Stored Scans”显示主机内存存储的数据总数目，图1-7显示为58条。拖动编号列表框右侧滚动条，选择需要查看或导出的数据，然后单击“Upload Selected Scan(s)”按钮。

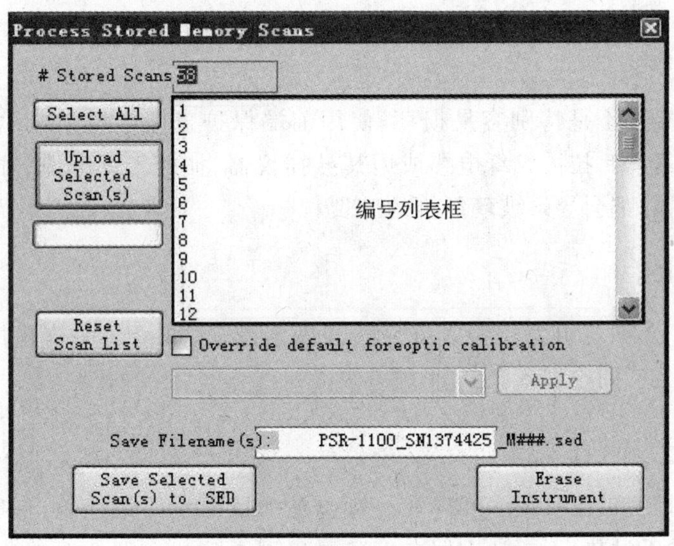

图1-7　光谱数据浏览与导出

2. **保存数据文件**

数据上传完毕后，弹出图1-8上传数据信息窗口。每条数据编号后显示使用的参考板测量值、光学器件(如镜头、光纤)等的说明文字。例如，图中编号1～4的反射率数据是以编号#1为参考板，5～7则以编号#5为参考板，8～12则以编号#8为参考板。单击“Reset Scan List”按钮，可以重新选择、查看上传所需数据。单击“Save Filename(s)”，编辑保存为电脑文件名后，单击“Save Selected Scan(s) to .SED Files”，完成保存。

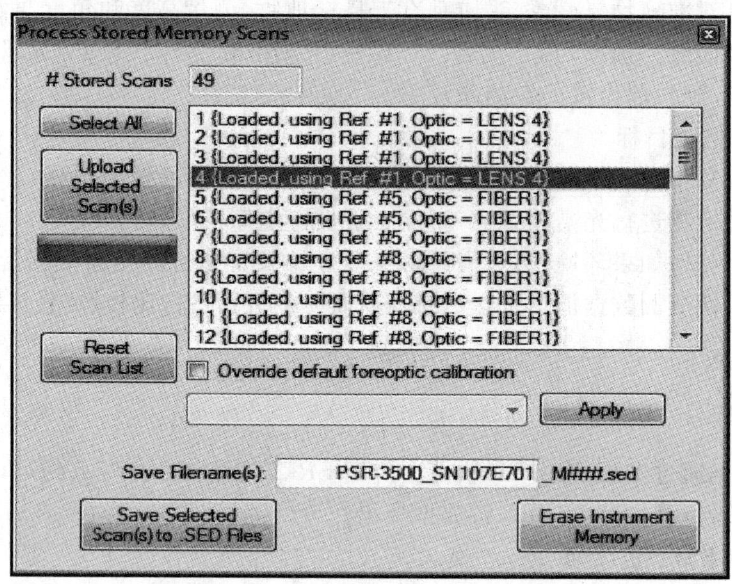

图 1-8 光谱数据格式和备注参数

五、注意事项

(一)光纤电缆

光纤电缆的前端并不是特别容易损坏，使用前端保护盖即可保护电缆的前端，使其免于表面磨损和污染物暴露。拉扯光纤电缆或用其悬挂仪器、抽打光纤电缆、缠绕扭转光纤电缆、使其坠落或撞击物体，都会导致玻璃纤维的破裂。

(二)手枪式把手

拧紧固定螺钉后，不要用力拉扯光纤。松开固定螺丝，即可从手枪式把手中取出光纤电缆。不要随意调整工厂固定螺丝。

(三)仪　器

确保仪器风扇排气口没有灰尘和碎片。背包是为仪器专门设计的，包底部的大网眼口袋提供通风，保证仪器不过热，不要让衣服或设备阻碍网眼口袋较低位置的通风。仪器工作时，不要使用防雨罩，防雨罩阻碍了空气循环，可能会导致仪器过热。在灰尘较大的地方使用仪器时，也要注意防尘。

(四)光谱参考板

虽然参考板非常耐用，仍应小心防止污染物接触参考板表面。因此在操作光谱参考板时，需要戴上干净的手套。不要使用任何含氟利昂或氟利昂推进剂的压缩气体清洁干燥的光谱板，氟利昂会破坏光谱板的表面。

六、知识扩展

光谱仪本质上是实现复色光色散分光和采集的仪器。光谱仪应用很广，在农业、天文、汽车、生物、化学、镀膜、色度计量、环境检测、薄膜工业、食品、印刷、造纸、半导体工业、成分检测、颜色混合及匹配、生物医学应用、荧光测量、宝石成分检测等领域应用广泛。根据光谱仪能够正常工作的光谱范围，光谱仪可以分为真空紫外光谱仪（6～200 nm）、紫外光谱仪（185～400 nm）、可见光谱仪（380～780 nm）、近红外光谱仪（780～2 500 nm）、红外及远红外光谱仪（2.5～50 μm）。

光谱仪又称分光仪，是将成分复杂的光分解为光谱线的科学仪器，用色散元件从辐射源的电磁辐射分离出所需要的波长或波长区域，并在选定的波长上（或扫描某一波段）进行强度测定。工作原理是由光谱仪通过光导线探头获取目标光线，经过模数（A/D）转换变为数字信号。利用电脑或 PDA 控制光谱仪，可实时显示测量结果，并可以利用光谱仪自带的光谱处理软件进行分析。一台典型的光谱仪主要由一个光学平台和一个检测系统组成，包括入射狭缝、准直元件、色散元件、聚焦元件、阵列检测器五个部分，如图 1-9 和表 1-2 所示。

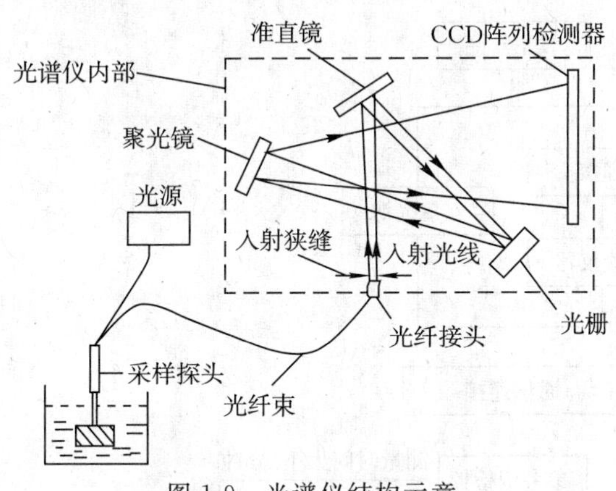

图 1-9　光谱仪结构示意

表 1-2　光谱仪组件及说明

组件名称	作用
入射狭缝	在入射光的照射下形成光谱仪成像系统的物点
准直元件	使狭缝发出的光线变为平行光，可以是一个独立的透镜、反射镜，或直接集成的色散元件
色散元件	通常采用光栅，使光信号在空间上按波长分散成多条光束
聚焦元件	聚焦色散后的光束，使其在焦平面上形成一系列入射狭缝的像，其中每一像点对应一个特定波长
阵列检测器	放置于焦平面，用于测量各波长像点的光强度，可以是电荷耦合器件（charge-coupled device，CCD）阵列或其他种类的光探测器阵列

实验二　光谱数据采集

一、目的与要求

掌握室内光谱仪操作方法、技术流程和注意事项，练习光谱仪的安置、参数设置、数据采集、数据导出等步骤；以植物叶片为实验样品，分组练习植物叶片光谱反射率的测量方法。

二、光谱测量实验流程

使用光谱仪采集研究对象的光谱信息时，需要完成实验准备、光谱测量和数据导出的工作。实验的准备内容较多，也是光谱测量准确的关键。需要提前准备样品、编号、制表，按照测量内容选取合适探头，设定采集指标、参数等，如图 2-1 所示。

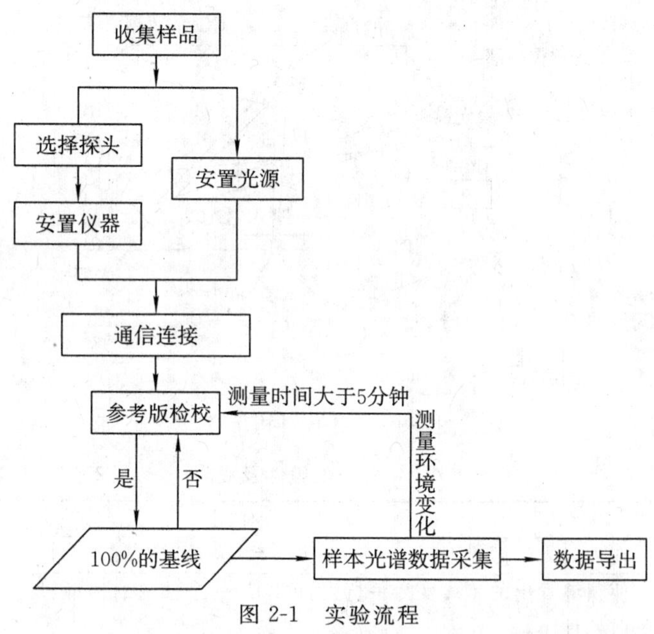

图 2-1　实验流程

三、实验步骤

(一)实验准备

植被叶片的反射率测量实验采用 SR-2500 便携式高性能地物光谱仪，实验地点应选在室内。对植被进行光谱测量时，要测量新鲜面，收集植物标本后应在 0.5 小时内完成测量。

1．测量目标选取

选取样本时必须在同一时段，从树冠外围选择叶片标本。叶片标本尺寸应大于 3 cm×3 cm，迅速摘下待测叶片放入自封密闭袋，放入保温箱带回实验室进行光谱反射率测量。本次光谱测量实验选取了棣棠、榆叶梅、丁香、红叶碧桃、西府海棠、紫叶矮樱六种植被叶子，制备成标本并编号，如图 2-2 所示。

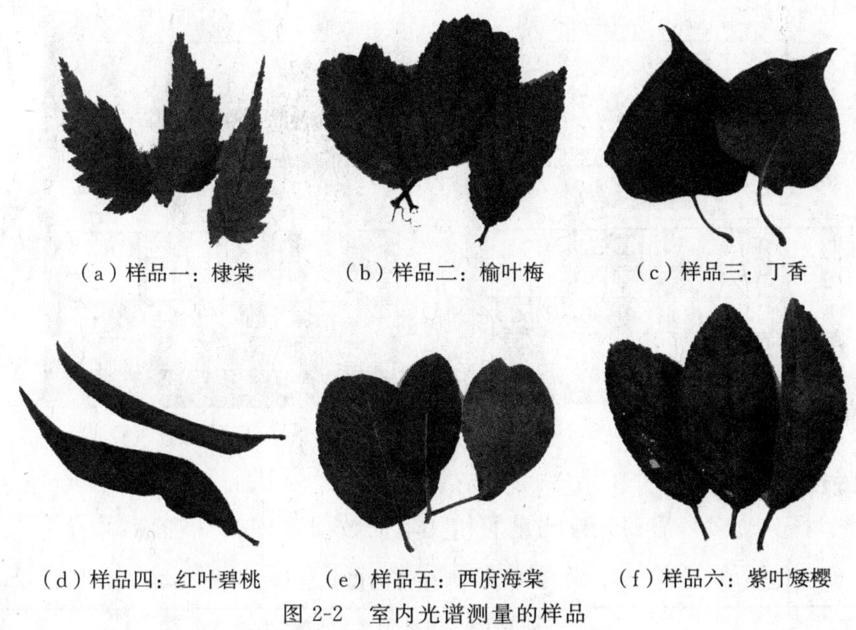

(a) 样品一：棣棠　(b) 样品二：榆叶梅　(c) 样品三：丁香

(d) 样品四：红叶碧桃　(e) 样品五：西府海棠　(f) 样品六：紫叶矮樱

图 2-2　室内光谱测量的样品

2．探头选择

当目标地物的范围较大、观测距离较近时，应选取较大视场角的探头进行测量。本次实验采用视场角为 5°的探头进行光谱测量。

3．通信连接和参数设置

运行 PDA 中的 DARWin SP 软件，进入仪器控制面板。设置 PDA 与光谱仪主机的通信方式、数据存储路径、采集参数等。通常在进行光谱测量前，在 PDA 的内存卡 card3 中新建文件夹，名称为光谱测量日期，如“20170514”，用于存储测量光谱曲线。此次实验设定测量的参量为光谱反射率，扫描时间为 2 s。

（二）光谱数据采集

按照实验一完成光谱仪安装连接后，将仪器放置于测量桌上，将室内光源打开，测量参考板与测量待测物时的高度应一致，进行叶片光谱测量。

1．白板(参考板)校正

将白板放在光源下，将探头放置在白板上方 5 cm 处，垂直对准白板，确保探头视域充满白板；在 PDA 中 Scan 界面中单击“Ref”按钮，开始白板校正。当白板校正光谱曲线出现时，如图 2-3 所示，说明白板校正完成。校正结束后，将白板盖好。进行样品测量时，每间隔 5 分钟应重新进行白板校正，防止外界环境变化或传感器响应系统的漂移变化对测量结果的影响。

2．样品光谱测量

将白板放置在一旁，在原来白板位置处放置样品一，单击 PDA 中的“Tgt”进行样品的光谱测量,光谱曲线如图 2-4 所示。单击“Image”对样品一进行拍照。测量时应注意探头高度、角度与测量白板时保持一致。重复以上操作,对其他样品进行光谱测量。每个样品需重复测量 3 次,6 个样品共计得到 18 条光谱曲线。

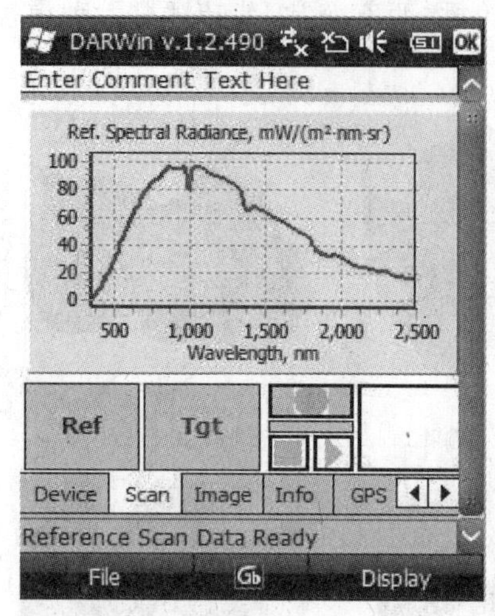

图 2-3 白板校正光谱曲线

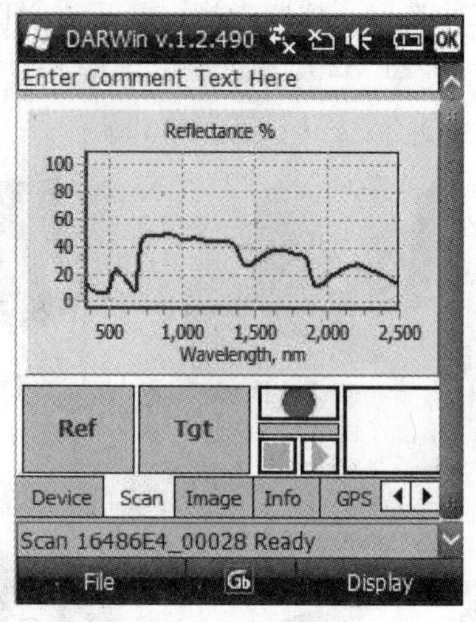

图 2-4 样品光谱曲线

3. 记录辅助数据

在每次测量完毕之后,需要记录测量的相关辅助数据,如表 2-1 所示。

表 2-1 室内光谱测量记录

室内光谱测量记录纸						
时间:2017 年 5 月 14 日	地点:D1-206		实验室记录人:		仪器号:	
植被名称	棣棠	榆叶梅	丁香	红叶碧桃	西府海棠	紫叶矮樱
所属类别	蔷薇科	蔷薇科	桃金娘科	蔷薇科	蔷薇科	蔷薇科
叶色	绿色	绿色	绿色	紫红色	绿色	紫色
样品编号	1	2	3	4	5	6
样品光谱编号	0001 0002 0003	0006 0007 0008	0009 0010 0011	0012 0013 0014	0015 0017 0018	0019 0020 0021
探头高度	5 cm	5 cm	5 cm	5 cm	5 cm	5 cm
样品照片编号	1	2	3	4	5	6
测量时间	2017 年 5 月 14 日 18:40—18:50					

(三)数据导出

实验过程中测定的光谱数据均以 *.sed 的格式自动保存在文件夹“20170514”中。实验结束后,从 PDA 中取出存储卡,可以直接将数据导入电脑。在电脑中,通过 DARWin SP 软件将测量的光谱曲线显示出来。

图 2-5 为棣棠的光谱曲线,右侧窗口中 16486E4-00001.sed、16486E4-00002.sed、16486E4-00003.sed 分别为三次测量的光谱曲线。

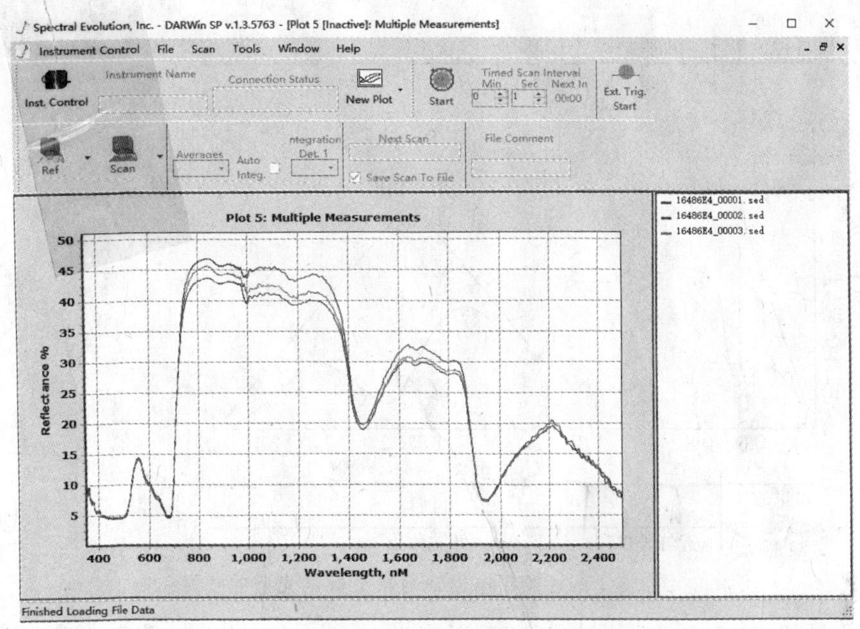

图 2-5　棣棠的光谱曲线

四、知识扩展

(一)野外光谱数据采集须知

在对植被进行野外原始光谱采集过程中，地表辐射到达传感器要经过一个复杂的过程，所测结果的准确性要受到多种因素的综合影响，如测量时间、光照条件太阳方位角与高度角、大气特性与稳定性、云的情况、风的情况、仪器视场角等。为测定目标的反射率，需测量两类光谱辐射值。第一类为参考光谱或称标准板白光近似朗伯体反射，将测得的反射率作为参考；另一类为目标地物的光谱，但必须保证在完全相同的光照条件下测量标准白板和目标地物光谱。

测量时，天气要晴朗，周围无严重大气污染，水平能见度不小于 10 km，光照稳定，太阳周围为 90°立体角，无卷云、浓积云等，避开阴影和强反射体的影响，测量时风力小于 3 级，最高气温小于 40℃。

(二)植物的反射光谱特性

植物光谱特征取决于植物叶片的物理结构。图 2-6 为绿色植物电磁辐射特征的标准光谱曲线和植物光谱响应的生物物理因素。植物光谱特征可概括为：可见光，两个吸收带、一个窄反射峰；近红外，一个宽反射峰；短波红外，三个强吸收带。这些特征谱带的形成机理取决于植物叶片的物理结构：上表皮层及其下的栅栏组织的叶绿素成分决定了可见光谱特征；内部的海绵组织决定了近红外强光反射光谱特征；植物的含水性决定了红外波段的光谱特征。

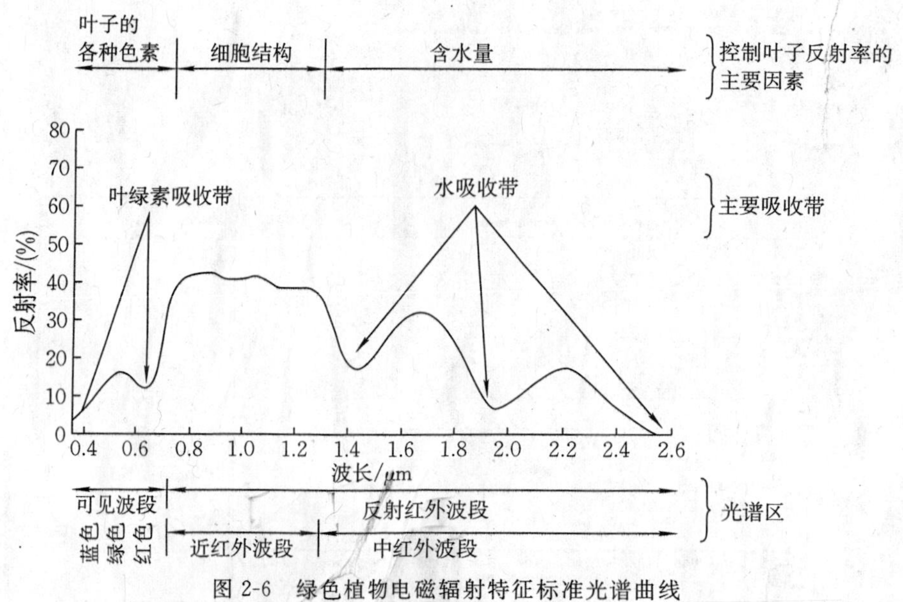

图 2-6 绿色植物电磁辐射特征标准光谱曲线

在可见光波段 0.55 μm(绿光)附近有反射率为 10%～20%的一个波峰,两侧 0.45 μm(蓝光)和 0.67 μm(红光)处则有两个吸收带。这一特征是由叶绿素的影响造成的,叶绿素对蓝光和红光吸收作用强,而对绿光反射作用强。在近红外波段,0.8～1.0 μm 间有一个反射的陡坡,至 1.1 μm 附近有一个峰值,形成植被的独有特征。这是由于受植被叶片的细胞结构的影响,除了吸收和透射的部分,形成高反射率。在中红外波段(1.3～2.5 μm)受到绿色植物含水量的影响,吸收率大大增加,反射率大大下降,特别是以 1.45 μm、1.95 μm 和 2.7 μm 为中心的谱带是水的吸收带,形成低谷。

健康绿色植物的光谱响应特征的光谱响应曲线虽然有一定的变化范围,呈现一定宽度的广度带,但光谱响应曲线“峰—谷”形态变化是基本相似的。植被光谱在上述特征下仍有细部差别,这种差别与植物种类、植物的生长发育、气候、病虫害影响、含水量多少等有关系。受外界因素的影响,植被在生长过程中的光谱反射特性会发生变化,这是利用遥感技术区分植被种类、诊断和监测生态系统污染对植被损害的依据。

实验三　光谱数据预处理

一、目的与要求

了解光谱测量数据误差来源；在 DARWin SP 软件、ENVI 软件平台下，掌握光谱数据平滑、均值计算及包络线去除等光谱数据预处理方法。练习光谱数据预处理及光谱库创建的过程。

二、实验方法

由于地物种类和环境条件不同，地物的反射和辐射电磁波的特征随波长而变化。地物的反射率或辐射率通常用二维几何空间的曲线表示，横坐标表示波长 λ（或者波段序号），纵坐标表示反射率 ρ（或者像元值），称为"光谱曲线"。也可以用一幅图像显示，图像的行表示一条光谱曲线，列表示采样点（X 轴波段序号），像元值表示反射率或者其他值。在进行光谱数据分析之前，通常要对光谱曲线进行预处理。数据预处理的目的是抑制无关信息，增强待检测的真实信息。常见的数据预处理方法包括数据平滑、均值中心化、包络线去除、小波去噪等，如表 3-1 所示。例如，测量植被光谱曲线时，受光源、外界因素等影响，实际测量光谱数据存在一定的误差，可以通过小波去噪，减少噪声、环境等对光谱数据的影响。

表 3-1　光谱数据预处理

序号	方法	作用
1	平滑	消除噪声
2	均值化	减弱光谱测量的偶然误差
3	包络线去除	突出光谱曲线的吸收、反射和发射特征
4	小波去噪	平滑、降噪及数据压缩
5	比值处理	光谱增强
6	求导	消除基线和背景干扰，提高分辨率和灵敏度

三、实验步骤

(一)平滑处理

1. 打开数据

打开 DARWin SP 软件，单击"File"→"Open Stored Data file(s)"，打开实验二中测得的光谱数据。

2. 平滑

在数据窗口单击鼠标右键，单击"Set Filter Width"，根据需要在下拉列表框中选择滤波值，滤波值大小需要根据实际平滑后效果反复对比来确定。本次实验选择的滤波值为"15"，选择后软件自动完成滤波。图 3-1 窗口右侧数据自动变为平滑后的数值,所测原始数据被替换为平滑后的数据。数据第一列“Wvl”表示波段(采样间隔为 1 nm),第二列“Refl”表示反射率。

重复该操作过程,依次完成实验二测得的 18 条光谱曲线的平滑处理。

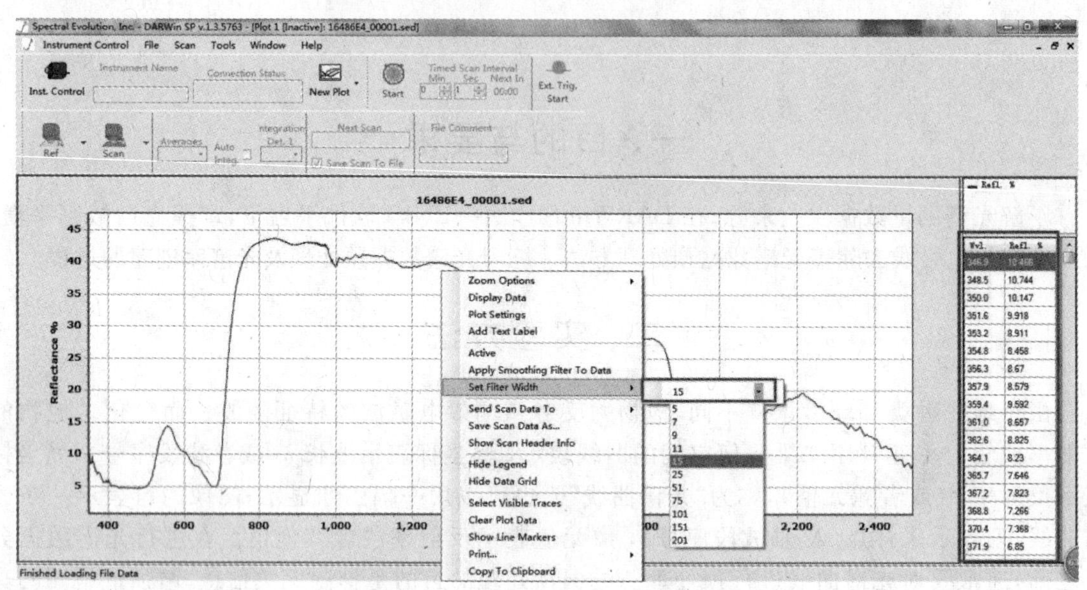

图 3-1　实验光谱曲线的平滑处理

(二)均值化

1. 数据格式转换

将实验二利用光谱仪测得的 *.sed 数据在 DARWin SP 软件中进行平滑处理后以 *.xls 的格式输出,即将图 3-1 中右侧数据复制到 Excel 文件中。

2. 求取多次测量平均值

在 Excel 文件中求取三组数据的反射率平均值,得到结果为两列。第一列为波段,通常该波段所测得数据单位为纳米,若标准光谱库的波段单位为微米,则需要将此列数值缩小 1 000 倍,将两者的单位保持一致;第二列为反射率,通常为百分比格式(是实际测量值与白板反射率的百分比数值)。若设白板的绝对反射率为 1,则所测量地物的反射率转为绝对反射值,即转化成小数值。

3. 数据输出

将上述 Excel 文件中数据复制粘贴到文本文件中,去除第一行标题,使最后结果只有数字。将数据以 *.txt 的格式输出。

(三)光谱库创建

光谱库的创建是将 *.txt 文件转换为 *.sli 文件的过程。ENVI 的光谱库文件是以图像文件格式保存,包括一个二进制的数据文件(*.sli)和一个头文件(*.hdr)。SR-2500 光谱仪直接获得的光谱数据通常不是二进制文件,为了方便后续在 ENVI 软件中进行光谱分析,需要将实测光谱数据转换成 *.sli 文件格式,建立对应的光谱库。本次数据处理数据来源为 SR-2500 光谱仪获取的光谱文件,将其转换成二进制的数据文件(*.sli)。

1. 输入波长范围

在 ToolBox 工具箱中，双击“Spectral”→“Spectral Libraries”→“Spectral Library Builder”工具，打开“Spectral Library Builder”面板，如图 3-2 所示，选择“First Input Spectrum”，单击“OK”，打开“Spectral Library Builder Import”面板。

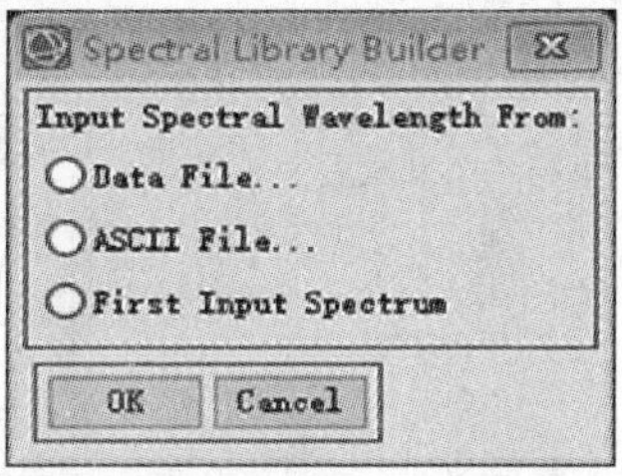

图 3-2　“Spectral Library Builder”面板

2. 光谱收集

在“Spectral Library Builder”面板中，单击“Import”→“from ASCII file”收集光谱，如图 3-3 所示。将 SR-2500 光谱仪采集的光谱曲线重采样到对应的波长空间，即将 SR-2500 光谱仪测得的 ＊.sed 光谱数据转换为 ＊.txt 的形式。在“Spectral Library Builder”面板中，选择“Import”→“from ASCII file”，在弹出对话框中选择刚才转换后的 ＊.txt 文件。

3. 保存光谱库

(1)在“Spectral Library Builder”面板中，单击“Select All”，选择“File”→“Save Spectra As”→“Spectral Library”，打开“Input Spectral Library”面板，“Available Spectra”列表中为上述操作中导入的文件，单击“Select All Items”，其余参数默认，单击“OK”，如图 3-4 所示。

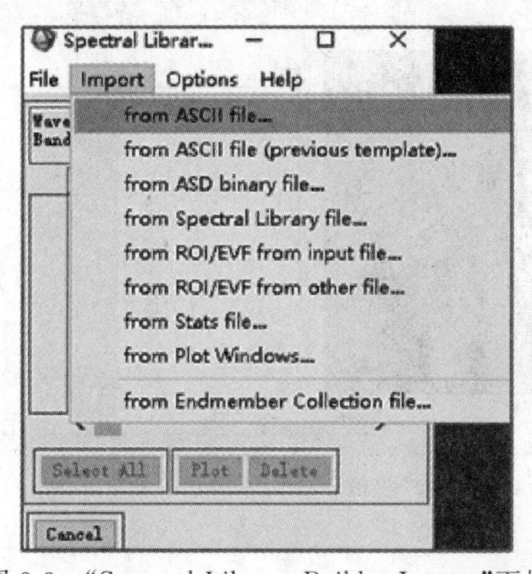

图 3-3　“Spectral Library Builder Import”面板

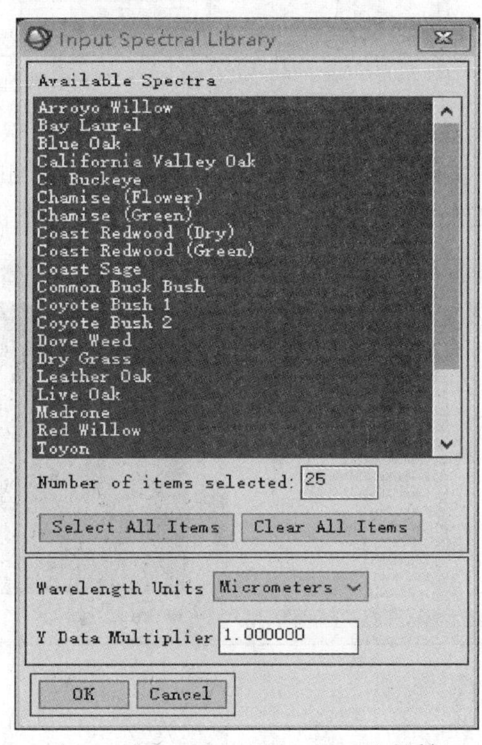

图 3-4　“Input Spectral Library”对话框

(2)在“Output Spectral Library”面板中，输入以下参数(图 3-5)：① Z 剖面范围(“Z Plot Range”)，保留空白(Y 轴的范围，根据光谱值自动调节)；② X 轴标题(“X Axis Title”)，为波长；③ Y 轴标题(“Y Axis Title”)，为反射率；④反射率缩放系数(“Reflectance Scale Factor”)，保留空白；⑤波长单位(“Wavelength Units”)，选择“Nanometers”；⑥ X 值缩放系数(“X Scale Factor”)，为 1；⑦ Y 值缩放系数(“Y Scale Factor”)，为 1。

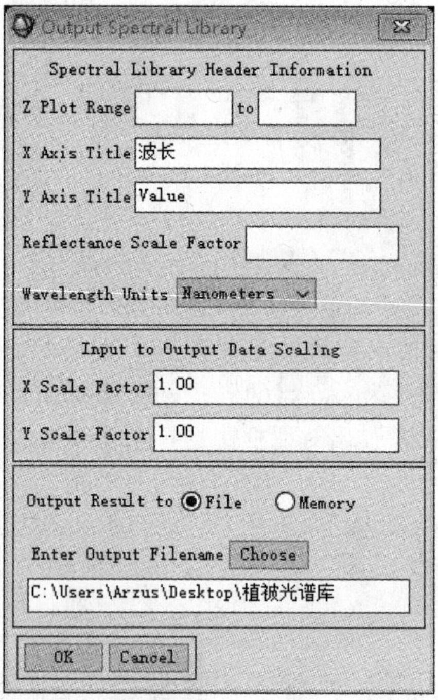

Output Spectral Library
Spectral Library Header Information
Z Plot Range
to
X Axis Title 波长
Y Axis Title Value
Reflectance Scale Factor
Wavelength Units Nanometers
Input to Output Data Scaling
X Scale Factor 1.00
Y Scale Factor 1.00
Output Result to File Memory
Enter Output Filename Choose
C:\Users\Arzus\Desktop\植被光谱库
OK Cancel

图 3-5 “Output Spectral Library”面板

(3)选择输出路径及文件名,单击“OK”,保存光谱库文件。图 3-6 为根据实验二数据建立的六种植被信息的光谱库,所有数据均为 *.sli 格式,并且所有数据可以在窗口右侧视窗中显示,可进行不同变量之间的对比分析。六种植被实测光谱曲线对比参考附录 F。

Spectral Library Viewer
veg_2grn.sli
Arroyo Willow
Bay Laurel
Blue Oak
California Valley Oak
C. Buckeye
Chamise (Flower)
Chamise (Green)
Coast Redwood (Dry)
Coast Redwood (Green)
Coast Sage
Common Buck Bush
Coyote Bush 1
Coyote Bush 2
Dove Weed
Dry Grass
[399, 166]
Arroyo Willow

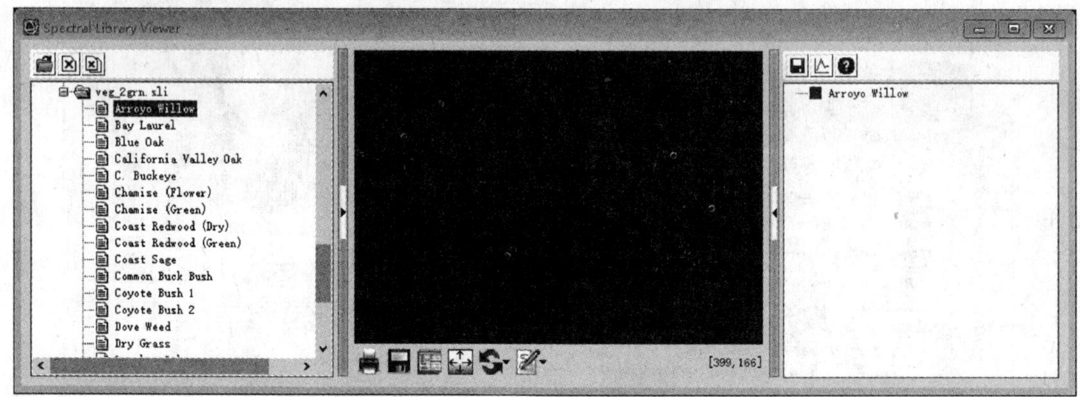

图 3-6 “Spectral Library Viewer”面板

四、知识扩展

ENVI 5.1 标准光谱库存放在…\Exelis\ENVI51\resource\speclib 目录下,分别存放在四个文件夹中,存储为 ENVI 光谱库格式,由两个文件组成(*.sli 和 *.hdr)。ENVI 中光谱库主要有以下四个:

(1)ASTER Spectral Library Version 2。存放位置为 spec_lib\aster,由美国国家喷气推

进实验室和加利福尼亚理工学院提供(http://speclib.jpl.nasa.gov)。ASTER 光谱库提供 2 443 种地物光谱，包括人造材料、陨石、矿物、岩石、土壤、植物和水体，波长范围为 0.4～15.4 μm。ASTER 光谱库主要来自三个其他光谱库，即美国约翰·霍普金斯大学光谱库、美国国家喷气推进实验室光谱库和美国地质勘探局(USGS)光谱库。其文件命名规则为地物名称_来源光谱库_测量仪器_光谱代码。

(2)IGCP264 光谱库。存放位置为 spec_lib\igcp264，由 5 种光谱仪从 26 种具备很好特征的样本中测量得到，这些样本经过了手工筛选和金刚砂压碎，并用小于 100 目和小于 200 目的网筛进行筛选。这些光谱库的目的是比较不同光谱分辨率和采样对光谱特征的影响。

(3)USGS 光谱库。存放位置为 spec_lib\USGS，由 USGS 光谱实验室提供(http://speclab.cr.usgs.gov/)，含 1 994 种地物光谱，包括涂料、人造材料、矿物、混合物、植被、挥发物。其文件命名规则为地物类型_测量仪器_光谱代码。

(4)植被光谱库。存放位置为 spec_lib\veg_lib，由 Chris Elvidge 提供。Chris Elvidge 植被光谱库使用 Beckman UV-5240 光谱仪测量获取，提供 99 种植被光谱，波长范围为 0.4～2.5 μm，包括干植被(veg_1dry.sli)和绿色植被(veg_2grn.sli)两个光谱库，其中 0.4～0.8 μm 波长精度为 1 nm，0.8～2.5 μm 波长精度为 4 nm。

实验四　红外热成像仪的认识和使用

一、目的与要求

了解德国英福泰克(Infratec)公司 ImageIR 8325 制冷式红外热成像仪的基本构造及主要部件的名称和作用,掌握其基本操作方法。练习红外热成像仪的基础操作,记录被测物体的温度并上交观测成果。

二、实验内容及方法

(一)认识仪器

ImageIR 系列高端红外成像系统基于最先进的光子型焦平面探测器和数字读出电路技术,具有帧频高、灵敏度高、测量精度高、解析度高等特性。图 4-1 为德国英福泰克生产的 ImageIR 8325 制冷式红外热成像仪的外形及部件名称。对照使用的实验仪器实物,找到相应的部件,认识其名称及作用。

(a) 侧面

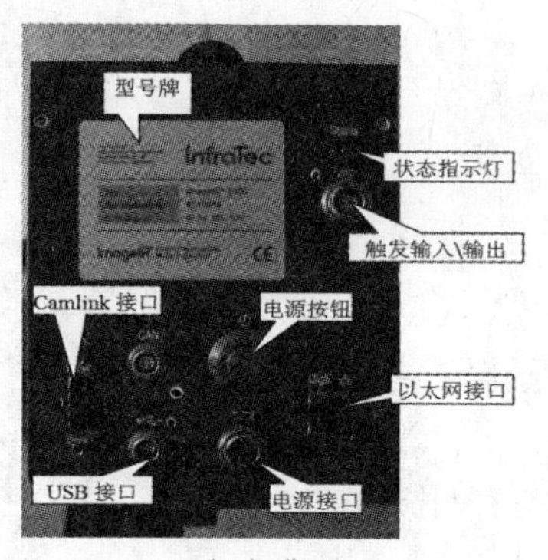

(b) 背面

(c) 底部

图 4-1　ImageIR 8325 红外热成像仪

镜头是红外热成像仪的重要部件之一,主要接收被测目标的红外辐射能量,如图 4-1(a)所示。红外热成像仪有多镜头,最常用的是焦距为 20 mm 左右的镜头,其基本上兼顾了视野大小和放大比例两个方面的指标。另外,还有焦距为 100 mm 的长焦镜头和焦距为 10～15 mm 的广角镜头。长焦镜头会提高远距离的辨识率,但是会大大缩小视野;短焦镜头则大大开阔视野范围,但是会降低辨识率。

如图 4-1(b)所示,以太网接口为红外热成像仪和控制电脑的信号连接,主要用于传输红外热成像仪接收的红外辐射信息。以太网接口具有速度快的优点,适合对红外辐射信息的大数据采集。

如图 4-1(c)所示，红外热成像仪底部有三脚架安装螺孔，主要用于连接并固定红外热成像仪和三脚架。

(二)仪器操作与使用

1. 连接仪器

(1)连接控制电脑电源线，并打开控制电脑。

(2)连接红外热成像仪电源线。

(3)连接红外热成像仪和控制电脑之间的信号线。

(4)打开红外热成像仪，预热一段时间；得到预热完成提示后，通过电脑控制软件连接红外热成像仪，如图 4-2 所示。

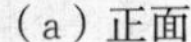

(a) 正面

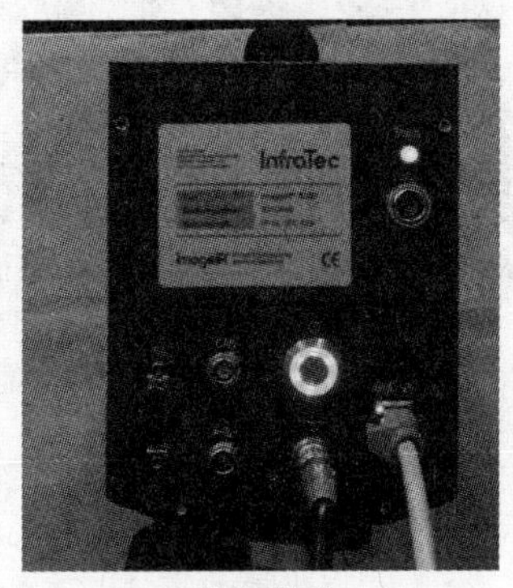

(b) 背面

图 4-2　ImageIR 8325 红外热成像仪工作状态

2. 仪器的对中与整平

(1)伸缩三脚架腿，使三条架腿长度适中。

(2)将一条架腿置于前方，操作者左、右手各执一条架腿分别进行前后左右移动，使架头大致水平，并位于地面点标志中心之上，放下架腿。

(3)从仪器箱中取出红外热成像仪，双手放到三脚架架头上，一手握仪器支架，一手旋上连接螺旋。

(4)使红外热成像仪镜头垂直对准被测物体。先用目估法移动脚架，使红外热成像仪镜头粗略对准被测物体；然后观察控制软件中显示的观测视场，适当调整红外热成像仪位置和被测物体之间的距离，尽量保证被测物体充满整个观测视场；同时，微松连接螺旋，在架头上移动基座，使镜头中心与被测物体中心重合后，再拧紧连接螺旋。

(5)根据仪器基座上圆水准气泡偏离中央的情况，伸缩脚架使气泡居中。

3. 瞄准目标读数

调节镜头焦距，使被测物体轮廓清晰。通过控制软件，获取被测物体的红外热像特征，可以读取被测物体每个像元上的温度值。读数按以下步骤进行：

(1)从红外热像上选择需要测量的区域，可以选一个点、一条直线，或者一个区域，如图 4-3 所示。

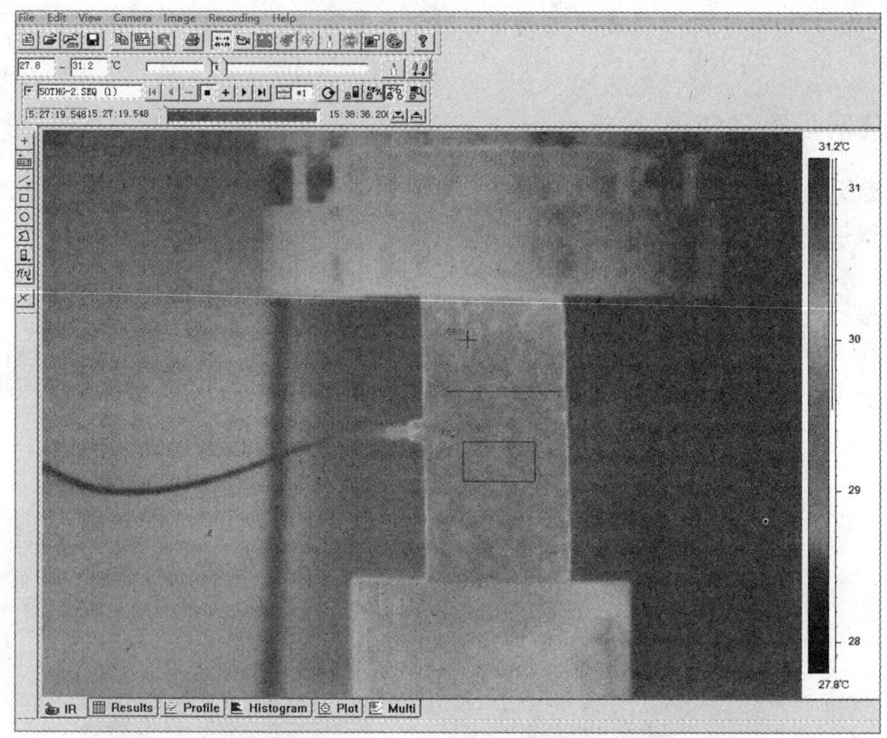

图 4-3　ImageIR 8325 红外热成像仪选择测量区域

(2)进入读数窗口,如图 4-4 所示。在红外热像右侧出现被测区域的温度范围,即最大值和最小值,单位为℃。

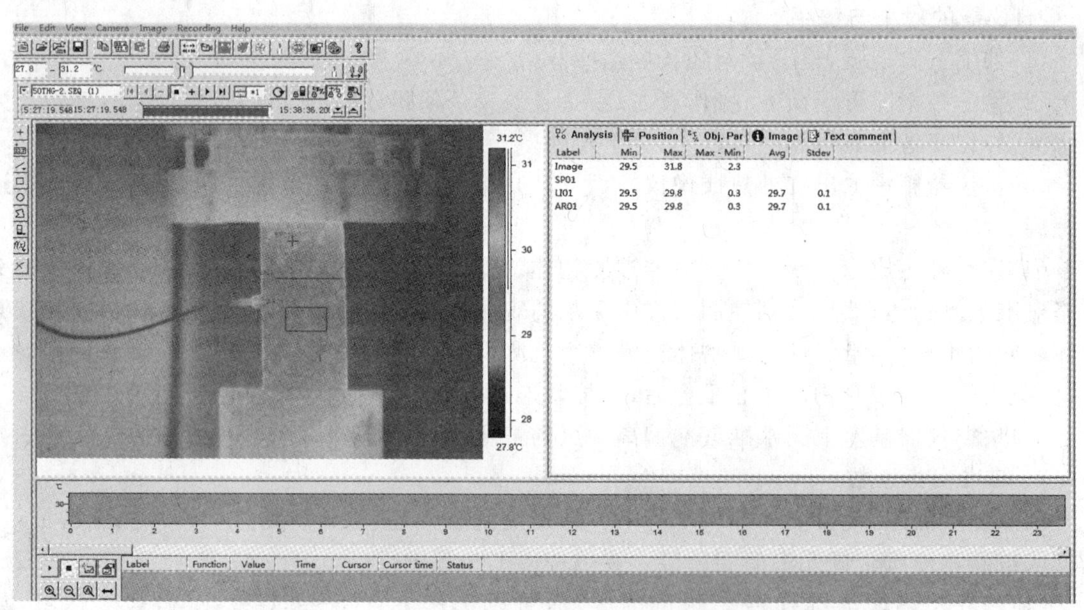

图 4-4　ImageIR 8325 红外热成像仪温度值显示窗口

(3)根据红外热成像仪的工作条件,可以获得被测区域三种温度值,即最高温度、最低温度和平均温度。设置完成后,可以导出被测区域三种温度随时间的变化曲线。以直线 LI01 为例，此区域三种温度值随时间变化曲线如图 4-5 所示。

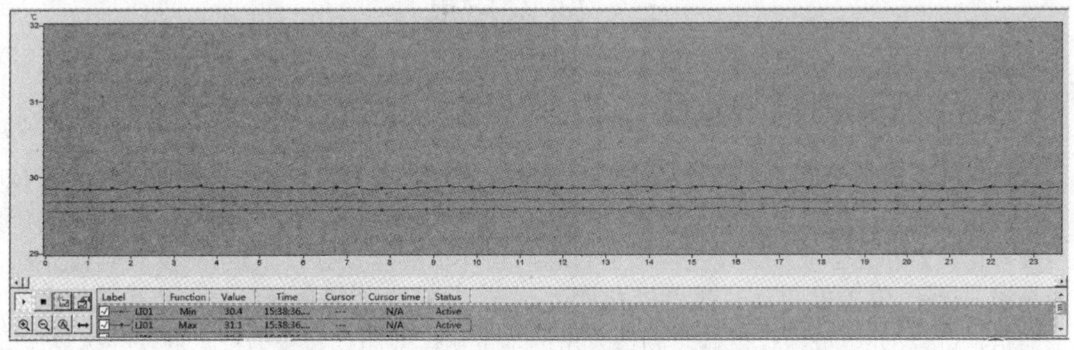

图 4-5　ImageIR 8325 红外热成像仪温度值时间序列

说明：所有的数据是由计算机记录，不需要人工记录。

(三)红外热像数据预处理

红外辐射热像图的温度原始值是离散的，少量的数据点会出现相关性差、规律性不强的现象，需要运用小波去噪的方法进行处理。小波去噪是将图像从空间域转换到频域。在频域内，噪声往往存在于频谱的高频区域，通过设定滤波的高频阈值，将噪声去除后，再结合小波变换为空域图像。实际操作时，利用 Matlab 平台编制程序，实现红外热像小波去噪自动化处理。

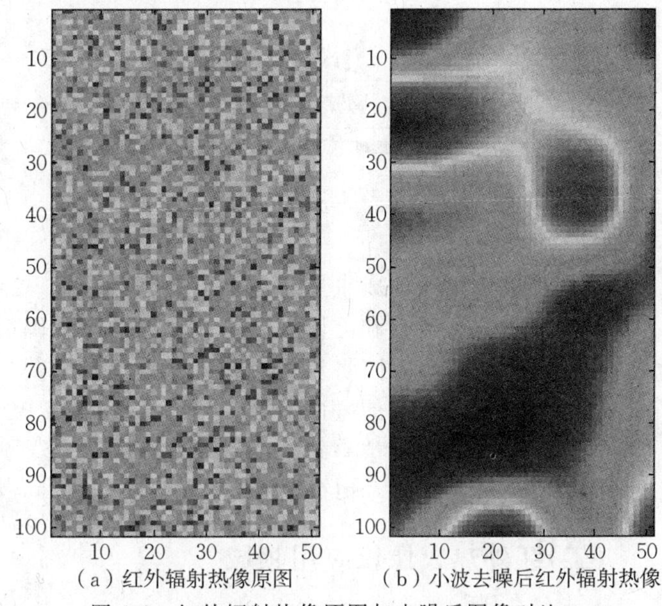

(a) 红外辐射热像原图　(b) 小波去噪后红外辐射热像

图 4-6　红外辐射热像原图与去噪后图像对比

图 4-6 为红外热像数据小波去噪的对比图，其中图(a)为红外辐射热像原图，图(b)为小波去噪后红外辐射热像。可以看到，通过小波去噪处理的红外辐射热像温度场对比原红外辐射热像的温度场更连续、高低温区域分布更明显和更易于观察。处理后的红外辐射热像可以更有效地被用于研究红外辐射热像的时间演化特征。

(四)实验注意事项

(1)打开红外热成像仪，预热一段时间，仪器会自动提示预热结束。

(2)观测时红外热成像仪必须水平且垂直对准被测物体。

(3)尽量保证观测物体充满红外热成像仪整个视场。

(4)观测时禁止人员随意走动。

三、知识拓展

(一)红外热成像仪工作原理

现代红外热成像仪的工作原理是使用光电设备来检测和测量辐射,并在辐射与表面温度之间建立相互联系。所有高于绝对零度(－273℃)的物体都会发出红外辐射。红外热成像仪利用红外探测器和光学成像物镜接收被测目标的红外辐射能量分布图形,并反映到红外探测器的光敏元件上,从而获得红外热像,如图 4-7 所示,这种热像图与物体表面的热分布场相对应。通俗地讲,红外热成像仪就是将物体发出的不可见红外能量转变为可见的红外热像,其不同颜色代表被测物体的不同温度。通过查看红外热像,可以观察被测目标的整体温度分布状况,研究目标的发热情况,从而进行下一步工作的判断。

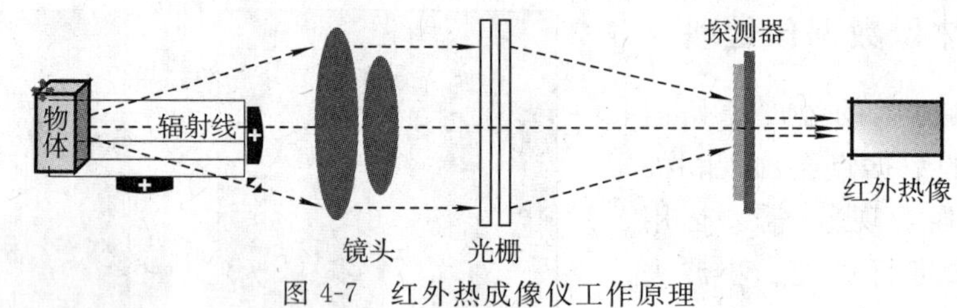

图 4-7　红外热成像仪工作原理

红外热成像仪的构成主要有以下五大部分：

(1)红外镜头,接收和汇聚被测物体发射的红外辐射。

(2)红外探测器组件,将热辐射型号变成电信号。

(3)电子组件,对电信号进行处理。

(4)显示组件,将电信号转变成可见光图像。

(5)软件,处理采集的温度数据,将其转换成温度读数和图像。

(二)红外热成像仪应用领域

红外热成像仪的应用非常广泛,只要有温度差异的地方都有应用。随着红外技术的不断发展和普及,新的应用被不断开发,目前主要有科学研究、电气设备与机电设备检测、品管研发、建筑检测、军事与安防等方面。

(1)机电设备检测:通用机电设备检测,如传送带、电机、压缩机、轴承等;冶金加热设备检测,如钢包、高炉风口、高炉冷却壁等;石化专用设备检测,如蒸馏塔、储罐液位、反应器、换热器等。

(2)建筑物监测:在透过红外镜头观察时,可以监测建筑物楼宇结构、管道系统、供暖通风及空调系统,可以检测到空气泄漏、水分积累、管道堵塞、墙壁后面的结构特征及过热的电气线路等。

(3)动物与植物科学研究:药性及药效试验、新品种培育、动物习性、生长环境、激光脱毛、微生物体等医学研究。

实验五　遥感图像像控点测量

一、目的与要求

了解像控点布设的原理、室内选点和野外验证的要求，掌握遥感图像像控点测量的技术流程，练习 GPS-RTK 施测像控点时外业采集和内业处理的过程。

二、实验技术流程

像控点的控制测量使用 GPS-RTK 施测，外业采用“静态＋动态”模式启动基准站，流动站采集像控点，作业灵活，精度较高。像控点采集工作实验流程如图 5-1 所示，收集测区资料后，完成像对的室内选点、野外核查工作，然后开展像控点测量工作。实习小组应独立完成一个像对的室内选点、野外核查和测量工作，并提交像控点分布图和测量的数据资料。

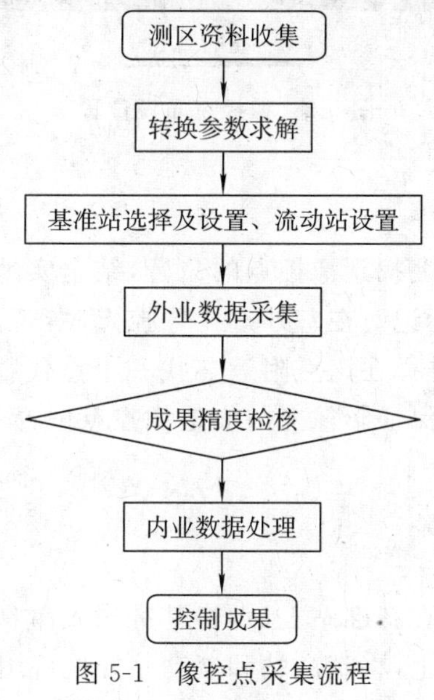

图 5-1　像控点采集流程

三、实验步骤

(一)室内布点

像控点应事先在室内布点，其布设应遵循以下原则：

(1)像控点在影像上应分布均匀，四个角点应有像控点，便于控制整幅影像的精度。

(2)像控点应布设在道路和河流等线形地物的交叉处、农田边界线、建筑物边界这类能在影像上清晰辨别的地方。

(3)像控点的周围尽量没有成片树林,以免遮挡 GPS-RTK 的信号。

实验的测区位于河北省唐山市曹妃甸区三农场附近,测区面积为 26 km^2,在遵循上述几点原则下,分别在影像四个角点及测区内线形地物的交叉处布设像控点,总共布设了 9 个像控点,具体位置如图 5-2 所示。

图 5-2 像控点布设位置

(二)外业布点

根据室内布点方案,在实地上找到像控点的位置,结合实地情况绘制草图,草图绘制完成后应由专人到现场校核并做好标记。在室外选择像控点时,若此点无法测量或与影像上位置差别较大,应放弃该点,也可以选择在该点附近再找一个点代替,并做好该点的标记。回去按该点的实际位置修改布点方案,保证影像上与实地像控点位置一致。

(三)像控点测量准备

1. 安置仪器

架设三脚架,将天线 1 安装在基准站上后,将基准站安置在三脚架上,将天线 2 安装在流动站上,并将流动站安置在单杆上,将基准站和流动站开机待用。

2. 设置手簿

打开手簿,在项目信息里新建项目“KZD20170524”,单击“完成”,软件自动跳转至参数设置界面;单击“坐标系统”,依次修改“投影”“基准面”。修改基准面的“目标椭球”,是为了将 GPS 测得的坐标转换成当地坐标系下的坐标,本次实验设置如图 5-3 所示。

3. 基准站连接

查看基准站上的型号标签,在手簿中单击“连接”,找到对应型号,单击并连接。连接完毕后,在手簿上设置仪器高等参数,单击“平滑”,平滑次数设置为 10 次。

图 5-3　手簿设置

4. **流动站连接**

查看流动站上的型号标签，在手簿上单击“连接”，找到对应型号，单击并连接。设置杆高等参数，配置流动站广播格式与基准站一致，完成设备连接。

5. **点校正**

点校正的目的是将所测区域放在当地坐标系下，使所测像控点坐标就是当地坐标系下的真实坐标。单击“碎部测量”，测量已知控制点的坐标，平滑 10 次取平均值，测量完单击“参数计算”；选择计算类型，如七参数、三参数、四参数＋高程拟合等；单击下方“添加”，添加已知控制点坐标，原点为刚才所测已知点坐标，目标点为给定的已知控制点坐标，单击“保存”即可；将已知控制点添加完后单击“计算”，查看“尺度”，接近 1 则合格，单击“应用”，若相差太多则重测。过程界面如图 5-4 所示。

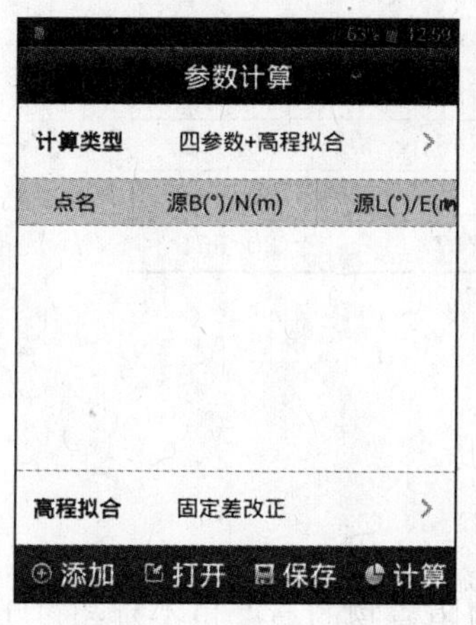

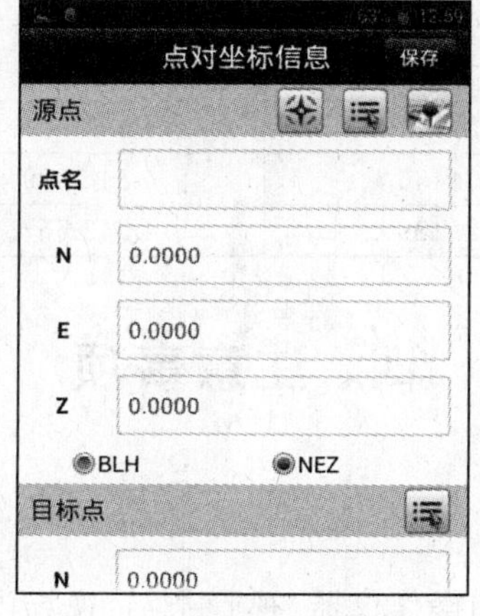

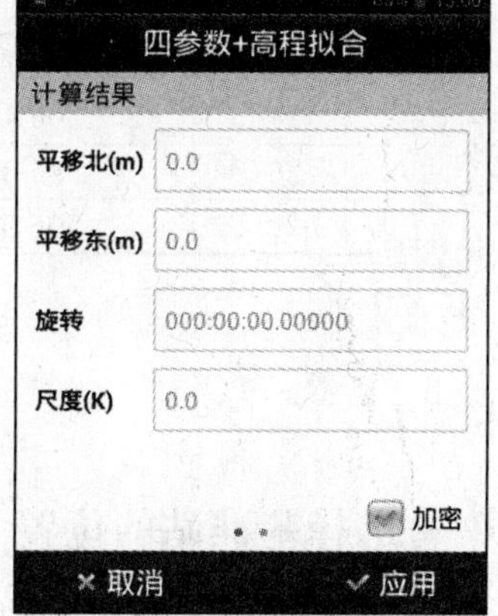

图 5-4　点校正操作界面

(四)像控点测量

在手簿上单击“碎部测量”→“配置”，在“数据”中设置“平面精度”和“高程精度”等参数，如图 5-5 所示。设置完后即可开始进行像控点测量。在测量时保证单杆基本竖直于地面，按下手簿键盘上的“♀”，完成该点测量。

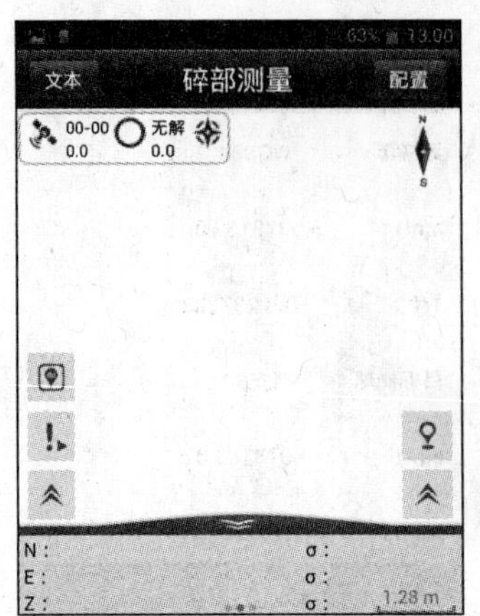

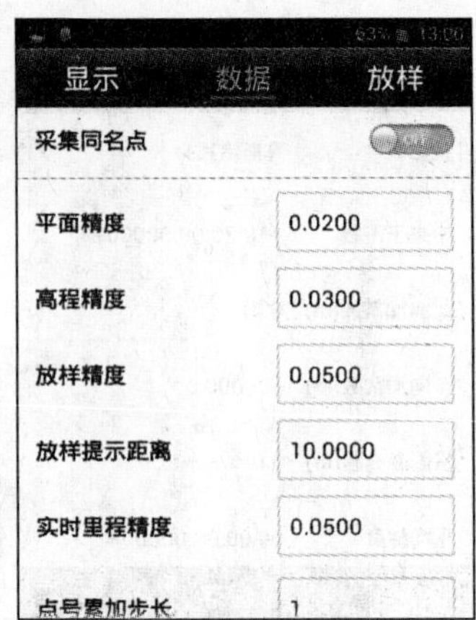

图 5-5 测量设置

(五)数据导出

测完所有的像控点,单击手簿上"数据交换",导出数据,可以选择 *.csv、*.dat、*.txt 等格式,将手簿与电脑连接,导出所要数据。本次采集的控制点坐标为 1954 北京坐标,野外采集的控制点坐标如表 5-1 所示。

表 5-1 野外采集控制点坐标 单位:m

点号	X(水平方向)	Y(竖直方向)	高程
1	501 153.881 5	4 349 949.924	30.772
3	501 305.144 5	4 348 281.728	30.12
5	501 264.137 1	4 345 872.483	30.522
11	503 620.136 5	4 349 390.237	30.452
17	503 920.218 2	4 346 064.184	30.367
20	503 717.194 1	4 348 468.735	30.259
24	506 472.341 5	4 349 923.746	30.429
26	506 365.436 1	4 348 009.965	30.338
29	506 592.180 4	4 345 557.247	30.651

四、注意事项

(一)选择基准站的位置

(1)基准站周围应便于安置和操作仪器,视野开阔,视场内障碍物的高度角不宜超过 15°。

(2)远离大功率无线电发射源,如电视台、电台、微波站等,其距离不小于 200 m;远离高压输电线和微波无线电信号传送通道,其距离不小于 50 m。

(3)安置时注意各脚架的稳固性,避免被大风刮倒。

(二)基准站启动

启动基准站后,软件显示"成功设置了基准站"。如果由于某种原因没有成功启动基准站,软件显示"启动基准站失败",这时需要重新启动基准站。使用已知点启动时,输入的已知点和单点定位结果相差很大时会出现此情况,原因一般为中央子午线或所用坐标系设置错误。

(三)流动站启动

启动流动站后,如果无线电和卫星接收正常,这时流动站开始初始化,软件的显示顺序为"串口无数据"→"开始初始化"→"浮动"→"固定"。当显示固定以后可以进行测量工作,否则测量精度比较低。

(四)RTK 测点

RTK 差分解有几种类型,单点定位表示没有进行差分解,浮动解表示整周模糊度还没有固定,固定解表示固定了整周模糊度。固定解精度最高,通常只有固定解才能进行测量。固定解又分为宽波固定和窄波固定,分别用蓝色和黑色表示。蓝色表示宽波解的均方根误差为 4 cm 左右,建议在距离较远、精度要求不高的情况下采用。黑色表示窄波解的均方根误差为 1 cm 左右,为精度最高解,但距离较远时,RTK 为得到窄波解通常需要较长的初始化时间。例如,超过 10 km 时,可能会需要 5 分钟以上的时间。单击"选项",可对观测时间、坐标和高程允许误差进行修改。

五、知识拓展

遥感图像几何校正是最基础的图像处理工作,目的是配准遥感图像和实地地理空间的相对关系。常规的遥感图像几何校正可分两阶段实现:系统校正(几何粗校正),即把遥感传感器的校准数据、传感器的位置、卫星姿态等测量值代入理论校正公式进行几何畸变校正,几何粗校正的服务通常由卫星接收系统提供;几何精校正,即利用地面控制点(ground control point,GCP)(遥感图像上易于识别并可精确定位的点)对其他因素引起的遥感图像几何畸变进行校正。

遥感图像上控制点数量、分布直接影响几何校正的效果。控制点可以直接由 GPS 测量成果导入,或者采用图像—图像、图像—地形图等方式选点导入。目前 GEOWAY Fielder 等多个软件可以直接选择像控点并通过内置或者外接 GPS 实现定位数据测量,实现内外业一体化。控制点选取应具有以下特征:

(1)应在图像上有明显、清晰的定位识别标志,如道路和河流等线形地物的交叉口、建筑物边界、农田边界线等。

(2)在没做过地形校正的图像上选控制点时,应在同一地形高度上进行。

(3)控制点应满足一定数量要求,并且均匀分布在整幅图像内。

实验六　遥感图像传统外业调绘

一、目的与要求

了解遥感图像调绘的基本原理和方法，掌握遥感图像判读标志的建立方法、调绘的步骤，以及图面整饰方法。

二、实验方法

调绘是遥感影像图制作工作的一部分。传统图像调绘包括判读、调查、绘注三项内容，如图 6-1 所示。判读，是根据影像上的特征识别目标，通过实地对照，识别像片上目标的位置、形状、大小及其性质，包括独立地物、居民地、道路、水系和植被，以及不能用等高线表示的特征地貌和土质。调查，是实地搜集像片上没有的制图要素，包括调查各种地理名称（山名、江河名、居民地名等）、量测必要的比高及其他说明注记，以及补测遥感影像拍摄后的新增地物和像片上不清晰的地物。绘注，是把经过判读、调查确定选取的地物地貌和注记，用规定的符号和颜色描绘在像片上，使调绘内容更有助于地形图制作。

三、调绘要求

调绘需要准备遥感影像一幅、透明纸一张、放大镜、四色调绘笔，要求按 1∶1 000 测图规范调绘测区内的地物地貌，按图式规定的符号，描绘在相应影像上，并做相应的注记。

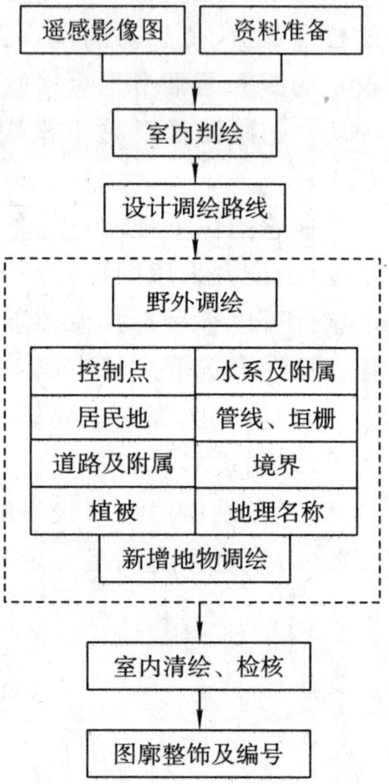

（一）调绘原则

（1）准确判断，描绘清楚，图式符号恰当，注记正确，对地物地貌的取舍依图面负荷量和保持实地特征为原则。

（2）新增地物，实地调绘或补测，并用红色笔圈绘，对于影像获取后拆除的地物应用红色笔加注“×”。

（3）地物地貌比高或深度大于 2 m 时，需测量并注记比高。

（4）像片清绘可用简化符号表示相关地形、地貌、地物要素，但在上交成果时要附上符号说明。

图 6-1　外业调绘流程

（二）绘制要求

调绘片采用红、蓝、绿、黑四色清绘。具体调查要求如下：

（1）黑色。房屋，包括名称、编号、建筑构造（砖混、砖木、框架混凝土、框架钢架)、楼房单元数 M、层数 F、单元内户数 R。例如,建科楼 112,砖混,6-5-3。道路,包括名称、车道数 M、单行(S)、双行(D)。例如,学院路 4-D(学院路四车道双行线)。其他线条和符号均用黑色。当 1∶1 影像上道路宽度小于等于 2 mm 时,用黑色单线表示;宽度大于 2 mm 时,用黑色双线表示;单行道、单行方向用黑色箭头表示。

(2)蓝色。特殊地类界、湖泊、水库用蓝色,内部用蓝色的水平虚线填充,线的间距为 3 mm。当 1∶1 影像上河流、运河、沟渠宽度小于等于 2 mm 时,用蓝色单线表示,流向用蓝色箭头表示在河流侧方;宽度大于 2 mm 时,用蓝色双线表示,内部用蓝色的逆时针方向 45°虚线填充,线的间距为 3 mm,流向用蓝色箭头表示在内部。水,包括名称、水深。例如,护城河,10。

(3)绿色。植被用绿色表示。勾出边界,在区域内注记植被的类型,按地形图图示标注。影像图上有田地、果园和苗圃、草地、荒地和芦苇地、森林、灌木丛和竹林时,在透明纸上均应绘出。芦苇池、草地、经济作物地、菜地、耕地以影像表示,并简要注记植物名称。

(4)红色。对影像上已经变迁的地物用红线勾绘出范围,并加文字说明;新增地物用红色点线表示。成图接边线,也用红色表示。修改与变更区域,包括对地类发生变化区域、拆建区域勾出边界,区域内注记变化后的地类。

四、实验步骤

本次遥感影像调绘采用室内与野外结合的调绘方法。具体实习步骤一般可分为准备工作(准备阶段)、室内判读与描边、野外工作(野外调查、量测等)、室内清绘和整理。

(一)调绘像片准备

准备工作包括像片的准备和调绘面积的划分。要调绘的像片应该选择影像清晰与成图比例尺相近的影像。各张像片划分的调绘面积要保证测区调绘面积不出现漏洞和重叠。划分面积的线条应选在航向和旁向中线附近,平坦地区可画成直线与折线,对于丘陵与山地,像片东南边画成直线或折线,西北两边由邻边立体转绘。此外,调绘面积线要偏离像片边缘 1 cm 以上,尽量避免分割居民地和重要地物,如图 6-2 所示。

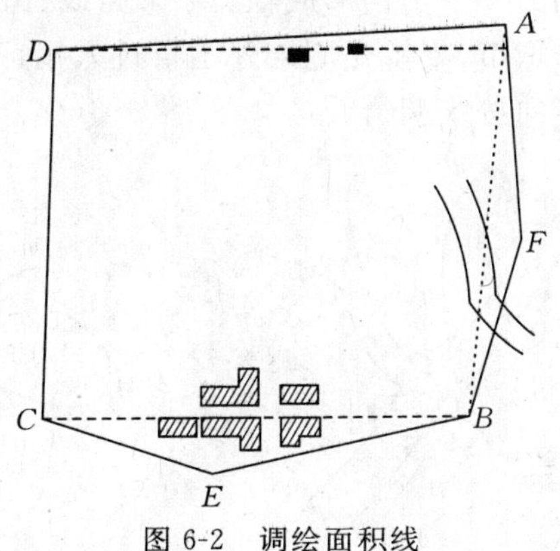

图 6-2　调绘面积线

(二)室内判读与描图

在室内首先应建立影像判读的标志,即根据对研究区域的了解,识别像片上目标的位置、形状、大小及其性质,依据主要是独立地物、居民地、道路、水系和植被等。

由于判读的结果需要依据判读人员的经验和知识,所以判读熟练程度的不同,会在判读结果上产生差异。因此,在判读前通常要预先建立判读标志,如表 6-1 所示。

表 6-1 影像判读标志

类型	形状	色调	阴影	图形	纹理	备注
独立地物						
居民地						
道路						
农田						
水域						
⋮						

在建立判读标志的基础上,利用目视和放大镜进行室内判读。判读的原则是从整体到局部、从已知到未知、从宏观到微观。根据这样的原则,进行室内判读的顺序是由水系入手,根据水系的位置和流向确定分水岭和流域范围,从而判读区域内的高低地势;然后,进行平原和山地,以及林地和农田的划分,从而划分出大的地貌单元;最后,进行居民点和道路的判读,将自然景观和人文景观划分开。

在进行室内判读时,将透明纸固定在像片上,按照室内判读结果,判读地物类型,勾绘地物边界,形成调查底图(注意标注室内判读难点和疑点),并拟定野外核查的路线。

(三)设计调绘路线

调绘前应计划具体调绘路线和调绘面积,要立体观察确定调绘重点和疑难地物,以便做到心中有数,调绘时有的放矢。调绘路线选择要以既少走路又不至于漏掉要调绘的地物地貌为原则。通视良好的平坦地区一般沿居民地和主要道路调绘;居民地分布零乱地区可以采用"放射花形"或"梅花瓣形"为调绘路线,如图 6-3 所示;丘陵地区沿连接居民地的道路调绘,从山沟进入,走到山脊,从山脊再下到另一条山沟形成"之"字形路线;山地应尽量沿半山腰走,以便兼顾看到山脊、山沟的地物地貌;城市、集镇先调绘外围再进入街区,至于河流、公路等线状地物可以打破片号顺序沿着线条走向按线调绘。

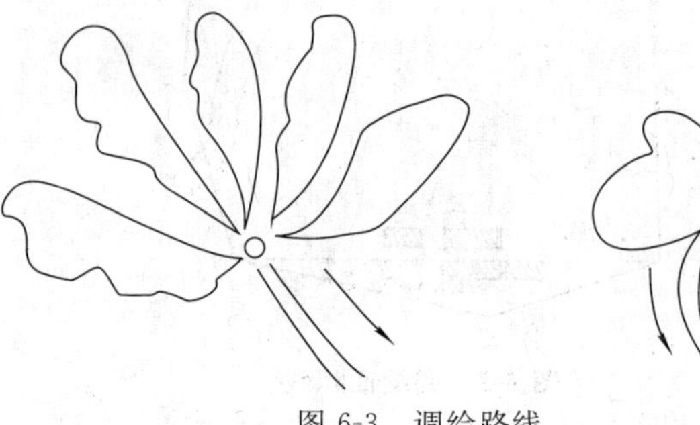

图 6-3 调绘路线

实地野外调绘时，相隔一定距离要停下来"站立"调绘，每个站立点要标定像片的方位，要辨认站立点在像片上的位置，然后对照地物与影像，用符号将判读的地物地貌标记在像片上。居民地、工矿企业、建筑物、道路及附属物、桥梁、水系、植被等地理要素都属调绘之列。像片上未显示的地物如高压线、电话线、水井等要绘在像片上，地名、土壤性质、河流方向和流速、道路等级、水文地理资料要按图式要求逐一调查注记，现场判读调绘后要及时着墨固定。

为了提高像片调绘的效率和质量，野外沿计划路线调绘时，要以线带面沿调绘路线两侧成面状铺开，尽量扩大调绘效果，提高工作效率。站立点要选在易判读、视野广、看得全的位置，判读时要采用"远看近判"的方法，远看可以看清物体的总貌轮廓及相互位置关系，近判可以确定具体物体的准确位置。判读的地物要合理地综合取舍，重点地物突出地表示在调绘片上。每站、每天、每片的调绘工作要及时完成，不要拖延遗漏。

（四）野外核查

实地调查各种地理名称（江河名、街道名、居民地名等），量测必要的比高及其他说明，将其标注在野外调查底图上，并在野外调查底图上补测像片拍照后的新增地物和像片上不清晰的地物。对比实地，核查室内判读正误，尤其注意室内判读中难点和疑点的实地核对。

（五）室内清绘和整理

在室内按照制图规范（字体、大小、线型、图例等），完成调查底图的清绘工作，整理野外调查资料和图件等工作。

（六）图幅、整饰及编号

编号按地形图分幅及编号执行。

图廓线用红色表示；不能满幅的、相邻的调绘像片，接边处用蓝色笔表示；调绘内容编码、注记用红色表示；其他说明、注记用黑色表示。

图幅接边与成果上交前进行严密接边，并经第二人检查、签名。自由图边应保证成图为满幅图，并经第二人实地检查、签名。

跨两幅图的线状地物和面状地物，接边时要注意属性一致。

五、知识拓展

遥感影像判读是根据地物在遥感影像上的构像规律和影像特征，通过野外调绘，识别、确认地物的性质、位置、范围，从而判断和记录调查区的土地利用状况。影响遥感影像判读的因素主要是遥感影像分辨率、成像比例尺、图像类型、季节因素、判读手段和判读人员的技术水平。遥感影像上的影像具有一定的几何特征和物理特征，这些特征形成遥感影像的判读标志，主要包括色调、颜色、纹理特征、形状、阴影和某些间接标志。

在调绘工作中，要善于建立判读标志，即建立判读"样本"，也就是确定某一种影像特征代表哪一种地类。例如，有林地的针叶林纹形细腻，而阔叶林呈葡萄束状；坑塘一般呈深蓝色，如果有云层倒影则呈白色等。准确无误地总结出当地的调查判读标志，是加快调绘进度、提高调绘质量的关键之一。

实验七　GEOWAY Fielder 软件认识

一、目的与要求

了解遥感外业调绘平台 GEOWAY Fielder 的整体架构和基本功能。认识并练习使用 GEOWAY Fielder 软件的数据导入、空间定位、属性录入等主要功能模块。

二、GEOWAY Fielder 简介

GEOWAY Fielder 数字调绘核查系统软件是根据数字化调绘业务相关技术要求，基于 Windows 系统研制的数字化调绘核查移动终端作业系统。它以平板电脑为主体，以数字化调绘核查软件为核心，利用 GPS 进行实时精确跟踪定位，并对电子罗盘、陀螺仪、高清摄像头等设备进行软硬件一体化集成，并可通过蓝牙、3G、GPRS 等方式实现内外业数据一体化衔接，完成外业判调补绘和核查任务。GEOWAY Fielder 主机结构如图 7-1 所示。

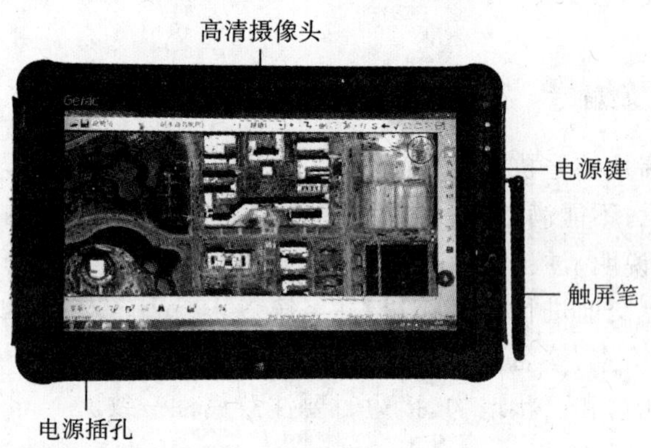

图 7-1　GEOWAY Fielder 主机

GEOWAY Fielder 外业调绘平台硬件配置如表 7-1 所示。

表 7-1　GEOWAY Fielder 硬件需求

内容	说明	内容	说明
操作系统	Windows	硬件性能	CPU 推荐 i5 64 位、4 G 内存
显示屏	10 寸，阳光可见	姿态传感器	电子罗盘、陀螺仪
摄像头分辨率	200 万像素以上后置	电池能力	6 小时以上工作时长
GPS 定位精度	5 m	重量	小于 2 kg
标准规格	三防		

三、系统功能介绍

双击桌面图标，启动软件。软件主界面如图 7-2 所示，主要有主菜单栏、工程管理器、主要操作的作业区，还有集成了放大、缩小、选择常用工具的基本工具栏、输入工具栏、显示工程相关信息的标题栏、状态栏等。

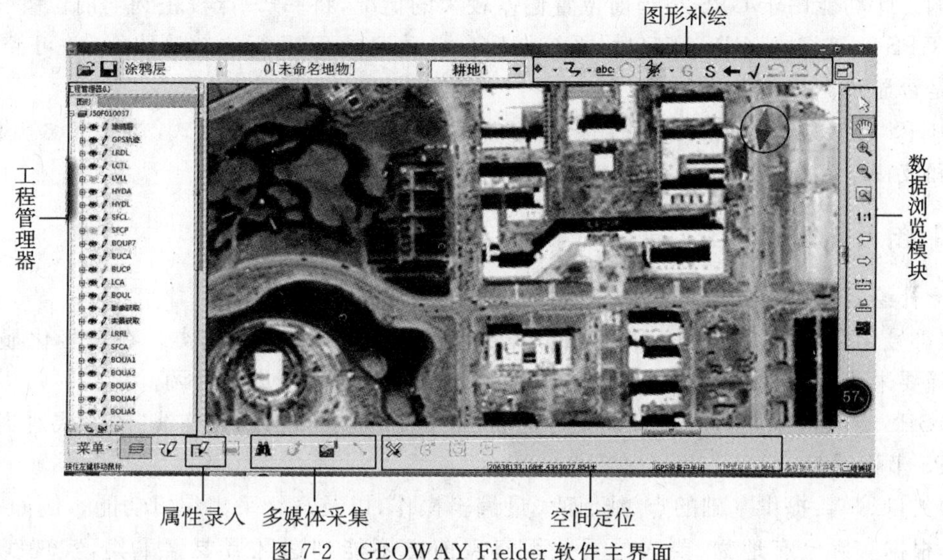

图 7-2　GEOWAY Fielder 软件主界面

(一)工程管理器

GEOWAY Fielder 基础测绘版本的工程管理器采用树状结构，通过图形、属性面板分别管理图形、属性，有效管理和组织图层之间的关系。主要功能有显示当前工程中的空间和属性数据逻辑组织结构、建立和调整立体模型的加载和卸载等。窗口包括工程数据管理、图层管理、影像管理和立体模型管理。

(1)工程数据管理，提供新建、打开、保存工程等功能。

(2)图层数据管理，提供激活图层、显隐控制、缩放图层、显示图层属性等图层管理功能。

(3)影像数据管理，提供影像数据加载、影像图层卸载、影像透明、影像显示设置等功能。

(4)立体模型管理，控制立体模型的加载和卸载、立体模型的显示开关等功能。

(二)数据浏览模块

数据浏览模块包括快速比例尺设置、选择、浏览功能。

(1)快速比例尺设置，快速将当前视图范围缩放到适合的作业范围比例尺，如 1∶1 比例尺范围。

(2)选择，在视图上单击所选要素，然后可实现要素平移和删除、属性查看等功能。

(3)浏览，实现地图数据放大、缩小、平移、缩放、漫游功能，以及工程缩略图显示、全屏视图显示、局部放大等功能。

(三)空间定位

空间定位模块包括 GPS 导航开启、GPS 偏移矫正等。

(1)GPS 导航:连接 GPS 后,地图窗口实时定位,GPS 定位的位置会保持居中显示,地图窗口在保持 GPS 点居中的状态下跟随 GPS 移动。

(2)GPS 偏移矫正:可将 GPS 定位值与当前实际位置进行匹配校正处理,以减少可见性误差的影响。此功能用于 GPS 与当前位置偏差较大的情况,将 GPS 点校正到当前位置。

(3)GPS 轨迹记录:GPS 开启后,系统在后台自动记录 GPS 行进轨迹路线,并可控制 GPS 轨迹线是否显示。

(4)GPS 连接设置:设置 GPS 连接方式,如 COM 端口或传感器方式,并可自动获取 COM 端口号和波特率参数。

(四)图形补绘

图形补绘模块中包括符号化采集面板、GPS 点线面采集等。

(1)符号化采集面板:可自定义要素分类、自定义面板中常用地物类。在符号化显示的面板中选择要采集的地物类,实现一键式、符号化要素数据分类采集与补调。

(2)GPS 点线面采集:通过 GPS 实时定位,可采用“刺点”或“刺点连线”的方式对当前位置进行 GPS 坐标采集。

(3)矢量编辑:提供基础的点、线、面矢量编辑操作,以及高级采集编辑功能。例如,前方交会功能,根据实际已有地物、要素位置关系实现前方不能到达区域要素采集,实现线划地形图新增或丢漏地物的快速采集补绘。

(4)放大镜:采集矢量图形数据时,触控笔在地图上长按并拖动可开启放大镜窗口,放大显示当前触控点所在地图的图形,方便进行矢量图形精确采集编辑。

(五)属性录入

地理信息系统的数据按照表达的形式可以划分为图形数据和属性数据两种形式。GEOWAY Fielder 基础测绘版本提供了多种灵活、有效的方式对属性数据进行编辑、维护和管理,支持属性和标注之间的转换,以满足数据入库和制图的双重需要。属性录入模块可以通过要素属性栏,快速编辑当前选中的单个或多个地物属性进行编辑,也可以通过符号化采集面板打开图层属性表进行批量属性采集编辑。

(六)多媒体采集

多媒体采集模块包括符号化采集面板,如图 7-2 所示。使用多媒体功能中的拍照、录音、录像,可快速记录调绘信息,缩短外业工作时间和减轻劳动强度,提高外业工作效率,外业终端的多媒体数据成果可以导出并在管理中心查看。

(1)符号化显示:在方案的图层地物类中配置相应的符号后,可在辅助工具中开启或关闭符号化显示开关,可对当前矢量数据实现符号化显示。

(2)语音控制:通过语音交互的方式,可实现功能的开启切换;通过语音,可快速选择地物类,方便快捷;通过语音还可以识别词库,自由输入注记,解放双手,提高工作效率。

四、其他调绘软件简介

遥感图像外业调绘是遥感制图不可缺少的一个环节。目前市场上外业调绘软件有多种，如吉威 GEOWAY Fielder 和航天远景 SurveyMatrix。

(一)南方数码 iDataMobile

以南方数据工厂(iData)软件平台为基础，以包含电子罗盘、GPS、高清摄像头等多模块的工业级三防 Android、Windows 平板硬件为支撑，以全面的调绘核查技术流程为核心，以强大的图属编辑技术为保障，结合原国家测绘地理信息局国情监测测评要求，iDataMobile 整套系统分为基础功能、用户管理、空间定位、地图浏览、数据采集及编辑、样本采集、数据输出交换七大模块，涵盖了地理国情普查外业调绘所需的各种功能。

(二)航天远景 SurveyMatrix

SurveyMatrix 是一款数字像控系统。该系统以平板电脑作为硬件基础，可以按照国标要求自动布设像控点，利用最新的航飞快拼影像导航，通过蓝牙与实时动态测量(RTK)功能连接，直接在平板上记录像控点坐标，实现了无纸化像控。该测量成果可以直接导入内业空中三角测量，进行全自动像控点转刺，简化了内业的生产流程。简单来讲，整个系统分为桌面端和平板端两个部分，桌面端负责像控底图的生成及自动化的像控设计，平板端负责外业测量。

(三)国信司南的地理国情普查调绘系统

国信司南(北京)地理信息技术有限公司研发的地理国情普查调绘系统集成了地理信息系统、BD/GPS、3G 等先进技术，实现了外业调绘核查、内业数据整理、内外协调管理三大实用功能，可以满足项目任务分配、外业核查调绘、样本数据采集、内外协同管理、外业质量监控等业务需要，并支持高、中、低多款便携式终端的应用。其操作系统为 Windows。

(四)中海达的地理国情监测软件(调绘宝)

调绘宝能够满足三大核心需求：属性核查、要素标绘与遥感影像样本解译。本着功能简约、结构清晰、图形直观三大原则，该软件对外业调绘应用系统进行了深入浅出的规划与实现，成果既涵盖了地理信息系统、全球导航卫星系统、遥感、数据安全、Android 应用等多项技术精华，同时也极易上手，只需要通过十多分钟的简易培训，即可外出作业，独立完成整个外业调绘工作。

五、知识拓展

(一)电子调绘平台

电子调绘平台的调绘系统配有多种设备，能够保证外业工作精度。显示屏强光可读，续航时间为 8 小时左右，可以满足外业作业时间需求；电子罗盘和三轴陀螺仪支持照片方位的俯仰角、横滚角采集；电子平板一般为工业级三防，屏幕采用多点式触摸屏，自动识别两个手指的运动方向，方便了外业调绘的编辑操作；内置 GPS 导航，定位精度为 1～3 m，在 GPS 失锁后，电子罗盘可以对 GPS 信号进行有效的补偿，三轴陀螺仪能同时测定 6 个方向的位置、移动速度，满足了基础测绘的采集精度；摄像头均为自动对焦、双摄像头，自动对焦主要是聚焦准确性高、操作方便，特别是对被摄物的聚焦更具优势，所拍摄的图像更真实、清晰。

（二）电子调绘平台应用

电子调绘平台已经在地理国情外业核查、外业数据生产、地名地址普查等行业应用广泛，适用于数字城市信息采集更新、农业林业外业调查、水利普查、规划外业踩踏、农村土地承包经营权确权发证等领域。GEOWAY Fielder 包括外业采集软件和三防平板电脑两个部分，是一个软硬件一体化的优秀采集系统。该系统不但解决了软件操作的问题，而且配套的三防平板电脑电量持久、野外强光环境下看得清、GPS 定位准确，真正支持野外环境。GEOWAY Fielder 可以满足地理国情外业核查的所有指标要求，可以和内业解译软件配套使用，同时为城市地名地址普查领域定制的专题版本应用效果良好。

另外，地理国情普查数据与成果要求参考附录 C。

实验八　基于 GEOWAY Fielder 的遥感图像外业调绘

一、目的与要求

了解数字调绘核查软件外业工作的技术流程和关键步骤，掌握数字调绘核查软件电子平板常用功能，如数据导入、数据底图的浏览和缩放、文字符号快速标记、草图线涂鸦勾绘、图形和属性补采及多媒体记录等。

二、实验技术方法

遥感图像外业调绘主要包括调绘底图制作、外业数字调绘、内业数据整理三个步骤，其中外业数字调绘过程中 GPS 定位使用、文字符号快速标记、草图线涂鸦勾绘、图形和属性补采需要反复练习；内业数据处理主要包括调绘数据的图形二次编辑、属性入库及调绘成果汇编整理等工作，其主要流程如图 8-1 所示。

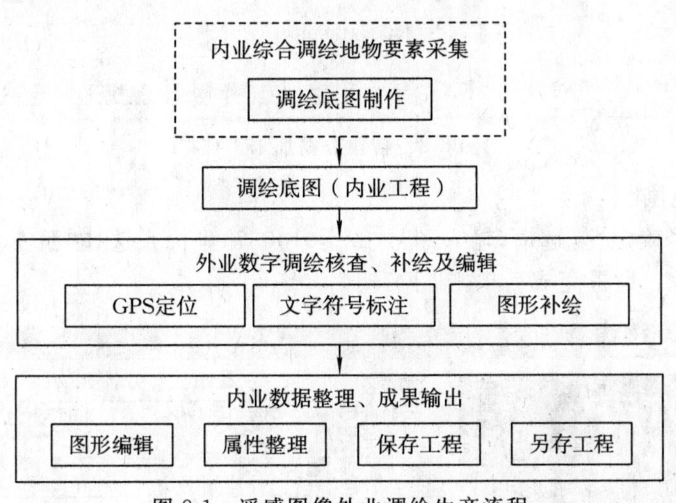

图 8-1　遥感图像外业调绘生产流程

三、实验步骤

（一）数据准备

此次实验数据为华北理工大学曹妃甸校区 GF-1 影像图，调绘平台选用 GEOWAY Fielder 外业调绘软件，需要制作图幅为 J50F010037 的底图。图幅范围左下角经度为 39°10′00″，纬度为 118°30′00″，右上角经度为 39°15′00″，纬度为 118°37′30″。GF-1 号影像图经图像融合、几何校正、裁剪等预处理后成为图幅为 J50F010037 的影像图，将其转换为 *.tif+*.tfw 格式的文件。

（二）调绘工程建立

1. 新建工程

打开 GEOWAY Fielder for NC HASP 版软件，弹出“工程选择”。单击“新建工程向导”，进入新建工程向导。选择“新建数据加工工程”，设置工程路径及工程名称。在新建工程前，依据工程名新建文件夹，将影像图及方案库放入文件夹，此处工程路径设置为该文件夹。如图 8-2 所示，设置完成后单击“下一步”。

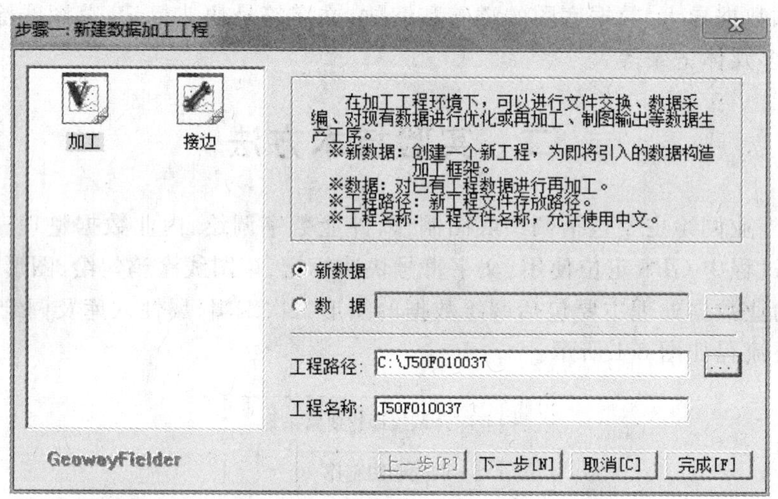

图 8-2　新建数据加工工程

2. 设置工程范围

选择“根据图号确定”复选框，输入图号 J50F010037，坐标系选择“西安 80”，其他设置自动完成，如图 8-3 所示。设置完成后单击“下一步”。

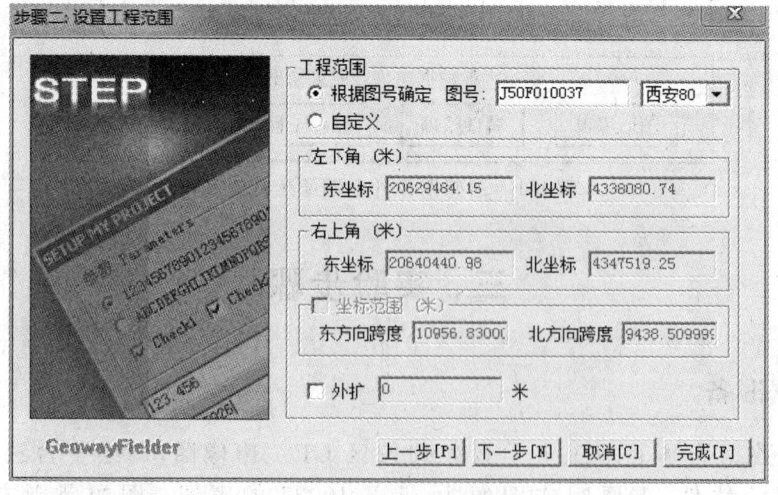

图 8-3　设置工程范围

3. 设置工程地图参数

输入图名，由于上一步选择依据图号制图，因此投影、椭球体、比例尺、带号四个参数不需要设定，如图 8-4 所示。

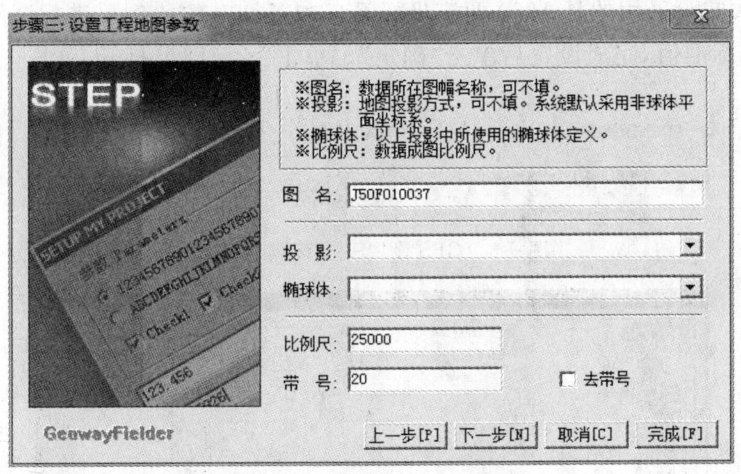

图 8-4 设置工程地图参数

4. 设置工程作业方案、符号库

“作业方案”选择工程路径下的吉威外业方案并加载，“符号文件”存储路径为 C://Windows/GeoSymbol，如图 8-5 所示。单击“完成”，新建工程向导结束。

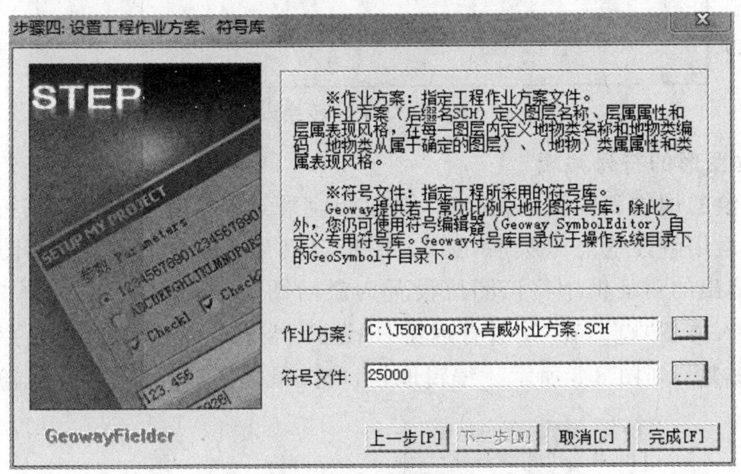

图 8-5 设置工程作业方案、符号库

(三)外业调绘

1. 加载底图

选择平台界面“菜单”→“参考图像”→“加载”，打开之前制作好的底图 80-caijian. tfw 文件。

2. 设置 GPS 参数

单击“菜单”→“设置”→“选项”，弹出系统环境设置窗口，设置 GPS 中“获取与显示”和“坐标转换”两项。单击 GPS 设置中“获取与显示”，显示窗口如图 8-6 所示。“GPS 数据获取方式”设置为“COM 端口”，在“COM 端口设置”中单击“寻找设备”，搜索到设备后将自动设置“端口名”和“波特率”，其余参数依据需求设定。单击 GPS 设置中“坐标转换”，参数设置如图 8-7 所示，本次实验采用的是 1980 西安坐标系，1∶25 000 的比例尺进行制图，采用 6°分带，七参数为坐标系标准值，完成设置后单击“确定”。单击“ ”即可打开 GPS。

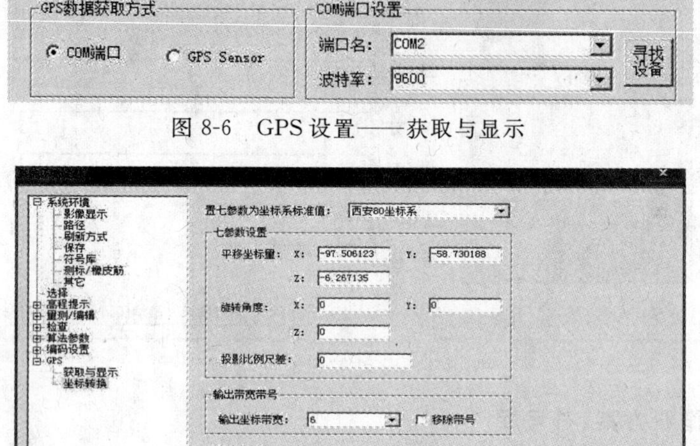

图 8-6 GPS 设置——获取与显示

图 8-7 GPS 坐标转换设置

3. 调绘地物图形的符号编辑

选取需要勾绘的地物和输入地物类后，选取相应采集工具类别(点采集、折线采集、其他采集、注记采集)。运用触控笔点采集后，选取“图形自动闭合”功能结束。如图 8-8 所示，右击 BUCA 图层，在弹出的对话框中将该图层设置为激活图层，在工具条中选择“折线”下拉菜单中的直角房屋输入类型“ ”，在“图层管理器”中选择“学校”，右击，在弹出的对话框中选择将其“设为输入地物类”，如图 8-8 所示。编辑地物，单击鼠标右键，完成影像绘制。

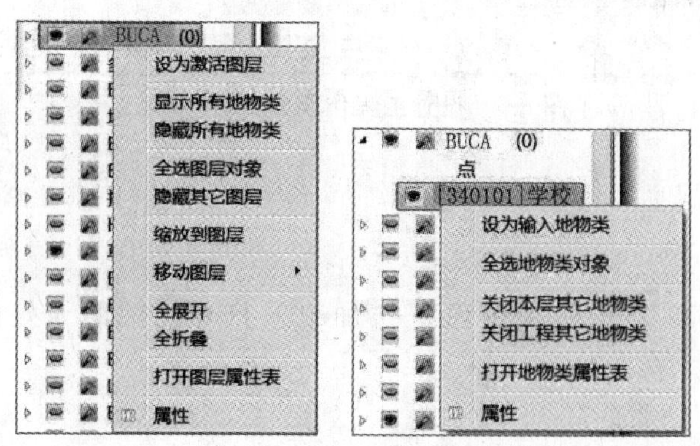

图 8-8 设置输入地物类

4. **调绘地物的属性标注**

调绘时可以有多种灵活方式对属性数据进行编辑，如单击“菜单”→“属性”，工具栏中单击“属性”，状态栏上即时输入“属性”开关，均可以调出属性工具。外业调绘时，通常在“图形编辑”界面直接单击上图的“abc”，在弹出的对话框中输入相应的属性注记。如图 8-9 所示，选取“属性”后，输入文字“矿材楼”，单击“确定”。

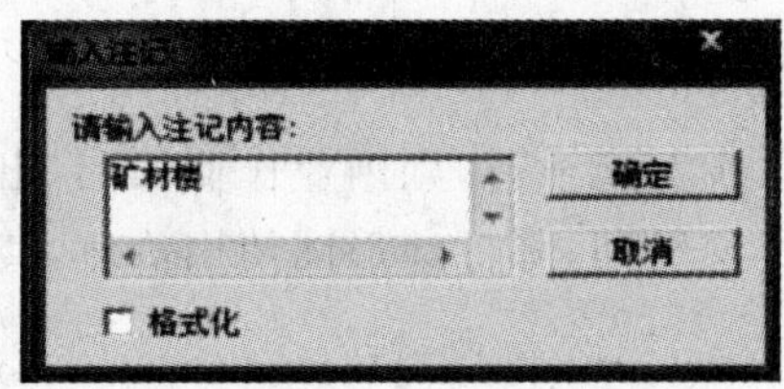

图 8-9　输入注记

另外，调绘时可以根据需要设置注记的字体字号等标注形式，选中需要修改的注记，长按弹出“矢量对象属性编辑”对话框，可以根据统一格式设计需要编辑字体、字号等要素。

5. **保存及输出工程**

调绘结束后，可以单击“文件”→“保存工程”。然后单击“文件”→“导出”，弹出“文件导出”对话框。将编辑好的地物图层导出为 GIS 或 CAD 文件格式，如图 8-10 所示。

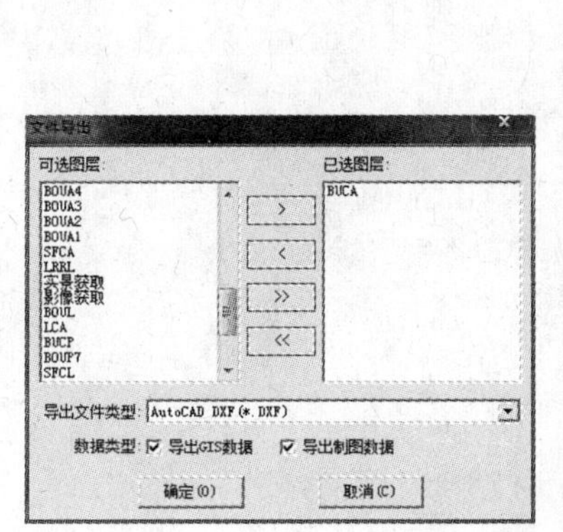

图 8-10　输出工程

四、知识拓展

在电子平板数字调绘系统中，内业和外业衔接是十分重要的。内业采集数据制作成电子调绘底图，利用电子平板数字调绘核查软件的 GPS 差分功能和实景照片自动采集功能记录调绘轨迹数据和实景照片。外业调绘过程中，对行进线路两侧的地物要素、地形地貌、土质与植被进行核查，并观察沿途周边的地表特征，对需要重点关注的要素或特殊的土质与植被要素，利用电子平板数字调绘核查软件及时采集地面实景照片，并且完成对周围环境的描述记录。采集外业轨迹数据，作为外业调绘的工作依据。下面简单介绍外业调绘的主要方法和基本要求。

(一)外业调绘的主要方法

外业调绘的主要方法有两种:一是全野外调绘法,二是室内外综合判调法。其目的是更新全要素地形图、适应经济建设的需要和满足当前各项基础建设的需求。基于现阶段测绘技术发展及早期地形图等资料,现阶段调绘作业室内外综合调绘法是比较讲究时间和效率的方法。

(二)外业调绘的基本要求

调绘质量好,外业遗留问题少甚至没有,则内业作业顺利,出图速度快;反之,调绘质量差,外业遗留问题多,则延误成图上交时间,降低地形图使用价值,甚至造成返工浪费。基于此,外业调绘应做到以下五点:

(1)准确性。准确性既包括位置准确、轮廓准确、性质准确、等级准确、方向准确、名称准确、新增地物补测准确,还包括作业中判读准确、调查准确、量测准确、描绘准确。

(2)完整性。测区资料和地形图内容都要完整,不应有遗漏,且各种情况的接边要彻底。

(3)统一性。采用的图示版本要求全测区用同一符号统一表示;说明注记要统一用字;还要注意调绘片和控制点布点一致,尤其在影像接边区。

(4)合理协调性。综合取舍的尺度与成图比例尺相适应;各种地物关系处理恰当,主次分明,取舍适当;此外,还要注意像片比例尺过小对综合取舍的影响。

(5)明确清晰性。要求图面整饰清晰、符号避让正确、字迹清楚、注记指向明确。

第二部分　遥感图像处理

实验九　实验软件 ENVI 安装及简介

一、目的与要求

介绍 ENVI 5.1 图像处理系统安装环境与主要技术参数，练习安装 ENVI 5.1 图像处理系统。

二、ENVI 5.1 图像处理系统介绍

ENVI(the environment for visualizing images)是美国著名的遥感科学家用交互式数据语言(interactive data language，IDL)开发的一套功能强大的遥感图像处理软件，能够有效地从遥感影像中提取各种目标信息，可用于地物监测和目标识别；交互式数据语言使 ENVI 具有可扩展性，全模块化的设计使得软件易于使用、操作方便灵活、界面友好，广泛地应用于地质、环境、农业、军事、自然资源勘探、海洋资源管理等多个领域。

ENVI 软件包含齐全的遥感影像处理功能，包括数据输入/输出、常规处理、几何校正、大气校正及定标、全色数据分析、多光谱分析、高光谱分析、雷达分析、地形地貌分析、矢量分析、神经网络分析、区域分析、GPS 连接、正射影像图生成、三维景观生成、制图等，这些功能连同丰富的可供二次开发调用的函数库，组成了该图像处理系统。

ENVI 5.1 于 2013 年 12 月正式发布，支持最新的传感器、hdf5 数据，新增光谱曲线显示窗口、流程化的镶嵌工具，提供全新的感兴趣区域(region of interest，ROI)工具、更多的光谱库数据、全球数字高程模型(digital elevation model，DEM)数据、全球小比例尺矢量数据，新增工程化的管理方式等。

三、ENVI 5.1 常用系统配置说明

一般情况下，ENVI 软件安装在 Exelis 文件夹下，完整版本包括 IDL、License 等文件夹。ENVI 软件的所有文件及文件夹保存在…\Program Files\Exelis\ENVI 5.1 下。目录下包括 ENVI 5.1 安装目录(表 9-1)和 ENVI 经典模式安装目录(表 9-2)。

表 9-1　ENVI 5.1 安装目录说明

文件夹名称	说明
Bin	相应的 ENVI 运行目录
Classic	ENVI 经典模式安装路径
Custom-code	自定义代码
Data	ENVI 自带数据目录，包括一对全色和多光谱 QuickBird 图像，全球低分辨率数字高程模型数据和矢量数据等
Extensions	自主开发的、可执行程序，如各种补丁程序

续表

文件夹名称	说明
CPtools	CP 工具箱文件
Help	ENVI 帮助文档
Resource	ENVI 资源文件夹，包含图标文件、语言配置文件、光谱库等
Save	软件框架库

表 9-2　ENVI 5.1 经典模式安装目录说明

文件夹名称	说明
Bin	相应的 ENVI 运行目录
Data	数据目录，包括一个矢量文件夹(一些矢量数据)、两个 TM5 栅格数据、两个数字高程模型数据和一个高光谱数据
Filt_fune	ENVI 常规传感器的光谱响应函数文件，如 ASTER、MODIS、SPOT、TM 等
Help	ENVI 帮助文档
Lib	IDL 生成的可编译程序，用于二次开发
Map_proj	图像的投影信息、文本格式，客户可以进行定制
Menu	ENVI 菜单文件，可以进行中、英文菜单互换
Save	应用交互式数据语言编译好的、可执行的 ENVI 程序
Save_add	客户自主开发的可执行程序，如各种补丁程序
Spec_lib	光谱库，不同地区可以有不同的光谱库，用户可以自定义

(一)ENVI 系统参数

选择“开始”→“ENVI 5.1”→“Tools”→“ENVI Classic”，启动 ENVI 经典模式界面，选择主界面“File”→“Preferences”，可以设置 ENVI 系统参数，如图 9-1 所示。

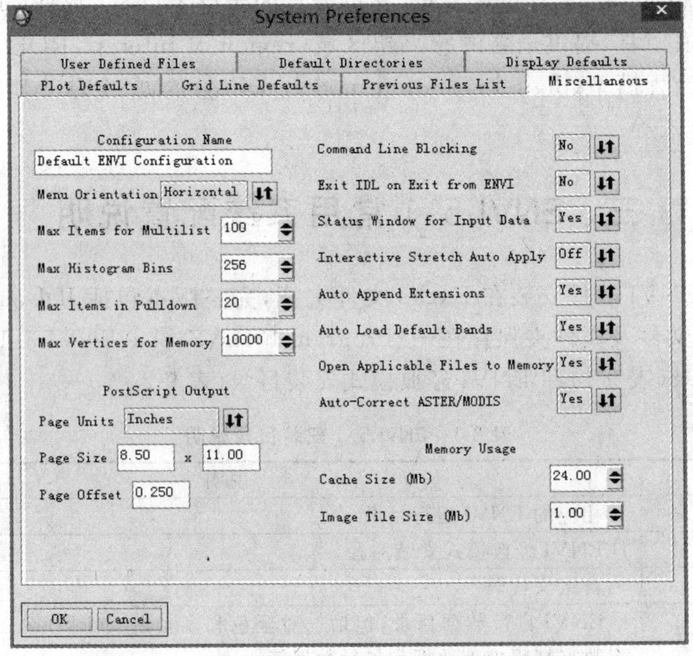

图 9-1　ENVI 经典模式系统参数设置对话框

(二)其他参数

选择“File”→“Preferences”→“Default Directory”,设置一些 ENVI 软件默认打开的文件夹,如默认数据目录(“Date Directory”)、临时文件目录(“Temp Directory”)、默认输出目录(“Output Directory”)。为了提高 ENVI 软件运算效率,选择“File”→“Preferences”→“Miscellaneous”菜单,缓冲大小(“Cache Size”)可以设置为物理内存 50%～75%;“Image Tile Size”的设置原则上不能超过 4 MB,如果为 64 位操作系统,内存为 8 GB,可设置为 50～100 MB。

在进行图像预处理时,主要使用 ENVI 经典模式界面,在面向对象分类时采用 ENVI 5.1 新界面。

四、显示器色彩校正

数据图像通过显示为人所感知,感知之后才能寻找合适的处理方法。为了尽可能不失真地显示图像,同时使不同显示器显示的图像具有可比性,以保证显示和感知的一致性,需要对显示器的色彩进行校正。色彩校正经常被称为颜色校正。

在图像处理过程中,显示器周围应没有过分艳丽明亮的其他颜色的物体,以尽可能保持中灰色。应该在较暗的不变的环境中进行图像处理,以便正确地感知颜色。

色域、颜色的可控制性和稳定性决定了颜色的显示能力和显示器的价格。相同的图像在不同显示器上的显示会有所差异。一般的家用显示器价格低,显示的偏差比较大,工业显示器和专业出版使用的图像显示器价格高,显示的偏差比较小。

对 Windows 操作系统,可使用系统自带的工具按照如下步骤进行简单的调整:

(1)单击桌面的“个性化”。

(2)在出现的窗口中,单击窗口中左下方的“显示”项,如图 9-2 所示。

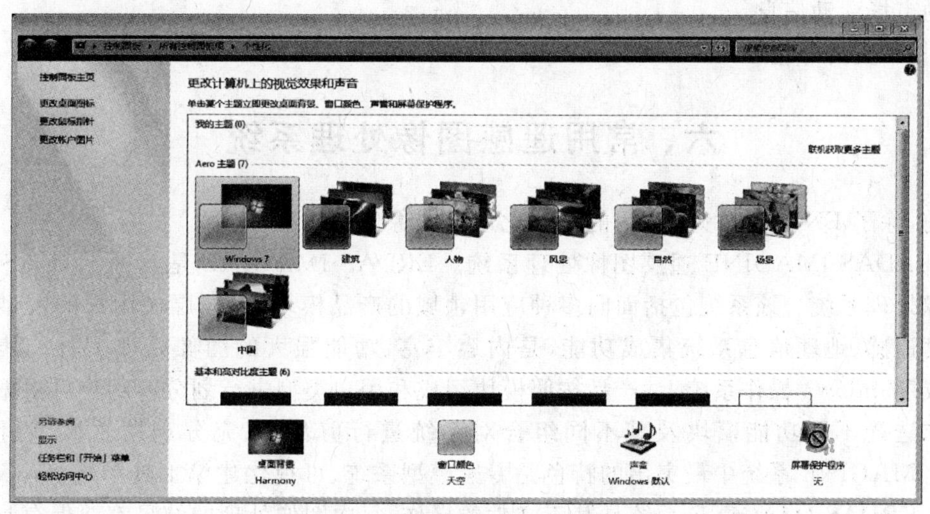

图 9-2　“个性化”窗口

(3)单击左侧功能区中上部的“校准颜色”,然后按照屏幕的提示进行操作,如图 9-3 所示。完成后,对比校正前后的差异,以确认是否使用屏幕颜色校正的结果。

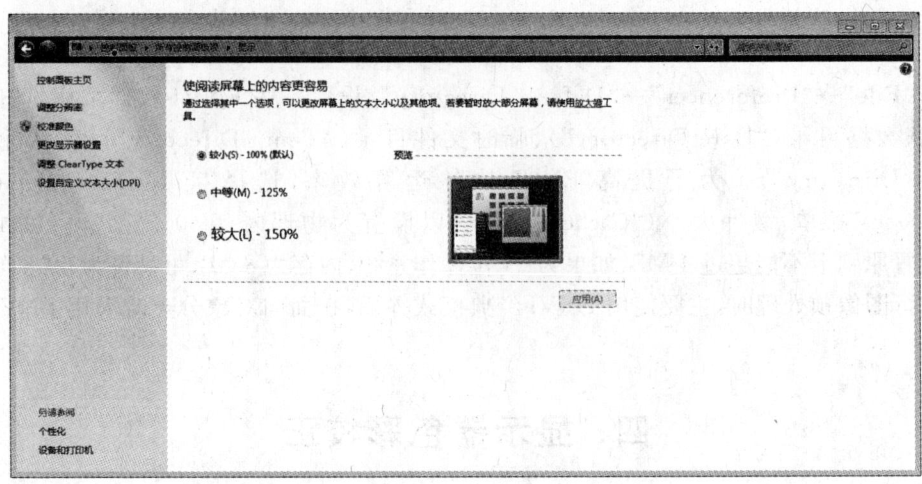

图 9-3 “显示”窗口

五、ENVI 软件可利用资源

ENVI 软件的可利用资源主要有如下几类。

(1)软件自带帮助。ENVI 软件自带内容丰富的帮助文件及软件操作手册。

(2)ENVI 遥感软件技术支持(http://www. esrichina. com. cn/EnviZongheye. html)。ENVI 软件包含丰富的软件操作文档、解决方案、扩展补丁及世界各地的 ENVI 软件用户使用心得。

(3)ENVI/IDL 中国官方技术博客(http://blog. sina. com. cn/enviidl)。ENVI/IDL 技术殿堂拥有丰富的 ENVI/IDL 学习资源,如技术博文、教学视频、开发文档、行业动态、解决方案和最新的市场活动信息。

(4)技术支持邮箱(ENVI-IDL@esrichina. com. cn)。

六、常用遥感图像处理系统

当前,除了 ENVI 软件外,常用的商业化遥感图像处理系统有多个。

(1)ERDAS IMAGINE 遥感图像处理系统。ERDAS IMAGINE 是美国 ERDAS 公司的遥感图像处理系统。该系统包括面向多种应用领域的产品模块、不同层次用户的模型开发工具及高度遥感、地理信息系统集成功能,是内容丰富、功能强大的图像处理工具。其运行于 UNIX 或 Windows 操作系统上,产品按照模块组成和用户类型进行划分。用户可根据自己的应用要求选择不同功能模块及其不同组合对系统进行剪裁,以充分利用软件、硬件资源。ERDAS IMAGINE 系统中最突出的特色是专家模型系统、可视化建模工具和与 ArcGIS 的高度集成。ERDAS IMAGINE 系统是基于文件的操作,每次图像处理的结果都要保存到磁盘文件中。因此,系统的运行需要有较大的硬盘预留空间。

(2)PCI Geomatica 遥感图像处理系统。PCI Geomatica 是加拿大 PCI 公司开发的用于图像处理、制图、地理信息系统和雷达数据分析,以及资源管理和环境监测的多功能软件系统,拥有齐全的功能板块,组成了一个全面的遥感图像处理系统。该系统最突出的特色是功能丰富的工具箱和建模系统,强调矢量和图像集成管理和处理。

(3)ER Mapper 遥感图像处理系统。ER Mapper 是澳大利亚 Earth Resource Mapping 公司的图像系统,重在图像压缩、图像服务和遥感数据的网络共享。该系统除了具有传统图像处理功能外,最大的特点是基于算法的操作。

(4)"CASM ImageInfo 一体化遥感综合处理平台"是由中国测绘科学研究院研发的一套遥感数据处理软件。其采用一体化综合集成的遥感数据处理功能链,从原始图像输入到数据产品生产进行全流程操作,既可满足遥感数据常规处理,也能满足流程化、规模化、业务化的数据生产要求。该处理平台集 3S 技术于一体,能对多源、多时相、多分辨率的遥感图像进行读取,可以进行辐射校正、几何校正、矢量分析、滤波、分类变化信息检测、高光谱数据分析、雷达数据分析及专题制图等处理。"CASM ImageInfo 一体化遥感综合处理平台"具有丰富的遥感数据格式、简便的使用风格、全中文和多重语言定制的标准化操作界面、性价比高等特点,已逐步地应用到军事、林业、农业、国土、测绘、地质、矿产、水利等领域。

(5) eCognition 遥感图像处理软件。eCognition 是由德国 Definiens Imaging 公司于 2009 年推出的智能化影像分析软件,2010 年被美国天宝公司收购。eCognition 是目前所有商用遥感软件中第一个基于目标信息的遥感信息提取软件,它采用决策专家系统支持的模糊分类算法,突破了传统商业遥感软件单纯基于光谱信息进行影像分类的局限性,提出了革命性的分类技术——面向对象的影像分析技术,大大提高了高空间分辨率数据的自动识别精度,有效地满足了科研和工程应用的需求。以单个像元为单位的常规信息提取技术过于着眼于局部而忽略了附近整片图斑的几何结构情况,从而严重制约了信息提取的精度。面向对象的影像分析技术针对的是影像分割对象而不是传统意义上的像元,充分利用了影像的光谱、形状、纹理、上下文、空间关系等特征。eCognition 软件的出现,推动了面向地理对象的影像分析技术的普及和应用。

实验十　遥感平台 ENVI 功能介绍

一、目的与要求

了解遥感图像处理软件 ENVI 的经典模式和可视化界面的主要功能。

二、ENVI 菜单命令及其功能介绍

ENVI 5.1 的图形用户界面有 ENVI 经典模式和 ENVI 可视化窗口管理模式两种风格。

(一)ENVI 经典模式

ENVI 经典模式的界面是主菜单,包括 12 个下拉菜单,如图 10-1 所示。

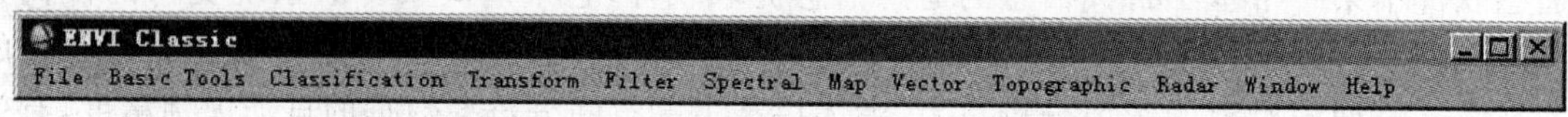

图 10-1　ENVI 经典模式主菜单

1. 文件(File)

"File"菜单管理文件读写和系统设置,进行相关的文件和项目的管理。通过该菜单,可完成文件读入和输入、与 IDL 通信、系统参数配置等。部分菜单项及功能如表 10-1 所示。

表 10-1　"File"菜单项及其功能

菜单命令	功能
Open Image File(打开图像文件)	打开 ENVI 支持的图像文件格式,必要的信息自动从数据头文件中读取
Open Vector File(打开矢量文件)	打开 ENVI 支持的矢量文件格式
Open Remote File (打开远程文件)	打开 JPIP、IAS 和 OGC 服务器上的数据
Open External File(打开特定文件)	打开特定类型的数据,如特定传感器、高程数据等
Open Previous File(打开最近使用文件)	打开最近使用文件
Launch ENVI Zoom(启动 ENVI Zoom)	启动 ENVI Zoom
Edit ENVI Header(编辑 ENVI 头文件)	编辑文件扩展名为.hdr 的头文件信息
Generate Test Data(生成测试数据)	建立各种测试图像,包括常量值图像、水平或垂直灰阶图像、服从标准正态分布的随机图像及由高程点扩散函数产生的图像
Data Viewer(数据浏览)	在字节程度上检查数据文件的方式,能浏览文件结构、识别未知文件类型等
Save File As(文件另存为)	文件另存为 ENVI 支持的输出格式
Import from IDL Variable(导入 IDL 变量)	输入任何在 ENVI 命令行中定义的 IDL 变量
Export to IDL Variable(导出为 IDL 变量)	将一个 ENVI 波段或文件输出为 ENVI 命令行中的 IDL 变量

续表

菜单命令	功能
Close All Files(关闭所有文件)	关闭所有文件
Preferences(参数设置)	对 ENVI 当前配置文件信息进行浏览和更改

2. 基本工具(Basic Tools)

"Basic Tools"菜单提供多种 ENVI 功能的访问，包括图像调整、图像裁剪、图像转换、图像拉伸、图像统计/分析、变化检测、波段运算、图像分割、图像掩模等。菜单项及其功能如表 10-2 所示。

表 10-2　"Basic Tools"菜单项及其功能

菜单命令	功能
Resize Data(Spatial/Spectral)(数据大小调整)	调整一幅图像的尺寸大小
Subset Data via ROIs(感兴趣区裁剪数据)	基于感兴趣区裁剪图像
Rotate/Flip Data(旋转/翻转数据)	执行几种"标准的图像旋转"
Layer Stacking(图层叠加)	构建一个新的多波段文件
Convert Data(BSQ、BIL、BIP)(数据转换)	数据存储格式之间进行转换
Stretch Data(数据拉伸)	执行文件—文件的对比度拉伸
Statistics(统计工具)	生成图像文件的统计文件并浏览
Spatial Statistics(空间统计)	计算图像的空间自相关性
Change Detection(变化检测)	对多时相图像间的差异进行识别、描述和量化
Measurement Tool(测量工具)	量测一定范围的面积、周长等
Band Math(波段运算)	自定义简单或复杂的处理程序进行波段运算
Spectral Math(光谱运算)	自定义简单或复杂的处理程序进行光谱间运算
Segmentation Image(图像分割)	根据像元的 DN 值，将一幅图像分割为由互相连通的像元组成的局部区域
Region of Interest(感兴趣区)	定义感兴趣区
Mosaicking(图像镶嵌)	包括基于像元的镶嵌和基于地理坐标的镶嵌
Preprocessing(预处理)	进行数据定标、去条带、坏道去除等图像预处理

3. 分类(Classification)

"Classification"菜单包括监督分类和非监督分类、决策树分类、端元光谱收集器和分类后处理。其中，监督分类包括了平行管道方法、最小距离方法、马氏距离方法、最大似然法、光谱角方法、二值编码方法、神经网络分类和支持向量机分类等。非监督分类包括了迭代自组织方法和 K 均值方法。分类后处理中，可进行类别统计、混淆矩阵、多数/少数分析、类的集群、类的筛选分析、类的合并、类的叠加、缓冲区和图像分割及分类结果矢量化等操作。菜单项及功能如表 10-3 所示。

表 10-3　"Classification"菜单项及其功能

菜单命令	功能
Supervised(监督分类)	启动图像监督分类模块
Unsupervised(非监督分类)	启动图像非监督分类模块
Decision Tree(决策树分类)	启动图像决策树分类模块
Endmember Collection(端元光谱收集器)	收集端元光谱，用于分离和进行高光谱分析

续表

菜单命令	功能
Create Class Image from ROIs（从感兴趣区建立分类图像）	将所选择的感兴趣区转化为一幅 ENVI 的分类图像对分类结果进行后处理
Post Classification（分类后处理）	对分类结果进行后处理

4．变换(Transform)

“Transform”菜单是将数据转换到另外一种数据空间的图像处理方法，通常通过简单或复杂的函数来实现，包括图像融合、图像增强变换。菜单项及功能如表 10-4 所示。

表 10-4 “Transform”菜单项及其功能

菜单命令	功能
Image Sharpening（图像融合）	将一幅低分辨率的彩色图像与一幅高分辨率的灰度图像融合
Band Ratios（波段比值）	做波段之间的比值运算
Principal Components（主成分分析）	对图像做主成分分析
Independent Components（独立主成分分析）	对图像做独立主成分分析
MNF Rotation（最小噪声分离变换）	对图像做最小噪声分离变换
Color Transforms（颜色空间变换）	将三波段 R、G、B 图像变换到一个特定的颜色空间
Decorrelation Stretch（去相关拉伸）	消除多光谱数据集中的相关性
Photographic Stretch（彩色拉伸）	对图像进行增强，生成一幅与目视效果吻合良好的 RGB 图像
Saturation Stretch（饱和度拉伸）	彩色增强，生成具有较高颜色饱和度的图像
Synthetic Color Image（合成彩色图像）	将一幅灰阶图像变换成一幅彩色合成图像
NDVI（归一化植被指数）	生成归一化植被指数（normalized different vegetation index，NDVI）
Tasseled Cap（缨帽变换）	对图像做缨帽变换

5．滤波(Filter)

“Filter”菜单包括卷积与形态学滤波、纹理分析、自适应滤波、傅里叶变换及滤波、频率域滤波等。

卷积与形态学滤波在空间域进行。卷积是最常用的图像滤波方法，包括了图像平滑和锐化的主要算法，如中值滤波、拉普拉斯变换等。形态学滤波以图像形态学为基础对图像进行处理，如膨胀和腐蚀运算。纹理信息从图像中提取，包括同生测度（occurrence）和共生测度（co-occurrence）。自适应滤波器主要用来处理雷达图像，其特点是在抑制噪声的同时保留了图像的边界信息和细节。傅里叶滤波在频率域对图像进行滤波，主要用来提取或去除图像中的周期成分。菜单项及其功能如表 10-5 所示。

表 10-5 “Filter”菜单项及其功能

菜单命令	功能
Convolutions and Morphology（卷积与形态学滤波）	进行卷积滤波和形态学滤波
Texture（纹理分析）	应用基于概率统计或二阶概率统计的纹理滤波
Adaptive（自适应滤波）	应用不同类型的自适应滤波器
FFT Filtering（快速傅里叶变换及滤波）	进行快速傅里叶变换及滤波处理

6．光谱(Spectral)

ENVI为多光谱和高光谱图像及其他光谱数据的分析提供了专用工具，包括：光谱库的构建、采样和浏览，光谱分割，光谱运算，光谱端元的判断，光谱数据的 n 维可视化，光谱分类，线性光谱分离，匹配滤波，包络线去除，光谱特征拟合等。菜单项及其功能如表10-6所示。

表10-6　"Spectral"菜单项及其功能

菜单命令	功能
SPEAR Tools(流程化图像处理工具)	启动流程化图像处理工具
Tatget Detection Wizard(目标探测向导)	启动目标探测向导
Spectral Lirarise(光谱库)	打开、浏览、创建光谱库
Spectral Slices(光谱切割)	通过一幅多波段图像抽取一个合成空间/光谱剖面
MNF Rotation(最小噪声分离变换)	对图像做最小噪声分离变换
Pixel Purity Index(纯净像元指数)	计算纯净像元指数，找光谱最"纯"的像元
n-Dimensional Visualizer (n 维数据可视化分析)	用于定位、识别、聚集数据集中最纯的像元和极值光谱反应
Mapping Methods(制图)	启动多光谱制图方法
Vegetation Analysis(植被分析)	启动植被分析模块
Vegetation Suppression(植被抑制)	启动植被抑制模块
SAM Target Finder with BandMax (基于BandMax的SAM目标查找向导)	启动基于BandMax的SAM目标查找向导，用于目标的探测
RX Anormaly Detection(RX异常检测)	启动RX异常检测工具
Spectral Hourglass Wizard(光谱沙漏向导)	启动光谱沙漏向导，进行光谱识别
Automated Spectral Hourglass (自动光谱沙漏)	启动自动光谱沙漏工具进行光谱识别
Spectral Analyst(光谱分析)	根据要素的光谱特征对其进行识别
Multi Range SFF(多波段SFF)	用于ENVI多范围光谱特征拟合
SMACC Endmember Extraction (SMACC端元提取)	启动SMACC端元提取模块
Spectral Math(光谱运算)	自定义简单或复杂的处理程序进行光谱间运算
Spectral Resampling(光谱重采样)	对光谱数据文件进行重采样
Gram-Schmidt Spectral Sharpening (GS图像融合)	启动GS图像融合
PC Spectral Sharpening(PC图像融合)	启动PC图像融合
CN Spectral Sharpening(CN图像融合)	启动CN图像融合
EFFORT Polishing(EFFORT光谱打磨)	EFFORT优化光谱曲线
FLAASH(FLAASH大气校正)	启动大气校正模块
Quick Atmospheric Corrertion (快速大气校正)	启动快速大气校正模块
Build 3D Cube(建立三维立方体)	获取一个多光谱或高光谱文件
Preprocessing(预处理)	进行数据定标、条带去除、坏道去除等图像预处理

7．地图(Map)

"Map"菜单包括图像的配准(几何精校正)、正射投影(正射校正)、几何校正和图像镶嵌、地图坐标和投影转换、用户自定义投影、转换ASCII坐标、连接外接的GPS等。菜单项及其功能如表10-7所示。

表 10-7 “Map”菜单项及其功能

菜单命令	功能
Registration(几何校正)	启动几何校正工具
Rigorous Orthorectification (正射校正扩展模块)	启动正射校正扩展模块
Orthorectification(正射校正)	启动正射校正工具
Mosaicking(图像镶嵌)	将基于像元的图像或经过处理坐标定位的图像镶嵌起来
Georeference from Input Geometry (输入几何文件进行几何校正)	根据输入的几何文件进行图像的几何校正
Georeference SPOT(SPOT 几何校正)	启动 SPOT 几何校正
Georeference Sea WiFS(Sea WiFS 几何校正)	启动 SeaWiFS 几何校正
Georeference ASTER(ASTER 几何校正)	启动 ASTER 几何校正
Georeference AVHRR(AVHRR 几何校正)	启动 AVHRR 几何校正
Georeference ENVISAT(Envisat 几何校正)	启动 Envisat 几何校正
Georeference MODIS(MODIS 几何校正)	启动 MODIS 几何校正
Georeference RADARSAT (Radarsat 几何校正)	启动 Radarsat 几何校正
Build RPCs(创建 RPCs)	创建 RPC 文件,用于几何校正
Customize Map Projections(自定义地图投影)	自定义地图投影
Convert Map Projection(地图投影转换)	对图像文件进行地图投影转换
Layer Stacking(图层叠加)	构建一个新的多波段文件
Map Coordinate Converter(地图坐标转换)	一个“坐标计算器”,使坐标在经纬度和相应的地图投影之间转换
ASCII Coordinate Conversion (ASCII 坐标转换)	将一种投影和参数的 ASCII 坐标转换为另一种坐标
Merge Old“map_proj. txt”File (合并原有 map_Proj. txt 文件)	将一个旧的 map_proj. txt 文件和一个已经存在的投影文件合并
GPS-Link(GPS-连接)	连接外设 GPS 设备

8. 矢量(Vector)

“Vector”菜单包括:打开矢量文件,管理矢量文件,将栅格图像(包括分类图像)转化为 ENVI 矢量文件,不规则点数据的栅格化,将 ENVI 矢量文件(*. evf)、注记文件(*. ann)及感兴趣区(*. roi)转化为 DXF 格式的文件,数字化等。

9. 地形(Topographic)

“Topographic”菜单用来对数字高程数据进行分析。例如,计算坡度、坡向和不同的曲率值;生成一幅图像显示河道、山脊、山峰、沟谷、平原。还可以使用创建山区阴影图像(Create Hill Shade Image) 功能将一幅彩色遥感图像和一幅阴影图像(由数字高程模型产生)结合起来生成一幅山区阴影图像。相关的操作包括数字高程数据中的坏值替换、不规则数据的栅格化、转换等高线为数字高程模型、地形数据(覆盖了矢量或彩色图像)的三维浏览等。

10. 雷达(Radar)

ENVI 为分析探测雷达图像及合成孔径雷达(synthetic aperture radar,SAR)系统(如美国喷气推进实验室的极化偏振 AIRSAR 与 SIR-C 系统等)提供了标准化的工具。这些工具可以对 ERS-1、JERS-1、Radarsat、SIR-C、X-SAR 和 AIRSAR 数据及其他方式探测到的合成孔径雷达数据进行处理。此外，ENVI 也可以处理 CEOS 格式的雷达数据(包括来自其他雷达系统的 CEOS 格式数据)。

多数 ENVI 处理功能本身就包含了雷达数据的处理能力，如所有的显示功能、拉伸、颜色处理、分类、配准、滤波、几何校正等。另外，ENVI 还提供了分析极化雷达数据的工具。

11. 窗口(Window)

"Window"菜单管理 ENVI 显示和绘图窗口，包括打开新窗口、窗口最大化、窗口间链接显示、关闭窗口、使用该工具访问可用波段列表和可用矢量列表、浏览显示窗口的信息、浏览显示图像中光标位置和像元值、从显示窗口中收集点、打开窗口查找工具、显示鼠标的按钮信息等。

12. 帮助(Help)

ENVI 提供了很好的帮助系统，可以很方便地按照关键词查找帮助内容，可以对感兴趣的内容设置书签，以便于将来阅读。

单击主菜单"Help"→"Start ENVI Help"，阅读帮助文件。从"index"中，输入"display images"，查看帮助信息。

(二)ENVI 5.1

ENVI 5.1 的界面是将图层管理、图像显示、工具箱、工具栏等集中在一个窗体中，如图 10-2 所示。菜单命令包括主界面下拉菜单(表 10-8)、工具箱中的功能菜单(表 10-9)和右键菜单等。

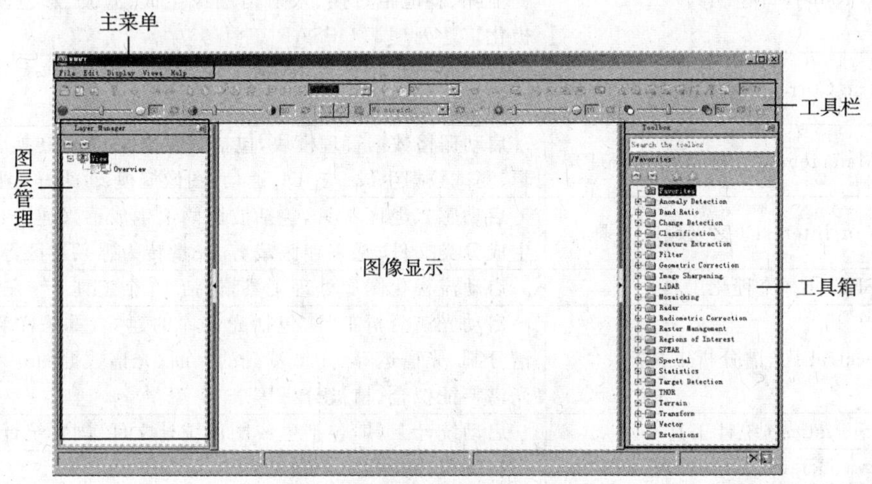

图 10-2　ENVI 界面

表 10-8　ENVI 主界面下拉菜单

菜单命令	功能
File(文件)	完成文件输入和写出、系统配置参数等
Edit(编辑)	撤销/恢复上一步操作、重命名、移除选中视图、移除所有视图等
Display(显示)	图像自定义拉伸，浏览光谱库文件、二维散点图、光谱剖面图，透视窗口显示等
View(视窗)	新建视窗、打开多个视窗(最多能开 16 个)、多视窗链接
Help(帮助)	启动帮助

表 10-9 工具箱

工具箱名称	功能
Anomaly Detection (异常探测)	启动异常探测工具
Band Ratio (波段比值)	启动波段比值工具，包括波段运算工具和波段比值计算工具
Change Detection (变化检测)	启动变化检测，包括直接比较法和分类后比较法
Classification(图像分类)	启动图像分类模块，包括监督分类与非监督分类、决策树分类、端元获取、分类处理、灰度分割等
Feature Extraction (面向对象信息提取)	启动面向对象信息提取模块，包括基于样本的面向对象信息提取、基于规则的面向对象信息提取、图像分割等
Filter (滤波工具)	启动滤波工具，包括卷积与形态学滤波、纹理分析、自适应滤波、傅里叶滤波及频率域滤波等
Geometric Correction (几何校正工具)	启动几何校正模块，包括图像几何校正、图像配准、图像正射校正、ASCII 文件坐标转换等
Image Sharpening (图像融合)	启动图像融合模块，将一幅低分辨率的彩色图像与一幅高分辨率的灰度图像融合
LiDAR(激光雷达数据浏览)	启动激光雷达数据浏览工具，包括激光雷达数据浏览界面、LAS 格式数据转换、浏览 LAS 格式数据头文件
Mosaicking (图像镶嵌)	启动图像镶嵌模块，包括基于像元的镶嵌和基于地理坐标的镶嵌等
Radar(雷达工具)	启动雷达处理和分析工具，包括雷达文件定标、天线增益畸变消除、斜地距转换、入射角图像生成、滤波、彩色图像合成、极化雷达处理、TOPSAR 工具等
Radiometric Correction(辐射校正工具)	启动辐射校正模块，包括图像辐射定标、图像大气校正、热红外数据定标等
Raster Management (栅格数据管理)	启动栅格数据管理模块，包括图像拉伸、坐标转换、头文件编辑、测试数据生成、与 IDL 通信、图像掩模、重采样、图像保存等
Regions of Interest (感兴趣区工具)	启动感兴趣区工具，包括波段阈值生成感兴趣区、感兴趣区生成分类文件、感兴趣区裁剪、矢量转为感兴趣区等
SPEAR (流程化工具)	启动流程化图像处理工具，包括 16 个工具
Spectral (光谱分析工具)	启动光谱分析工具，包括光谱库的建立、重采样和浏览、光谱分割、光谱运算、光谱端元的判断、光谱数据的 n 维可视化、光谱特征拟合、植被分析等
Statistics (统计工具)	启动统计工具，包括生成图像统计文件、浏览统计文件等
Target Detection (目标探测)	启动目标探测与识别工具
THOR (高光谱分析流程化工具)	启动高光谱分析流程化工具
Terrain (地形工具)	启动地形分析工具，包括打开数字高程模型数据格式、地形建模、地形特征提取、数字高程模型提取、等高线生成数字高程模型、点数据栅格化等
Transform (图像变换)	启动图像转换模块，包括颜色空间变换、图像增强变换、主成分变换、独立主成分分析变换、最小噪声分离变换、缨帽变换
Vector (矢量工具)	启动矢量工具，包括转换为 SHP 矢量格式、数字化、栅矢转换等
Extensions (扩展工具)	启动用户自定义的扩展功能

实验十一　遥感图像的显示

一、目的与要求

了解遥感图像的常用的格式、输入和输出方式，掌握遥感图像的显示方法、图像头文件的编辑流程。实际操作练习遥感数据波段组合的常用方式，并编辑实验图像的头文件。

二、实验原理

(一)波段组合

多波段遥感图像的各个波段均为灰度图像，遥感图像系统的辐射分辨率决定了不同地物间的辐射差异。人眼对于灰度图像的灰度级分辨能力只有 20～60，而对于彩色和色彩的强度分辨能力则远强于灰度。另外，相同的地物在不同的波段组合上会有不同的色彩显示，适当的波段组合能够使用户感兴趣的区域或特征更加突出，这对于图像的分类解译有着重要的意义。

图像彩色显示的原理、波段数选择的不同及波段组合顺序的不同都会引起各波段的像元值映射到 R、G、B 三基色分量的不同，从而造成不同波段组合间彩色显示的差异。当选取的三个波段不对应于光谱中的红、绿、蓝三个波段时，则该彩色合成图像被称为假彩色图像；当所选三个波段分别对应于红、绿、蓝三个波段时，所合成的彩色图像接近天然色彩而被称为真彩色图像。图 11-1 为唐山市某区域 GF-1 图像的三种不同波段组合方式的效果，植被在红、绿、蓝(321)三个波段组合中显示为绿色，而在近红外、红及绿(432)三个波段组合中显示为红色。

(a) 432波段组合

(b) 421波段组合

(c) 321波段组合

图 11-1　GF-1 图像四个波段的三种组合方式

(二)头文件编辑

ENVI 中列出的遥感图像头文件信息为(图 11-2)："Samples"为图像文件的列数；"Lines"

为图像文件的行数;"Bands"为图像文件的波段数;"Offset"为图像文件从文件开头到实际数据起始处的字节偏移量;"xstart"和"ystart"为图像左上角的起始像元坐标;"Data Type"为选择适当的数据类型(字节型、整型、无符号整型、长整型、无符号长整型、浮点型、双精度型、64 bit 整型、无符号 64 bit 整型、复数型或双精度复数型);"Byte Order"为选择数据的字节顺序,这个参数在不同的平台有所不同。对于美国数字设备公司(DEC)的设备和计算机,选择"Host(Intel):for the host least significant first"字节顺序;对于其他的平台,选择"Network(IEEE):for the network most significant first"字节顺序。使用"Interleave"下拉菜单,选择 BSQ、BIL、BIP,以确定数据存储顺序。

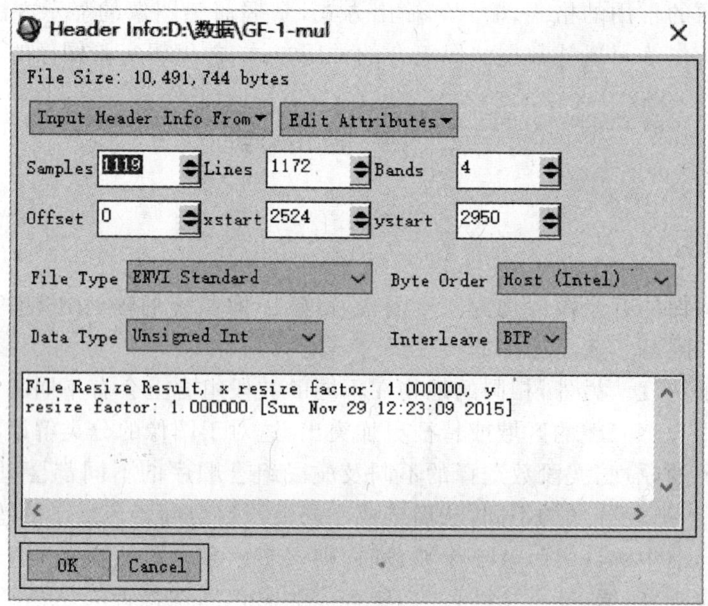

图 11-2 头文件窗口

三、实验流程

(一)数据输入

在 ENVI 经典模式中,使用"File"→"Open Image File"(或者"Open Vector File""Open Remote File""Open External File""Open Previous File")菜单打开 ENVI 图像文件或其他已知格式的二进制图像文件。打开的文件会在"Available Bands List"窗口中显示,如图 11-3 所示。

(二)数据输出与保存

在主图像窗口中选择"File"→"Save Image As"→"Image File Resolution":灰阶(Gray Scale)图像输出时"Resolution"应选择 8 bit,"Output file type"选择 ENVI 的标准格式输出。"Output result to"菜单栏选择"file",则图像会以输入的路径保存,如果选择"memory",则系统重启时,保存的文件就不存在了。

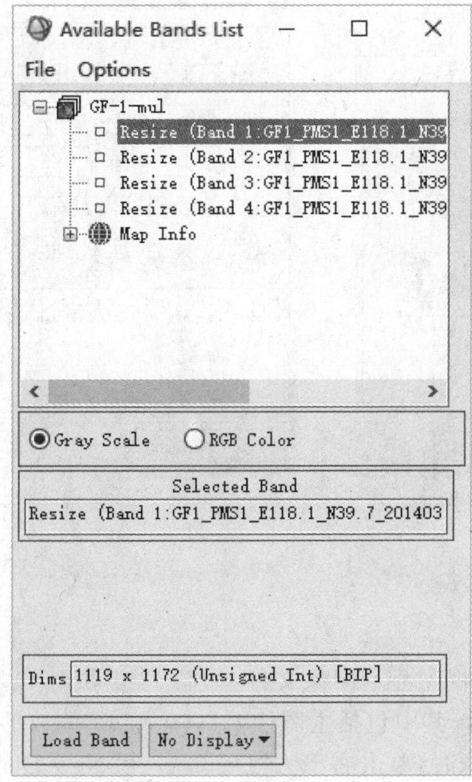

图 11-3　“Available Bands List”窗口

(三)编辑头文件

在“Available Bands List”窗口中,选择数据文件右击打开“Header Info”对话框,在其中查看并编辑头文件,对遥感图像添加如表 11-1 所示文件数据。

表 11-1　头文件数据

参数	值
Offset	0
DataType	ENVI Standard
ByteOrder	Unsigned Int
Interleave	BIP

在主视窗右击选择“Pixel Locator”,可以查看图像文件中光标所在位置的“Sample”“Line”及当前点坐标。“xstart”和“ystart”可通过将光标移至图像左上角获得,其值分别为左上角的“Sample”值与“Line”值。头文件中“Samples”值与“Lines”值可由光标在右下角的“Sample”值、“Line”值减去光标在左下角的值得到,如图 11-4 所示。

添加后结果如图 11-5 所示。

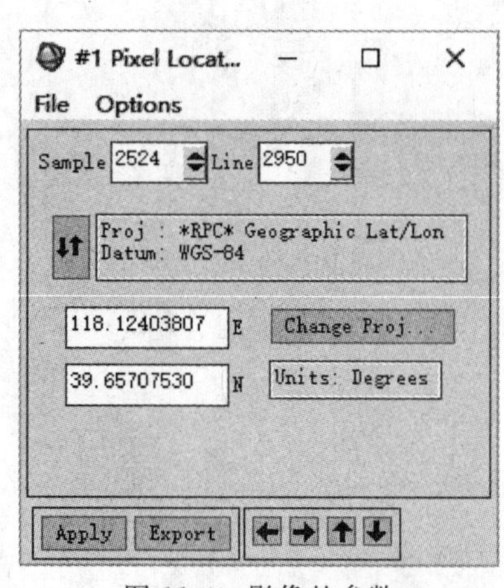

图 11-4 影像的参数

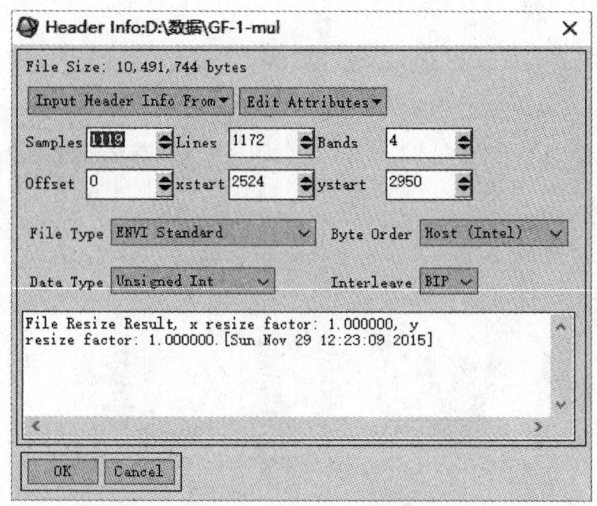

图 11-5 头文件编辑

(四)图像的显示

1. 显示窗口

ENVI 经典模式采用三视窗显示图像文件,如图 11-6 和图 11-7 所示。当打开一幅图像,会以 ENVI 三视窗窗口显示,其中包括主图像窗口(image)、缩放的显示窗口(zoom)和滚动窗口(scroll)。当打开多幅图像时,单击右下方“Display”→“New Display”→“Load Band”,就会同时显示新建的三视窗窗口。

2. 灰度图像显示

在 ENVI 平台“Available Bands List”窗口中设置遥感图像显示。当选择“Gray Scale”后,单击相应波段,单击“Load Band”则输出所选波段的灰度图像。如图 11-6 所示,设置是 band 1 波段的灰度图像。

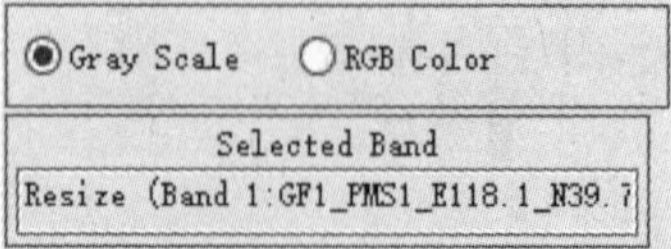

图 11-6 遥感数据三视窗灰度图像显示

3. 彩色图像显示

在"Available Bands List"窗口中选择"RGB Color"可以设置彩色图像的显示，对 R、G、B 分别赋予不同波段，可以合成多种显示形式的彩色图像。如图 11-7 所示，对 R、G、B 分别赋予 band3 、band2、band1 三个波段，再单击"Load Band"，屏幕显示所设置波段组合的彩色图像。

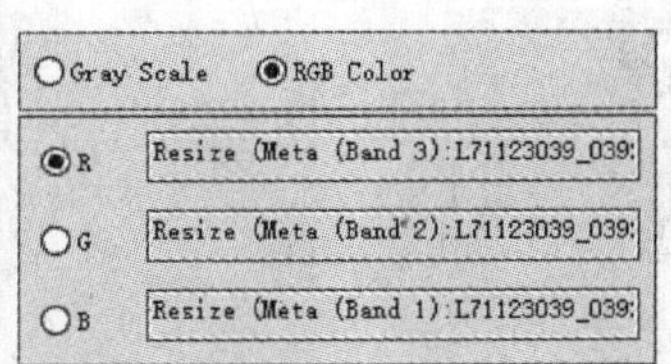

图 11-7　遥感数据三视窗彩色显示

四、知识拓展

(一)常用输入输出格式

ENVI 的数据输入输出功能提供了丰富的遥感图像转换功能，在支持多种遥感图像格式相互转换的同时，也支持将多种格式转换为 ENVI 中的 *.img 格式及将 *.img 格式转换为其他数据格式。目前 ENVI 支持的数据输入格式多达 70 多种，可以输出的格式多达 30 多种。表 11-2 列出了实际图像处理过程中 ENVI 所支持的常用的图像数据格式。遥感卫星数据介绍参考附录 D。

表 11-2　常用的图像输入和输出格式

数据输入格式	数据输出格式	数据输入格式	数据输出格式
GeoTIFF	GeoTIFF	BIL	BIL
TIFF	TIFF	BIP	BIP
BMP	BMP	BSQ	BSQ
JPEG	JPEG	PNG	PNG
GIF	GIF	RAW	RAW
HDF	HDF	IMG	IMG

(二)图像显示的方式

1. 灰度图像显示

灰度图像实际上是把遥感的全色或单波段图像中不同像元值 0～255(取 8 bit 为例)的渐变顺序映射到查色表(color look-up table，CLUT)中，该表每个像元对应相同的 R、G、B 值，如

(0,0,0)显示为黑色、(128,128,128)显示为灰色、(255,255,255)显示为白色。将图像中所有像元映射完毕之后,显示为一幅从黑到白渐变的灰度图像。

2. 伪彩色图像显示

伪彩色图像是遥感全色或单波段图像的一种显示方式,其实质是把灰度图像的各灰度值按一定的线性或非线性函数关系映射成相应的彩色。由于在指定的量化等级下,查找表(look-up table,LUT)中存储的选择色数量有限,因而伪彩色图像显示的色彩范围也比较有限。

3. 假彩色图像显示

假彩色图像实际上是一种多波段图像组合显示方式,将遥感图像的任意三个波段中对应像元的亮度值取出,映射到查色表中的R、G、B三基色分量,然后生成彩色合成图像。如果所选取的三个波段不对应于光谱中的红、绿、蓝三个波段,则该彩色合成图像被称为假彩色图像,如图11-8所示。

(a) 蓝色波段灰度显示

(b) 标准假彩色显示

(c) RGB三波段真彩色显示

图11-8 多波遥感图像数据显示

4. 真彩色图像显示

真彩色图像与假彩色图像的显示过程类似,当所选三个波段分别对应于红、绿、蓝三个波段时,所合成的彩色图像接近于天然色彩,被称为真彩色图像。

(三)遥感图像显示影响因素

1. 图像及显示设备辐射分辨率

遥感图像的辐射分辨率一般为8 bit,但是随着新型遥感系统的出现,已经出现了量化等级为9 bit甚至12 bit的遥感图像。遥感图像的辐射分辨率越高,其显示表达细节的能力也就越强。除此之外,显示设备的辐射分辨率也是影响遥感图像显示的重要因素。1 bit分辨率的显示器只能显示黑白图像,对于遥感图像的高质量彩色显示则要求显示器有更高的辐射分辨率。

2. 色彩坐标系统

在图像处理中,常用的色彩坐标系统有RGB坐标系统和HIS坐标系统,面向硬件设备(如彩色显示器等)的最常用的色彩坐标系统是RGB坐标系统,而面向彩色处理的最常用的色彩坐标系统是HIS坐标系统。根据色度学原理,任何彩色均可由R、G、B三基色按适当比例合成,遥感数据的显示一般也采用RGB坐标系统。

3. 查色表

查色表是位于图像处理器内缓冲区中的一个列表,是根据已定义好的函数把输入的像元值实时地变换为RGB组合值。遥感图像的显示严格受到查色表的大小和特征的控制。

实验十二　遥感图像辐射校正

一、目的与要求

了解辐射定标、大气校正流程及参数设置原则。实际操作练习 Landsat 8 OLI_TIRS 卫星数字遥感图像的辐射校正，并对比图像辐射校正前后的目视效果。

二、实验流程

由于遥感图像成像过程的复杂性，传感器接收的电磁波能量与目标本身辐射的能量是不一致的，存在一定的辐射误差。对遥感图像数据进行处理以消除图像辐射亮度里的各种失真的过程称为辐射校正。完整的辐射校正如图 12-1 所示，包括辐射定标、大气校正等步骤。

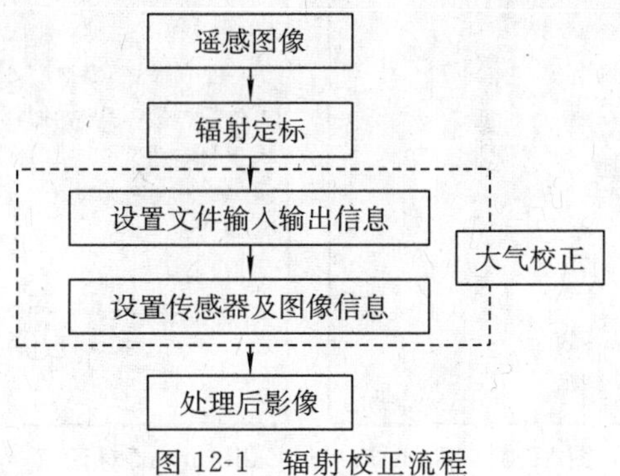

图 12-1　辐射校正流程

三、实验步骤

(一)图像准备

实验数据为 Landsat8 OLI 多光谱图像，数据名称为 LC81220322017120LGN00 的多光谱图像，在 ENVI 5.1 主菜单中将图像打开。

(二)辐射定标

1. 导入数据

打开辐射定标对话框"Toolbox"→"Radiometric Correction"→"Radiometric Calibration"，弹出"FileSelection"窗口，如图 12-2 所示。选择多光谱文件 LC81220322017120LGN00-MTL-MultiSpectral，单击"OK"。

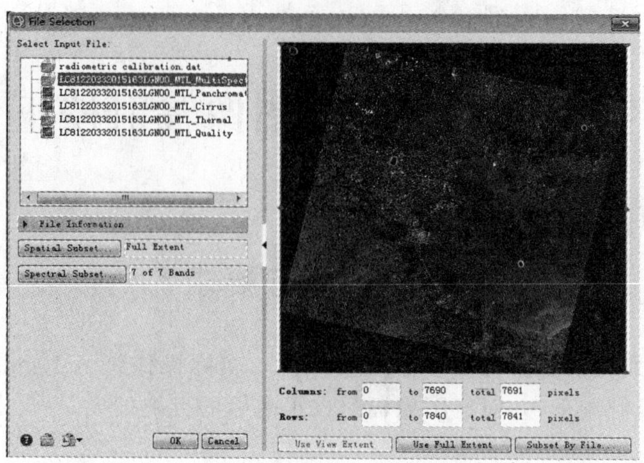

图 12-2 “File Selection”窗口

2. 辐射定标

弹出“Radiometric Calibration”对话框，单击“Apply FLAASH Settings”，输入“Output Filename”，单击“OK”，完成辐射定标，如图 12-3 所示。

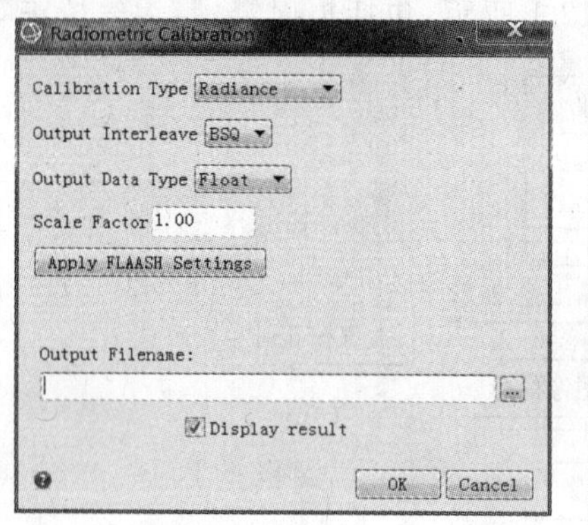

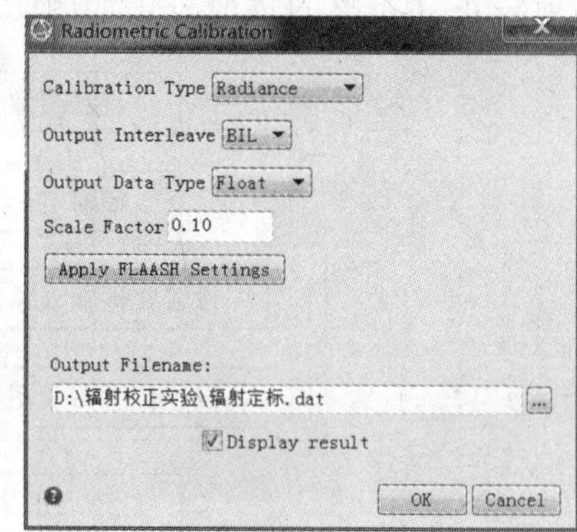

图 12-3 “Radiometric Calibration”对话框

3. 辐射定标效果

辐射定标效果如图 12-4 所示。

（a）辐射定标前

（b）辐射定标后

图 12-4 辐射定标前后 TM 图像

(三)大气校正

1. 打开大气校正对话框

选择“Toolbox”→“Radiometric Correction”→“Atmospheric Correction”→“FLAASH Atmospheric”，双击，弹出大气校正“FLAASH AtmosphericCorrection Model Input Parameters”对话框，如图 12-5 所示。

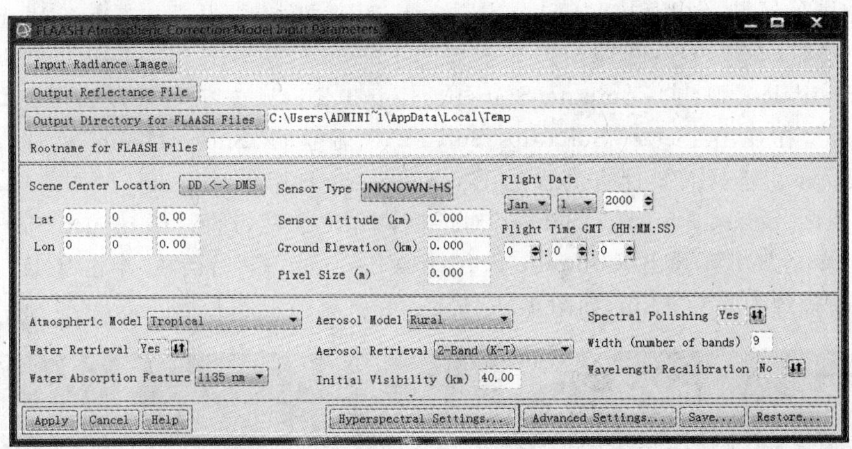

图 12-5　“FLAASH AtmosphericCorrection Model Input Parameters”对话框

2. 设置文件输入输出信息

(1)转换辐射亮度值格式。单击“Input Radiance Image”(输入辐射亮度值文件)，选择上一步辐射定标后生成的存储格式为 BIL 的 Radiometric Calibration. dat 文件，弹出“Radiance Scale Factors”对话框(图 12-6)，它的作用是将输入的辐射亮度值的单位及数据类型变成浮点型辐射亮度值，即原始辐亮度单位与 ENVI 默认辐射亮度单位之间的比例。由于每个波段的辐射亮度值一样，故此处选择第二项，转化系数填 1。

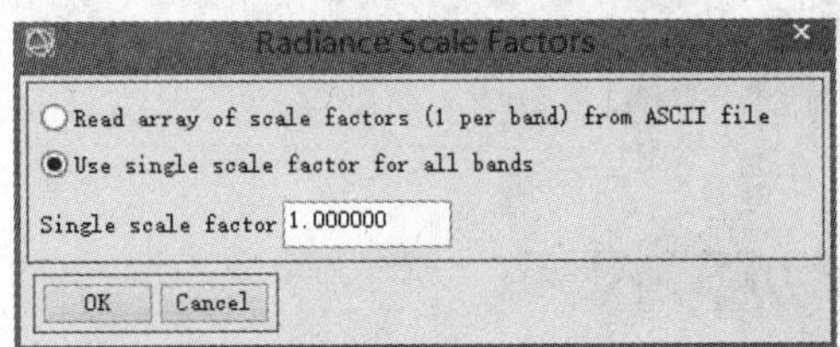

图 12-6　“Radiance Scale Factors”对话框

(2)设定输出反射率文件名和位置。单击“Output Reflectance File”(输出反射率文件)，选择反射率输出目录及文件名。

(3)设定输出文件的文件名和位置。单击“Output Directory for FLAASH Files”(输出文件夹)里面设定输出文件的文件名和位置，输出的为大气校正的其他输出结果，如水汽反演结果、云分类结果、日志等。

3. 设置传感器及图像信息

(1)设置遥感图像中心经纬度(“Scene Center Location Lat/Lon”)。ENVI 5.1 将自动读取遥感图像中心经纬度(“Lat/Lon”)，如未读取，可从元文件 LC81220332015163LGN00_

MTL. txt 中查找。

(2)设置传感器类型。单击“Sensor Type”(传感器类型)→“Multispectral”→“Landsat 8 OLI”,选择辐射亮度图像对应的传感器类型。此时“Sensor Altitude”(传感器飞行高度)将自动填为 705 km,而“Pixel Size”(图像像元大小)填为 30 m。

(3)设置图像成像日期(“Flight Date”)和成像时间(“Flight Time GMT”)。可从元文件 LC81220332015163LGN00_MTL. txt 中获取。

(4)获取图像区域平均海拔(“Ground Elevation”)。单击“File”→“Open World Data”→“Elevation(GMTED2010)”,图像窗口显示如图 12-7 所示。单击“Toolbox”→“Statistics”→“Compute Statistics”弹出“Compute Statistics Input File”,选择 GMTED. jp2 文件后单击“Stats Subset”,在弹出“Select Statistics Subset”对话框的“SubsetUsing”栏选择“File”,如图 12-8 左图所示。选择需要计算高程的图 radiometric calibration. dat,如图 12-8 右图所示。单击“OK”,返回“Select Statistics Subset”对话框,单击“OK”,返回“Compute Statistics Input File”对话框,单击“OK”,弹出“Compute Statistics Parameters”对话框,单击“OK”。计算得到该图像平均高程约为 0. 009 km,如图 12-9 所示。

图 12-7 GMTED. jp2 图像

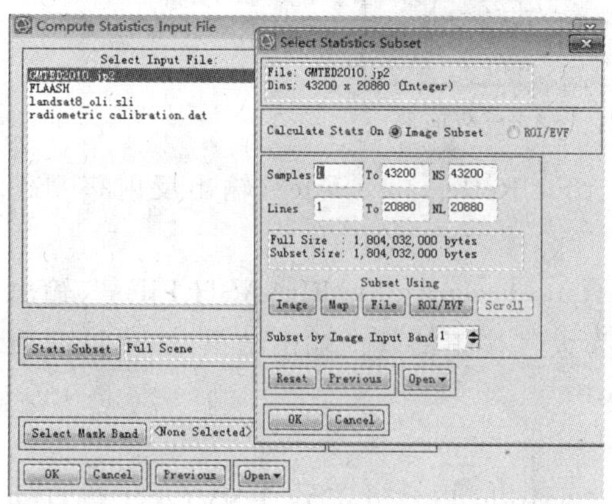

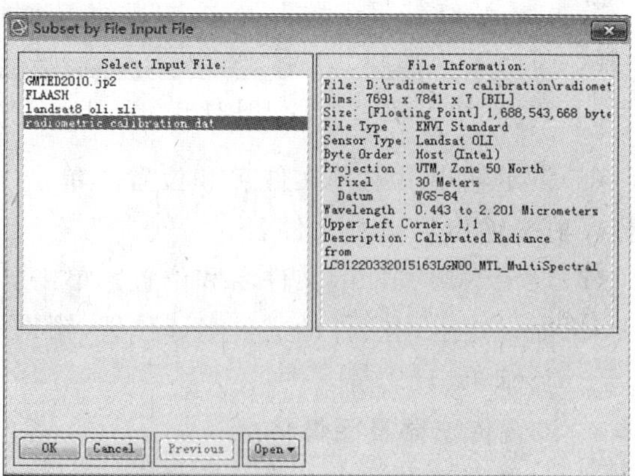

图 12-8 高程统计

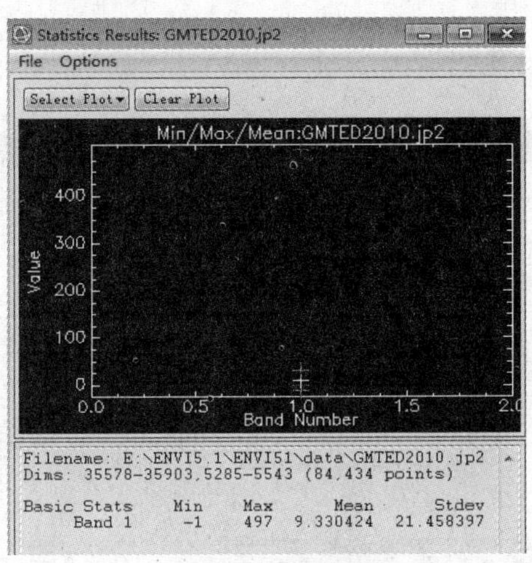

图 12-9　计算结果

(5)设置气溶胶模型("Aerosol Model")。ENVI 提供的气溶胶模型有无大气("No Aerosol")、乡村气溶胶("Rural")、城市气溶胶("Urban")、海洋气溶胶("Maritime")、对流层气溶胶("Tropospheric")模型，这里依据曹妃甸地形地貌选择乡村气溶胶模型。

(6)设置大气模式("Atmospheric Model")。ENVI 提供标准 MODTRAN 软件的六种大气模型，即亚极地冬季("Sub-Arctic Winter")、中纬度冬季("Mid-Latitude Winter")、美国标准大气模型("U. S. Standard")、亚极地夏季("Sub-Arctic Summer")、中纬度夏季("Mid-Latitude Summer")、热带("Tropical")。根据经纬度和时间可以选定研究区的大气模式。选择主菜单"Help"→"Start ENVI Help"，选择对话框左边"Index"，单击"Atmospheric Model Setting"，查询对应的大气模型。

(7)设置多光谱参数。单击"Multispectral Settings"，进入多光谱参数设置对话框。选择"GUI"，再单击"Kaufman-Tanre Aerosol Retrieval"，单击"Defaults"，选择"Over-Land Retrieval Standard(660:2 100 nm)"，用气溶胶模型要求数据波段覆盖 660 nm 和 2 100 nm 光谱。"Filter Function File"设置为…\Program Files\Exelis\ENVI51\Resource\filterfuncs\landsat8-oli. sli，其他参数默认，单击"OK"，如图 12-10 所示。

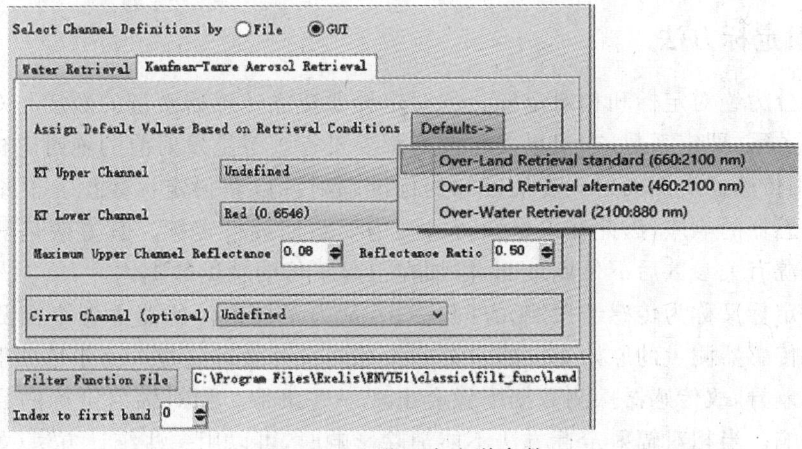

图 12-10　设置多光谱参数

(8)完成参数设置返回“FLAASH Atmospheric Correction Model Input Parameters”对话框，如图 12-11 所示。

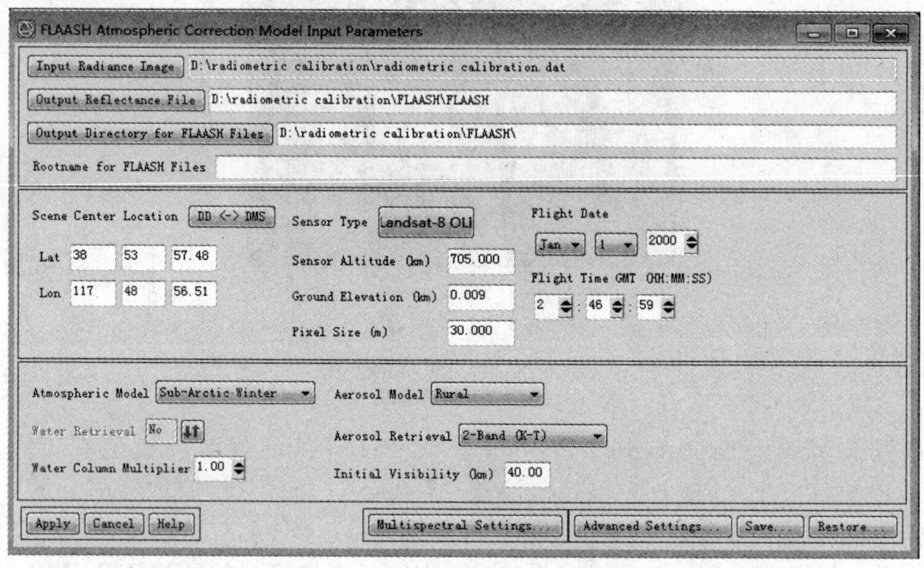

图 12-11 FLAASH 大气校正对话框

(9)大气校正。单击“Apply”，进行大气校正。运行完毕后，会弹出一个简单的报表(图 12-12)，显示能见度和水汽柱，则大气校正成功。

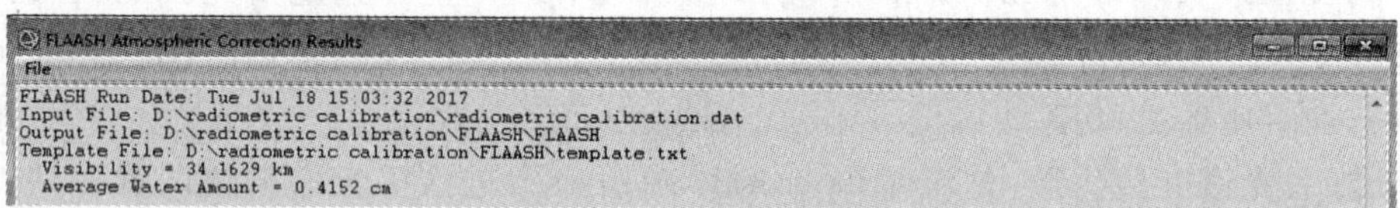

图 12-12 大气校正结果

四、知识拓展

(一)辐射定标方法

辐射定标分为绝对定标和相对定标。绝对定标要建立传感器测量的数字与对应的辐射能量之间的数量关系，即定系数，在卫星发射前后都要进行。卫星发射前的绝对定标在地面实验室或实验场，用传感器观测辐射亮度值已知的标准辐射源以获得定标数据。卫星发射后各种因素会影响传感器的响应，因此在卫星运行过程中要定期进行定标。其方法是测量传感器内部设置的电光源有关参数后下传到地面，添加在卫星下传的辅助数据内。

相对辐射定标又称为传感器探测元件归一化，是为了校正传感器中各个探测元件响应度差异而对卫星传感器测量的原始亮度值进行归一化的一种处理过程。由于传感器中各个探测元件之间存在差异，故传感器探测数据图像会出现一些条带。相对辐射定标的目的就是降低或消除这些影响。当相对辐射定标方法不能消除影响时，可以用一些统计方法(如直方图均衡化、均匀场景图像分析等方法)来消除。

(二)绝对定标的方法

1. 传感器实验室定标

在遥感定量化研究中,常常要将空中传感器接收的电磁波能量信号直接与地物光谱仪接收的电磁波能量信号及地物的物理特性联系起来进行分析研究,这就需要对地面传感器和空中传感器进行实验室定标。

2. 传感器星上内定标

光学遥感的星上内定标一般采用灯定标、太阳定标及黑体定标。其优点是可对一些光学遥感实时定标,不足是大部分星上定标都只是对部分系统和部分口径定标,没有模拟传感器的成像状态,星上定标系统也不够稳定,也影响了定标精度。

3. 传感器场地外定标

在传感器飞越辐射定标场上空时,在定标场选择若干像元区,测量传感器对应的各波段地物的光谱反射率和大气光谱参量,利用大气辐射传输模型给出传感器入瞳处各光谱带的辐射亮度,最后确定它与传感器对应输出的数字量化的数量关系,求解定标系数,并进行误差分析。场地外定标方法主要特点是场地面积大、地物均匀和大气环境好。其实现了对传感器运行状态下与获取地面图像完全同条件的绝对校正。

实验十三　遥感图像的裁剪

一、目的与要求

掌握遥感图像裁剪的技术流程和操作方法。使用TM、高分一号等不同分辨率遥感图像进行裁剪，练习使用文件、感兴趣区、掩模等方式裁剪研究区的方法。

二、实验技术方法

(一)图像裁剪类型

图像裁剪的目的是将研究区之外的区域去除，针对不同的情况采用不同的裁剪过程。通常图像裁剪是按照行政区划边界或自然区划边界进行的，基础数据生产则是按照标准分幅裁剪。在遥感处理平台中，按照裁剪的图形分为规则裁剪和不规则裁剪两种。

规则裁剪是指裁剪图像的边界范围是一个矩形，这个矩形范围获取途径包括行列号、左上角和右下角两点坐标、图像文件、感兴趣区/矢量文件。规则分幅裁剪功能(Spatial Subset)在很多的处理过程中都可以启动。

不规则裁剪是指裁剪图像的外边界范围是一个任意多边形。任意多边形可以是事先生成的一个完整的闭合多边形区域，可以是一个手工绘制的感兴趣区多边形，也可以是ENVI支持的其他矢量文件。

(二)图像裁剪方法

应用遥感图像处理软件ENVI进行遥感图像裁剪主要有以下几种方法：

(1)Image。根据图像裁剪，拖拽红色框的左上角来选择裁剪范围。

(2)Map。根据地图坐标裁剪，输入地图的大地坐标选择裁剪范围。

(3)File。根据另一个已知文件来选择裁剪范围。

(4)感兴趣区裁剪。先建立感兴趣区，保存，然后裁剪。

(5)应用掩模裁剪。先建立感兴趣区域，然后建立掩模，应用掩模。

三、规则图像裁剪

规则分幅裁剪主要有三种途径：在窗口选取、根据输入地图坐标裁剪、根据已知文件裁剪。

(一)打开图像

单击“File”→“Open Image File”，打开要处理的图像。单击“Basic Tools”→“Resize Data

(Spatial/Spectral)”,在弹出的“Resize Data Input File”对话框中,选中要裁剪的图像,单击“Spatial Subset”,如图 13-1 所示。在弹出的“Select Spatial Subset”对话框中,有“Image”“Map”“File”和“ROI/EVF”四个“Subset Using”选项,如图 13-2 所示。

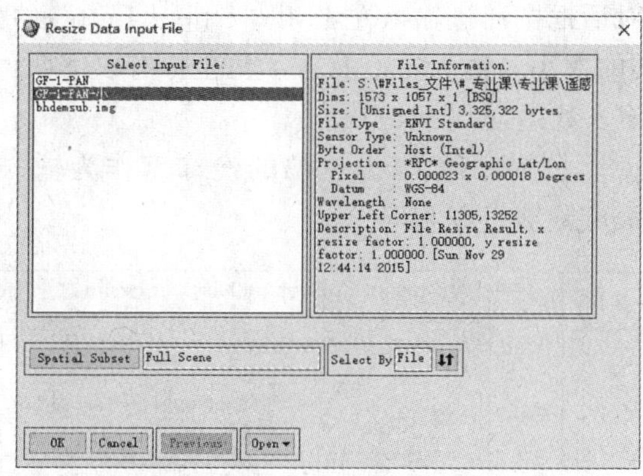

图 13-1　打开需要裁剪遥感图像

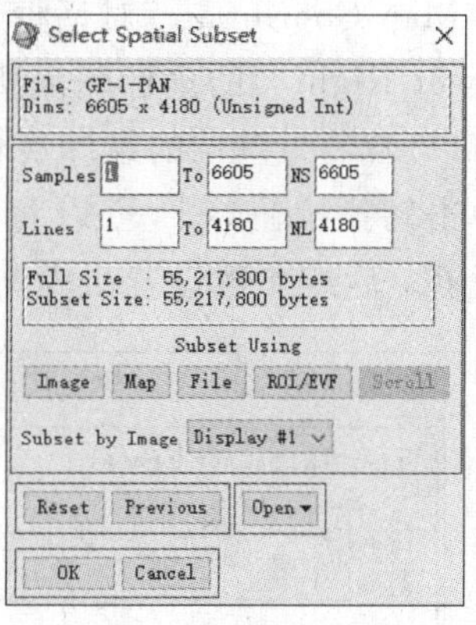

图 13-2　选取裁剪方法

(二)依据窗口选取方式裁剪

1. 设置裁剪范围

单击“Image”后,弹出“Subset by Image”对话框(图 13-3)。对话框中,可以通过调整“Samples”和“Lines”的数值来调节所选框的长和宽,或者通过拉动地图上红色边框来调整所选框的长和宽。调整好选框大小后,单击“OK”。

回到“Select Spatial Subset”界面,即图 13-2 窗口中,单击“OK”。在“Resize Data Input File”界面,即图 13-1 窗口中,单击“OK”。

2. 设置裁剪图像输出参数

在自动弹出界面“Resize Data Parameters”中,设置裁剪图像输出参数。如图 13-4 所示,设置重采样(“Resampling”)方法和裁剪后新图像文件的输出路径和名称。

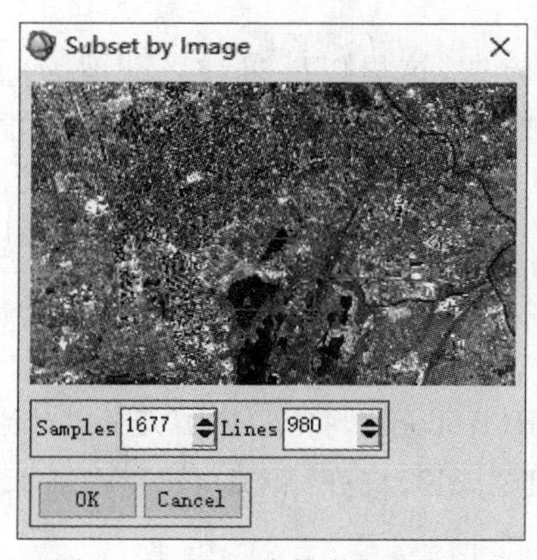

图 13-3　设置裁剪窗口的大小

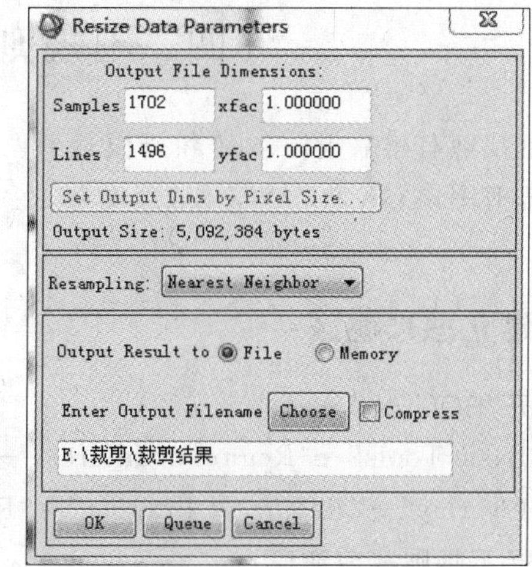

图 13-4　设置裁剪图像输出参数

(三)依据输入地图坐标方式裁剪

如图 13-2 所示，在弹出的“Select Spatial Subset”窗口中，单击“Map”后，会弹出“Spatial Subset by Map Coordinate”对话框。在对话框中通过输入左上角(“Upper Left”)的坐标及右下角(“Lower Right”)的坐标确定所选框的大小。输入左上及右下角坐标有以下两种方式：

(1)将以度(°)为单位的经纬度作为输入数据，如图 13-5 所示。

(2)单击转换按钮“⇅”，可以将以度(°)、分(′)、秒(″)为单位的经纬度作为输入数据，如图 13-6 所示。后续参数设置步骤与“Image”裁剪过程相同。

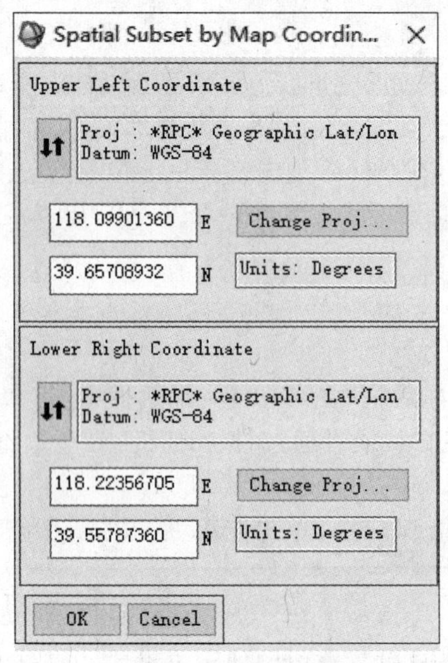
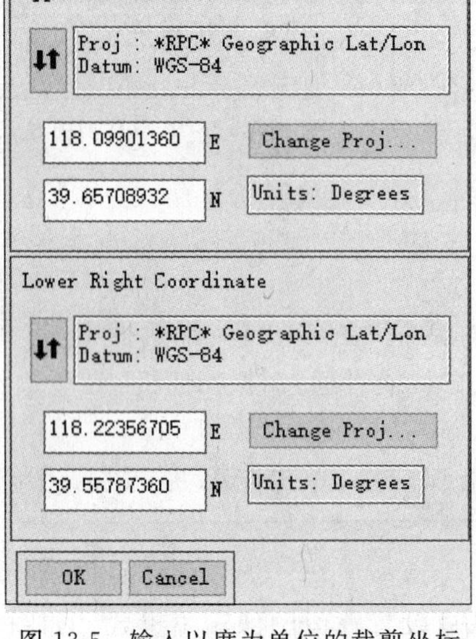

图 13-5 输入以度为单位的裁剪坐标

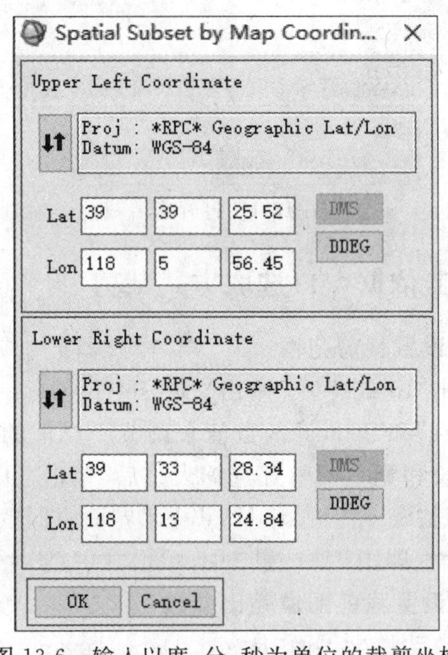

图 13-6 输入以度、分、秒为单位的裁剪坐标

四、不规则图像裁剪

不规则裁剪有感兴趣区裁剪和掩模裁剪两种方式，这里以感兴趣区裁剪为例进行讲解。打开需要裁剪图像 GF-1-PAN，并加载图像，在完成建立感兴趣区、圈画研究区范围之后，再裁剪图像。

(一)建立感兴趣区

1. 打开“ROI Tool”对话框

单击“Basic Tools”→“Region of Interest”→“ROI Tool”，打开“ROI Tool”对话框(或在主窗口单击“Overlay”→“Region of Interest”→“ROI Tool”，打开“ROI Tool”对话框)。

2. 选择不规则裁剪窗口

通过“Window”选项来选择不规则裁剪图像的窗口，其中“Image”“Scroll”和“Zoom”分别对应图像的三个窗口，“Off”为不选择裁剪窗口。

3. 新建感兴趣区

单击“New Region”，建立新的感兴趣区。在“ROI Tool”窗口中，将“ROI Name”“Color”等根据实际需求修改（如“ROI Name”设为研究区，颜色设置为红色），如图 13-7 所示，通过右击感兴趣区对应的“Color”可以选择感兴趣区所对应的颜色。

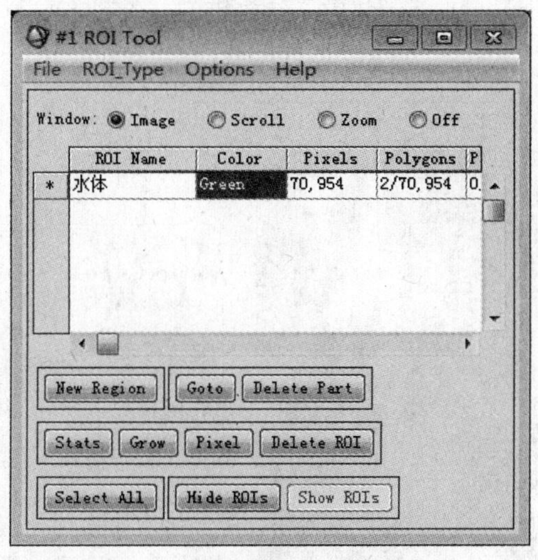

图 13-7　设置感兴趣区属性参数

（二）圈画研究区范围

选择好待裁剪图像窗口后，根据图像裁剪实际需求用工具圈画感兴趣区。在菜单栏中选择“ROI_Type”下拉菜单中“Polygon”（多边形裁剪），进行多边形感兴趣区域圈画。鼠标左键为选点连线；鼠标中键（单击滚轮）为撤销一步；鼠标右键为完成圈画形成闭合图形，再次单击右键为完成填充。如图 13-8 所示，感兴趣区所圈画范围就是需要裁剪的研究区范围。

图 13-8　感兴趣区圈画

(三)裁剪图像

1. 裁剪图像

裁剪路径有两个(图 13-9):①在主窗口上,单击“Basic Tools”→“Subset Data via ROIs”,打开“Select Input File to Subset via ROIs”对话框;②在“ROI Tool”窗口上,单击“File”→“Subset Data via ROIs”,打开“Select Input File to Subset via ROIs”对话框。

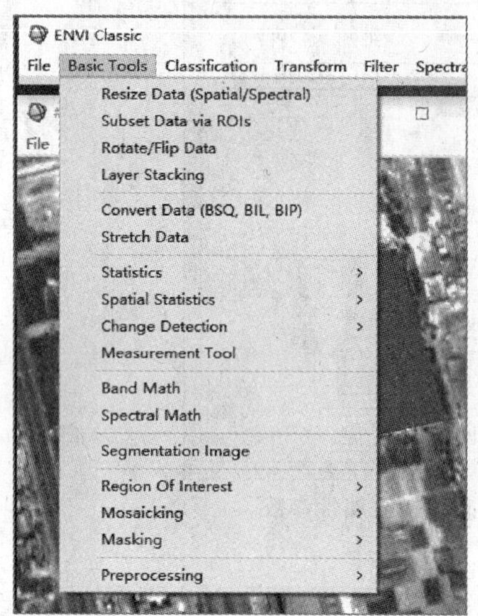

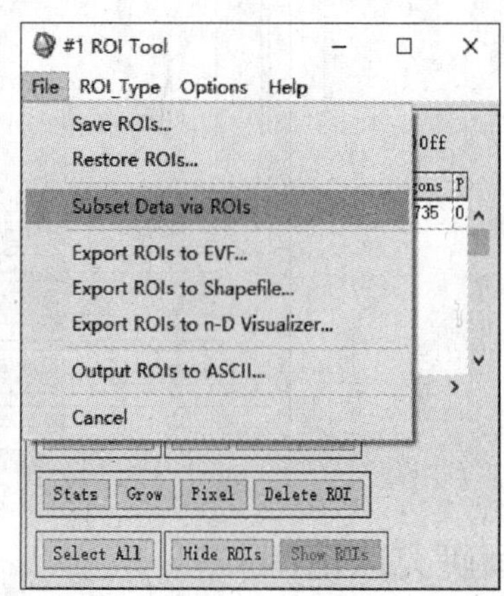

图 13-9　感兴趣区裁剪选项

2. 选择裁剪所需感兴趣区

弹出“Spatial Subset via ROI Parameters”对话框后,将“Mask pixels output of ROI”选项选为“YES”。输出结果为“File”和“Memory”,依据工程需求选其一,单击“OK”,完成图像裁剪,如图 13-10 所示。

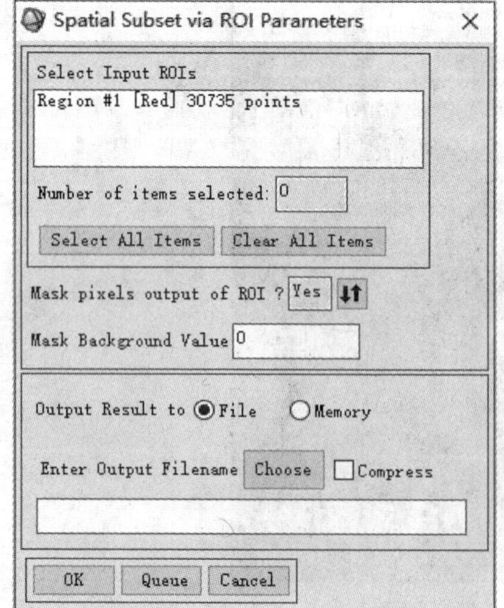

图 13-10　感兴趣区裁剪参数设置

五、知识拓展

在利用遥感图像进行生产时，实际需求范围可能大于或者小于单景遥感图像范围，因此，需要进行图像的拼接和裁剪工作。遥感图像裁剪可分为规则裁剪和不规则裁剪，依据实际工作需求选择。当研究区域为矩形时，可以采用规则裁剪方式。例如，当已知所需图像边界时，可以直接采用窗口选取的方式裁剪；当已知所需区域经纬度时，可以采用输入地图坐标的方式裁剪；当已有所需区域的其他遥感图像时，可以采用已知文件的方式，用该已有图像对图像进行裁剪。在实际应用中，经常会遇到依据地形标准分幅进行制图的情况，这时可以采用输入地图坐标方式进行裁剪。当研究区域为不规则区域时，可以采用不规则方式进行裁剪。若研究区域为某行政区，则可以采用“ROI/EVF”方式进行裁剪，除了文中列举的依据感兴趣区进行裁剪外，还可以直接依据行政区划的矢量边界进行裁剪。

实验十四　遥感图像的几何精校正

一、目的与要求

了解几何精校正过程中各种参数设置原则，掌握几何精校正的基本方法和操作要点，掌握利用地形图、像控点等对遥感图像进行几何精校正的方法。练习 TM、高分一号等不同分辨率遥感图像几何精校正，并对结果进行评价。

二、实验技术路线

遥感图像成图时，受各种因素的影响，图像本身的几何形状与其对应的地物形状往往是不一致的。当遥感图像在几何位置上发生了变化，产生诸如行列不均匀、像元大小与地面大小对应不准确、地物形状不规则变化等畸变时，即说明遥感图像发生了几何畸变。遥感图像的几何变形（相对于地面真实形态而言）是平移、缩放、旋转、偏扭、弯曲及其他变形综合作用的结果。消除图像中的几何变形、产生一幅符合某种地图投影或图形表达要求的新图像的过程称为遥感图像的几何精校正。

目前几何精校正方法有多项式法、共线方程法和随机场插值法等，在 ENVI 平台中几何精校正采用多项式法。完整的几何精校正过程如图 14-1 所示，包括校正方式选择、控制点选取、校正参数设置等。

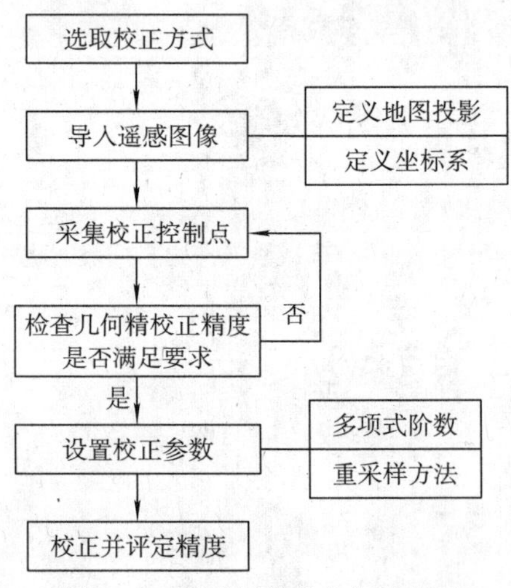

图 14-1　遥感图像的几何精校正

校正方式有图像与图像间校正（image to image）和图像与地图间校正（image to map）两种。图像间校正适合于利用已有坐标信息的栅格图像来配准坐标信息不准确或者没有坐标信息的栅格图像；图像与地图间校正适合于利用已有坐标信息的栅格图像或者矢量图来配准待校正的栅格图像。一般而言，将栅格图像作为基础，常用图像间校正；将矢量文件或者实测控制点作为基础文件，多用图像与地图间校正。

三、图像间校正处理过程

（一）导入图像

几何校正的实验数据为 RGB 图像“bldr_tm”和灰度图像“bldr_sp”，且“bldr_sp”带有地理坐标，实验时作为基础图像。在图像窗口打开两幅图像，如图 14-2 所示。

图 14-2　在窗口导入图像

（二）图像选择

单击“Map”→“Registration”→“Select GCPs”：选择“Image to Image”，打开“Image to Image Registration”对话框，将“bldr_sp”所对应的窗口（该示例“bldr_sp”对应的窗口为“Display #4”）设置为“Base Image”，“bldr_tm”对应的窗口（该示例“bldr_tm”对应的窗口为“Display #3”）设置为“Warp Image”，单击“OK”，如图 14-3 所示。

说明：可以将两幅遥感图像进行关联，方便后续两幅图像的同名控制点选取和标记。

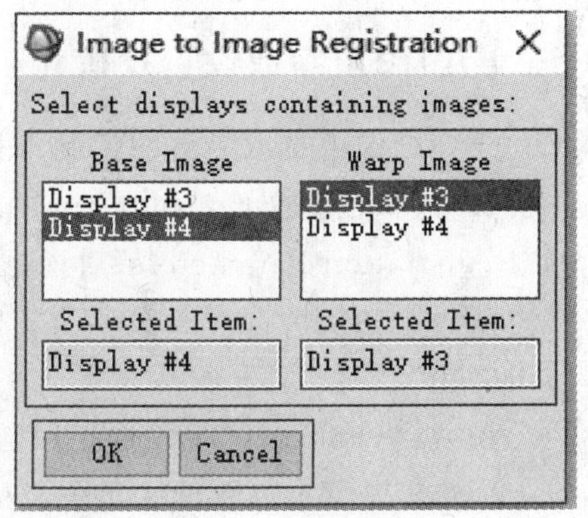

图 14-3　图像选择

（三）像控点采集

在“Ground Control Points Selection”对话框中采集控制点，在两幅图像中分别寻找明显的地物特征点作为输入地面控制点。在图像显示的“Zoom”窗口中，单击左下角“■”，打开十字光标。将十字光标移动到同名点上，单击“Add Point”，添加控制点。按照此方法添加若干个控制点（控制点数量与地形、校正方法等相关），选点时要求均匀分布，如图 14-4 所示。

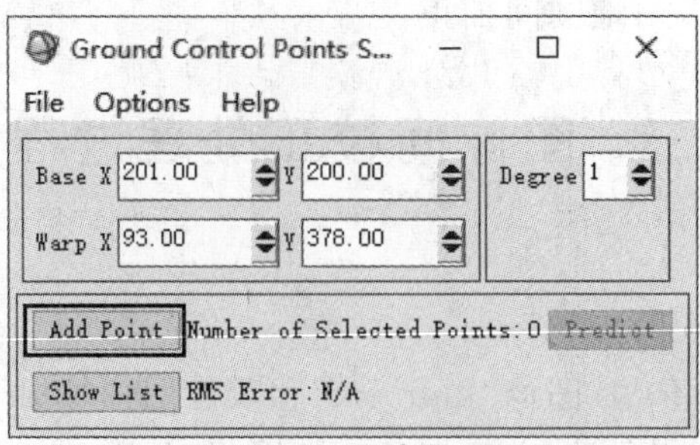

图 14-4　像控点采集

（四）像控点精度检查

在"Ground Control Points Selection"对话框中单击"Show List"，查看控制点精度，如图 14-5 所示。如果点位中误差（RMS）过大，可以直接删除此点，也可以利用"Update"重新调整该点位置。当所选控制点数量和精度都达到要求时，保存控制点坐标文件。一般情况下，系统默认点位中误差的单位为像素，当点位中误差小于 1 像素时，认为校正结果合格。

Image to Image GCP List

File　Options

	Predict X	Predict Y	Error X	Error Y	RMS
#14+	3562.331	5319.920	2.6960	1.8115	3.2481
#12+	3643.8681	5326.937	2.4514	1.5439	2.8970
#18+	3575.784	5243.057	-0.3842	1.9484	1.9859
#13+	3720.960	5091.714	1.3443	1.3205	1.8844
#23+	3793.8317	4954.397	-1.7835	-0.2777	1.8050
#7+	3563.728	5246.548	-1.0218	-1.2018	1.5775
#11+	3445.634	5101.720	0.6203	-0.8129	1.0226
#10+	3589.279	5111.590	-0.6692	0.0567	0.6716
#17+	3595.212	4960.692	-0.2863	0.5844	0.6508

Goto　On/Off　Delete　Update　Hide List

图 14-5　像控点精度检查

（五）校正参数设置及校正

当在图像上选取足够的控制点且精度符合要求时，单击"Options"→"Warp File"，打开校正窗口，选择输出文件（"bldr_tm"作为输出文件），从列表中选择要校正的图像名称。在弹出的"Registration Parameters"对话框中设置校正参数，包括几何校正模型、多项式的阶数、重采样方法。本次实验选择二次多项式校正，重采样方法选择最邻近像元采样法，设置输出路径，单击"OK"，如图 14-6 所示。

说明：当地形起伏较大时一般选取三次多项式，一般平原地区二次多项式可满足精度要求。ENVI 提供了最邻近像元法、双线性内插法、双三次卷积法三种重采样方法，其中最邻近像元法最简单。ENVI 中三次多项式至少设置 10 个控制点。

(六)校正后精度评定

将 RGB 图像“bldr_tm”和灰度图像“bldr_sp”进行连接。连接后查看校正总体效果，如图 14-7 所示。从校正后图像窗口至少选择 10 个点，各点应在图像范围内均匀分布，读取各个地理坐标；从参照图像(基准图像)窗口读取对应位置的地理坐标；计算对应点 2 个地理坐标的距离参数，统计最大距离、最小距离、平均距离和标准差。将计算结果与控制点坐标列表中点位中误差(RMS)进行比较，评定校正结果的精度。

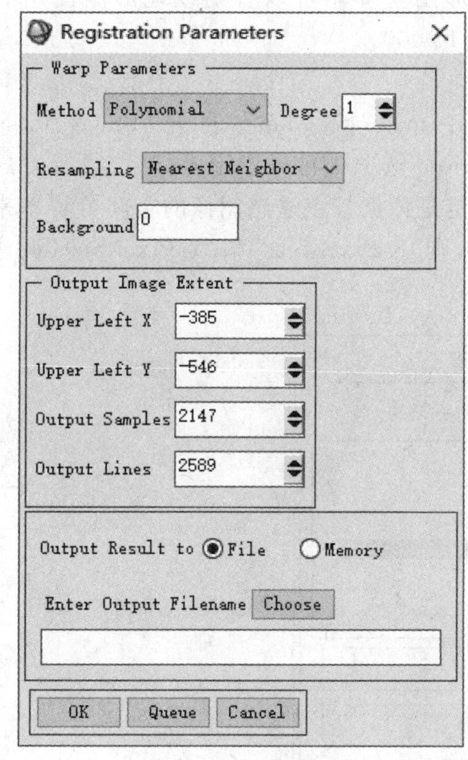

图 14-6　校正参数设置

图 14-7　校正后图像连接

四、图像与地图间校正处理过程

(一)坐标系数据

在 ENVI 软件自带的“map_proj”文件夹中有四个文本文档，其中各自保存着 ENVI 自带的球体定义文件(ellipse. txt)、基准面定义文件(datum. txt)和地图投影文件(map_proj. txt)。如果使用的国内坐标系不在软件自带数据中，则需要手动添加坐标系数据。

找到“map_proj”文件，该文件在 ENVI 安装目录对应的坐标系存储文档，如 X:\IDL8. 3_and_ENVI 5. 1\ENVI51\classic\map_proj\。

1. 添加椭球体名称

打开“map_proj”文件夹下的 ellipse. txt 文件，将“Krasovsky，6378245. 0，6356863. 0

IAG-75,6378140.0,6356755.3 CGCS2000,6378137.0,6356752.3”加入文本末端。

2. 添加基准面

打开“map_proj”文件夹下的 datum. txt 文件,将“D_Beijing_1954, Krasovsky, −12, −113, −41 D_Xian_1980, IAG-75,0,0,0 D_China_2000, CGCS2000,0,0,0”加入文本末端。

保存文档并关闭,重启 ENVI,此时新定义的坐标系已经保存。

(二)设置投影参数

实验地图数据是“唐山地形图. tif”文件,由地形图左下角可以看到该地形图使用的是 1980 西安坐标系、1985 国家高程基准、比例尺为 1∶10 000。

1. 设置投影像元大小

单击“Map”→“Registration”→“Select GCPs: Image to Map”,打开“Image to Map Registration”对话框,在“Select Registration Projection”选项中可以设定坐标系、投影方式及像元尺寸等参数,如图 14-8 所示。像元尺寸大小设定是依据校正遥感图像的空间分辨率来确定的,如实验数据 GF-1 全色图像空间分辨率为 2 m,则“X Pixel Size”和“Y Pixel Size”调整为 2 m。

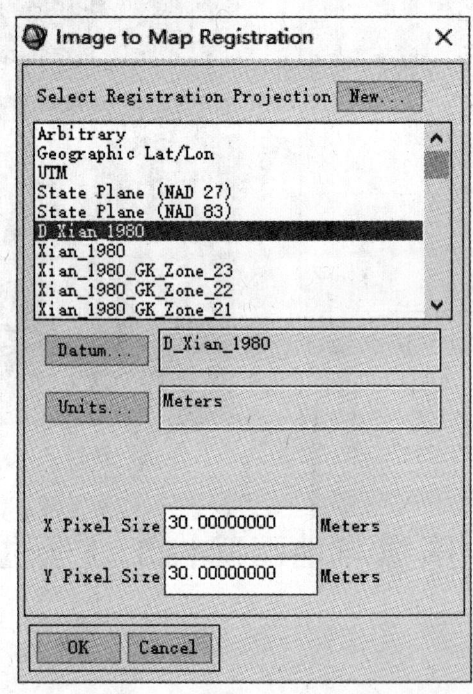

图 14-8 像元尺寸大小设置

2. 投影参数设置

投影参数设置依据的是校正时所参考的地图投影方式和坐标系。实验采用的是唐山市地形图,“Projection Type”应该选择“Transverse Mercator”墨卡托投影;“Projection Datum”应选择预先设定好的 1980 西安坐标系;“False easting”为“500000”;“False northing”为“0”;“Latitude of projection origin”为 0°0′0″;“Longitude of central meridian”为 117°;“Scale factor”近似为 1。

若没有合适的坐标系，即 Datum 选项不符合（基准面不符合），单击“New”，打开“Customized Map Projection Definition”对话框，调整好各项信息后单击“OK”，保存（如果没有“OK”选项，单击“Save”即可），如图 14-9 所示。

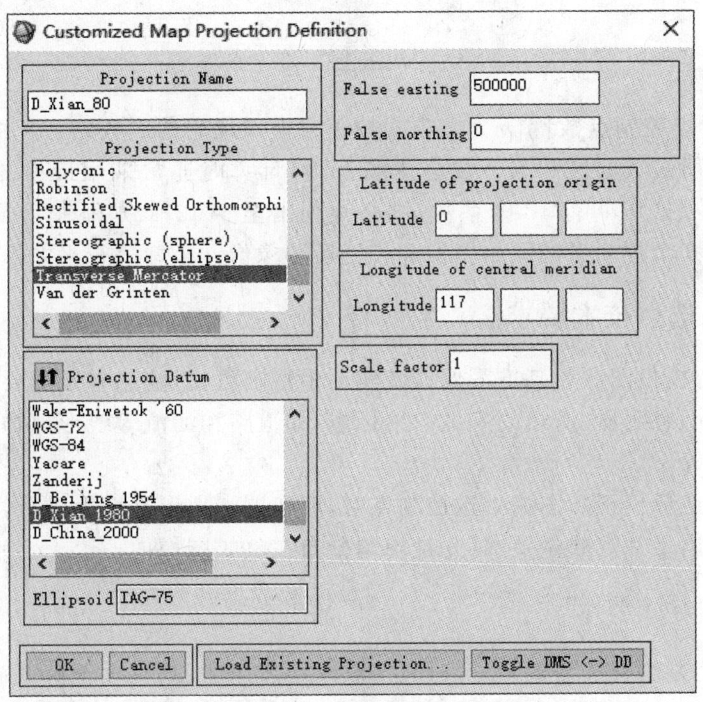

图 14-9　投影参数设置

打开遥感图像 GF-1-PAN-2，对于已经有 MapInfo 的文件，单击“Map”→“Convert Map Projection”，在弹出的对话框中选择该图像单击“OK”，进入“Convert Map Projection Parameters”对话框，单击“Change Projection”，完成上述操作。

（三）图像校正

与第三节中控制点采集与检查、校正参数设置及校正评定等步骤基本一致。

五、规范与技术要求

（一）国家标准

根据《遥感影像平面图制作规范》（GB/T 15968—2008），遥感图像的平面精度要求地物点相对于附近控制点、经纬网或公里格网点的图上点位中误差满足以下要求：

（1）平地、丘陵地不大于 0.5 mm，山地、高山地不大于 0.75 mm。

（2）特殊困难地区可按地形类别放宽 0.5 倍。

（3）根据遥感图像平面图的用途及用户需求，最大不应超过 2 倍中误差。

(二)控制点个数要求

控制点数量、分布和精度直接影响几何精校正的效果，n 次多项式需要的控制点数量可以表示为

$$N=\frac{(n+1)(n+2)}{2}$$

式中，N 为校正所需控制点数量，n 为多项式校正时模型采用的次数。为了提高几何精校正的精度，实际工作中所采集的控制点个数往往多于 N，计算时通常采用最小二乘拟合来求解系数。例如，二次多项式中共有 12 个系数，则必须列出至少 12 个方程来完成解算。要求解公式中系数，最少需 6 个控制点的原始图像和校正后图像像元坐标进行平差计算。

(三)控制点选点技术要求

控制点应在待校正图像和基准图像或者实地中清晰可见，注意有以下要求：

(1)应在图像上有明显、清晰的定位识别标志，如道路和河流等线形地物的交叉口、建筑物边界、农田边界线等。

(2)在没做过地形校正的图像上选控制点时，应在同一地形高度上进行。

(3)控制点应满足一定数量要求，并且均匀分布在整幅图像内。

(四)重采样方法要求

现在经常采用方法有最邻近像元采样法、双线性内插法、双三次卷积重采样法。

(1)最邻近像元采样法。该法实质是取距离被采样点最近的已知像元元素的亮度作为采样亮度。这种方法最简单，辐射保真度较好，但它将造成像点在一个像元范围内的位移，其几何精度较其他两种方法差。

(2)双线性内插法。该法的重采样函数是利用三角形线性内插计算求得。这种方法不仅计算较为简单，并具有一定的亮度采样精度，所以它是实践中常用的方法，但图像变得略模糊。

(3)双三次卷积重采样法。该法用一个三次重采样函数来近似表示辛克函数，双三次卷积的内插精度较高，但计算量大。

实验十五　遥感图像的镶嵌

一、目的与要求

了解遥感图像镶嵌的原理和方法，掌握基于像元镶嵌和基于地理坐标镶嵌的技术流程，以及图像镶嵌后的匀光处理过程。使用TM、高分一号等遥感图像，练习基于像元和基于地理坐标的镶嵌方法。

二、实验方法

(一)图像镶嵌过程

单幅图像只能覆盖一定比例尺的区域。当研究区域较大时，需要将不同的图像文件拼接后形成一幅完整的图像，这个过程称为图像镶嵌。进行镶嵌的图像，可以是不同时间同一传感器获取的图像，也可以是不同时间不同传感器获取的，但要求镶嵌的图像之间要有一定的重叠度。ENVI的图像镶嵌功能提供交互的方式，可以采用基于像元的镶嵌或者基于地理坐标的镶嵌方法完成。一般需要完成图像配准、镶嵌边确定、匀光匀色等步骤，具体流程如图15-1所示。

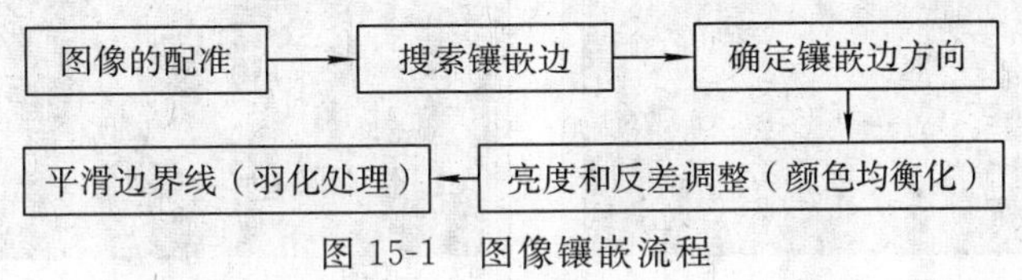

图15-1　图像镶嵌流程

(二)图像镶嵌过程中主要功能

图像镶嵌的"Mosaic"对话框中，由菜单条、图像窗口、文件列表和快捷菜单等部分组成，表15-1列举的是在图像镶嵌过程中常用的菜单命令及功能。

表15-1　图像镶嵌中常用菜单功能及命令

编号	命令名称	功能
1	Apply	执行镶嵌输出结果
2	Save Template	保存模板文件
3	Restore Template	打开模板文件
4	Import	输入
5	Import Files	导入镶嵌波段数相同的图像文件
6	Import File and Edit Properties	导入图像文件并编辑镶嵌参数

续表

编号	命令名称	功能
7	Change Mosaic Size	修改镶嵌区域大小
8	Change Base Projection	修改镶嵌结果的投影参数
9	Center Entries	保持图像间的相对位置
10	Positioning Lock	锁定图像间的相对位置关系
11	Clear All Entries	清除所有的镶嵌参数设置

三、基于地理坐标的图像镶嵌

(一)加载待镶嵌图像

1. 启动图像镶嵌工具

在ENVI主菜单中,选择"Map"→"Mosaicking"→"Georeferenced",打开"Map Basic Mosaic"对话框。在"Mosaic"对话框中,选择"Import"→"Import Files",选择需要镶嵌的两个或多个图像文件,如图15-2所示。

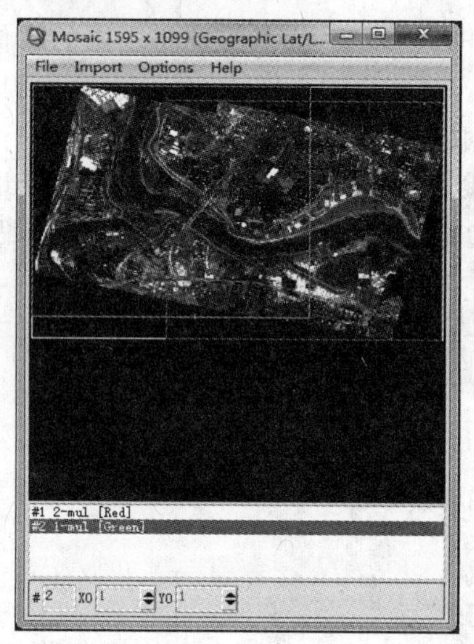

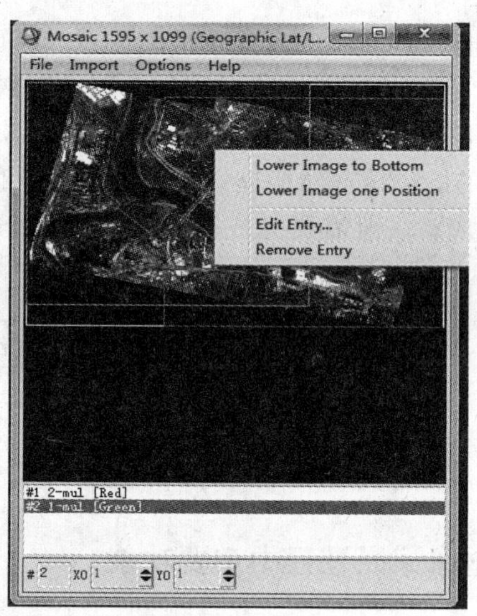

图15-2 加载需要镶嵌的遥感图像

2. 调整图像叠加顺序

导入的镶嵌文件显示在图像窗口及文件列表中,文件列表中排在下面的文件在图像窗口中显示在上层。在文件列表中选择需要调整顺序的文件,单击右键选择快捷菜单"Raise (Lower)image to Top(Button)"(提升/降低到顶层/底层),或者在窗口菜单中单击右键选择快捷菜单,通过这个功能调整图像叠加顺序。

(二)图像重叠区域设置

选择文件列表中的一个文件,单击右键选择"Edit Entry"。在"Edit Entry"对话框中,设置"Data Value To Ignore"为0,忽略0值。设置"Feathering Distance"为10,即羽化半径为10像素,如图 15-3 所示。

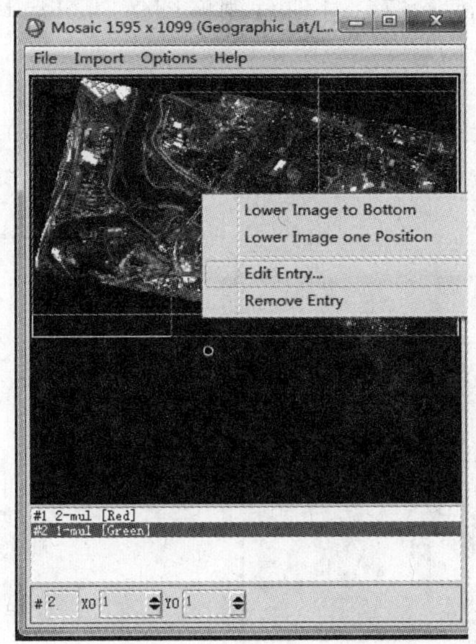

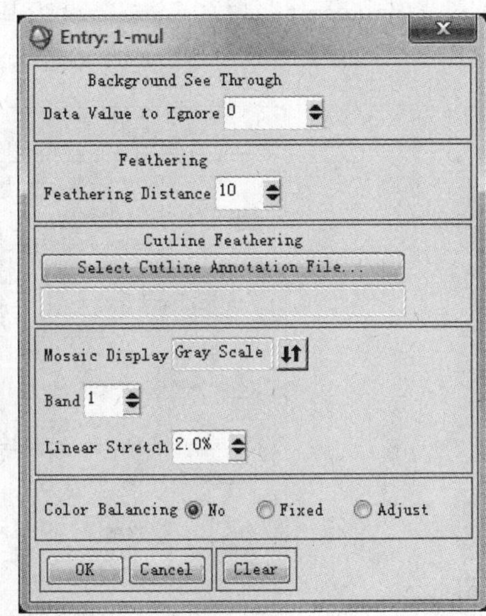

图 15-3　设置图像重叠区域

(三)设置切割线

1. 设置输出路径和文件名

在“Mosaic”对话框中,选择“File”→“Save Template”,如图 15-4 所示,选择输出路径和文件名。将模板文件显示在“Display”中。

2. 绘制切割线及注记

在“Display”窗口中,选择“Overlay”→“Annotation”,在重叠区绘制一条折线作为切割线。按照实际需要在切割边界绘制一个注记(Symbol),两次单击右键完成注记的绘制。将注记放在切割线一旁,保存注记文件,表示这部分将被裁剪。

3. 修改注记

在“Mosaic”对话框中,在文件列表最下面单击右键,选择“Edit Entry”。在“Entry”参数对话框中,单击“Select Cutline Annotation File”,选择前面生成的注记文件。此时可以重新绘制注记或单击“Clear”清除不需要的注记文件。

图 15-4　设置切割线

(四)设置颜色平衡

1. 打开基准图像

首先确定一个图像做基准,在文件列表中选择这个图像,单击右键选择“Edit Entry”,打开“Entry”对话框将“Mosaic Display”设置为“RGB”,并选择波段合成 RGB 图像显示。

2. 设置镶嵌参数

选择“Color Balancing”参数“Fixed”，设为基准图像。其他待镶嵌图像“Color Balancing”参数设为“Adjust”，如图 15-5 所示。

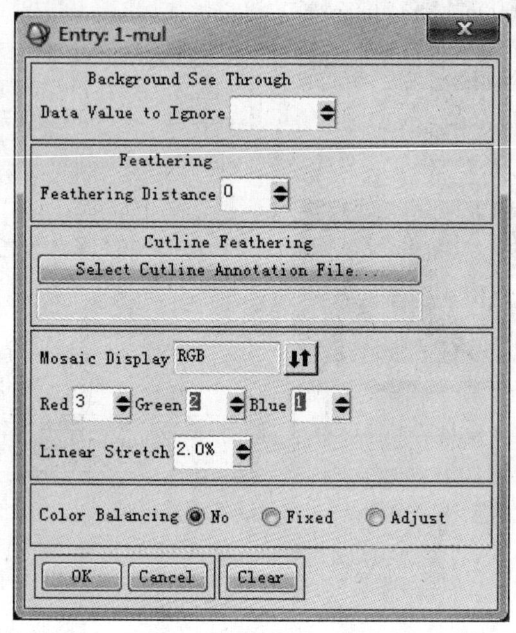

图 15-5 设置图像拼接参数

(五)镶嵌结果输出

在“Mosaic”对话框中，选择“File”→“Apply”，在“Mosaic Parameter”对话框中，设置输出像元的大小、重采样的方式、文件路径及文件名、背景值。其中，“Color Balance Using”选项中，默认的是统计重叠区的直方图，可以单击“⇅”切换到统计整个基准图像的直方图，用于颜色平衡。

四、基于像元的图像镶嵌

基于像元的镶嵌与基于地理坐标的镶嵌过程基本是相似的，只有加载图像和设置参数两个步骤稍有不同，其他步骤参考有地理参考的图像镶嵌过程。

(一)加载镶嵌图像

1. 选取镶嵌方法

在 ENVI 主菜单中，选择“Map”→“Mosaic King”→“Pixel Based”，打开“Pixel Basic Mosaic”(基于像元的镶嵌)对话框。

2. 导入待镶嵌图像

在“Mosaic”对话框中，选择“Import”→“Import Files”，选择需要镶嵌的图像文件，单击“OK”，如图 15-6 所示。

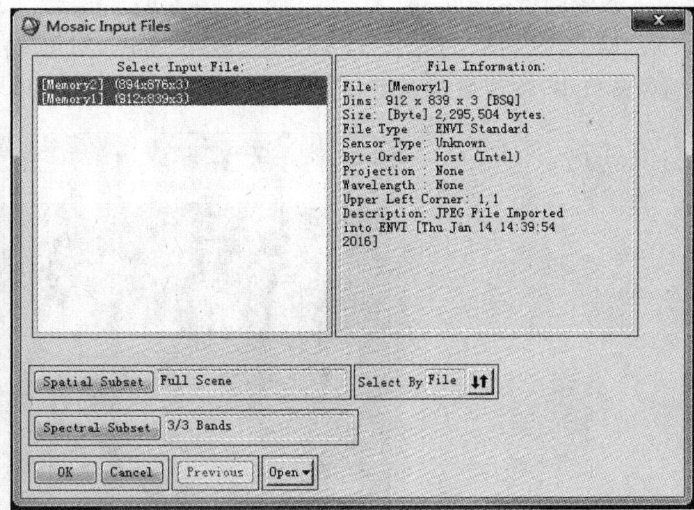

图 15-6　加载需要镶嵌的遥感图像

(二)设置镶嵌参数

1. 设置图像大小

在“Select Mosaic Size”对话框中，指定镶嵌图像的大小。镶嵌图像的大小一般可由所有的镶嵌图像的行(列)数之和，求得输出图像的范围。这里在“Xsize”中输入 1 800，“Ysize”中输入 1 800，如图 15-7 所示。如果镶嵌区域大小不合适，选择“Options”→“Change Mosaic Size”，重新设置镶嵌区域大小。

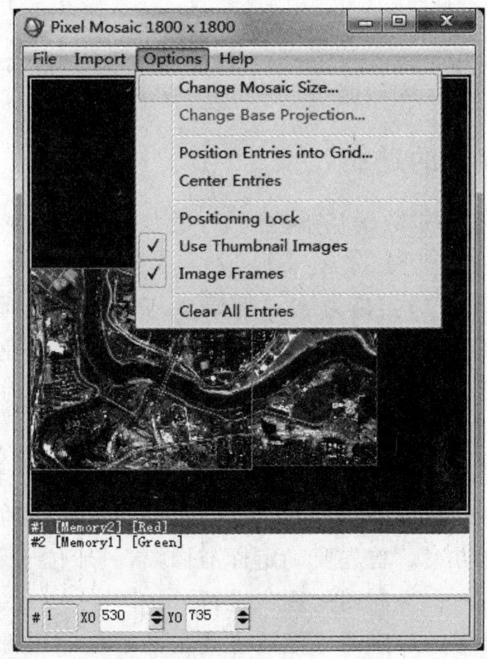

图 15-7　设置镶嵌图像大小

2. 调整图像位置

在“Mosaic”对话框的下方“X0”文本框和“Y0”文本框输入像元值，调整图像位置。也可以在图像窗口中，按住鼠标左键，将所选图像拖拽到指定位置，如图 15-8 所示。

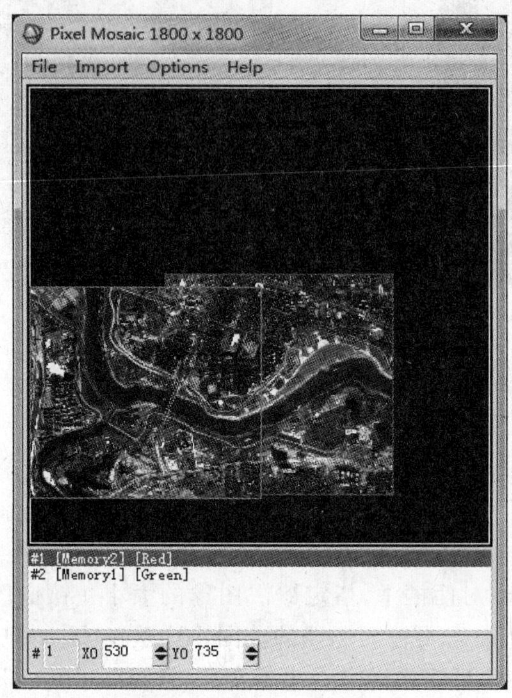

图 15-8 设置镶嵌图像位置

五、知识拓展

(一)图像镶嵌的过程

图像镶嵌指在一定数学基础控制下，把多幅相邻遥感图像拼接成一个大范围、无缝的图像的过程。

(1)选好图像，订好实施方案。每幅参与镶嵌的卫星图像的质量要尽可能好(无云或少云)，同时各图像的成像时间尽可能接近，以降低后续的色调调整等工作的任务量与难度。应根据图幅分布情况，选出处于工作区中心的一幅图像作为镶嵌的基准像幅，其他图像以它为基准依此由近到远进行镶嵌。

(2)图像预处理。数据预处理主要包括几何精校正、辐射校正、去条带和斑点等。几何精校正对要镶嵌的图像进行精确的配准，使它们处于同样的空间坐标系统之下。

(3)确定实施方案。首先要确定标准像幅，一般位于研究区中央；其次确定镶嵌顺序，即以标准像幅为中心，由中央向四周逐步进行。

(4)重叠区确定。遥感图像镶嵌主要是基于相邻图像的重叠区，无论是色调调整，还是几何拼接，都是将重叠区作为基准进行的，其准确与否直接影响镶嵌结果。

(5)相邻图像颜色匹配。不同时相或者成像条件存在差异的图像，由于图像辐射水平不一样,图像亮度差异较大。图像颜色匹配利用一定的方法对相邻图像进行颜色匹配,使不同时相的图像在颜色上相互协调一致。

(6)图像镶嵌。需要在重叠区内选择一条连接两边图像的拼接线,拼接后,需要在重叠区进行色调平滑,使得根据这条拼接线拼接起来的新图像浑然一体,不露拼接的痕迹。

(二)图像镶嵌的注意问题

遥感图像镶嵌的过程中,应注意以下问题:

(1)镶嵌过程中,要指定一幅遥感图像为参考图像,镶嵌过程中对比度匹配、地理投影、像元大小、数据类型均以参考图像为基准。

(2)图像镶嵌中要保证相邻图幅间有一定的重复覆盖区,镶嵌之前有必要对各镶嵌图像之间在全幅或重复覆盖区上进行匹配,以便均衡化镶嵌后输出图像的亮度值和对比度。

(3)在重复覆盖区,各图像之间应有较高的配准精度,必要时要在图像之间利用控制点进行配准。

(4)选择合适的方法来决定重复覆盖区上的输出亮度值,常用的方法包括:①取覆盖同一区域图像之间的平均值、最小值、最大值;②指定一条切割线,切割线两侧的输出值对应于其邻近图像上的亮度值;③线性插值,根据重复覆盖区上像元离两幅相邻接图像的距离指定权重,进行线性插值。

实验十六　遥感图像的密度分割

一、目的与要求

了解遥感图像密度分割的原理和方法，掌握单一波段的灰度图像变换成彩色图像的技术流程。以实验案例数据为基础，选取适当的灰度值区间，练习遥感图像密度分割的彩色显示。

二、实验技术方法

一般正常人眼只能分辨20级左右的亮度值，而对彩色的分辨能力则可达100多种，远远大于对黑白亮度值的分辨能力。亮度值的变化可以改善图像的质量，彩色变换能大大增强图像的可读性。单波段黑白遥感图像按照亮度分层，对每层赋予不同的色彩后成为一幅彩色图像，增强了地类目视解译效果，这种方法叫密度分割。如果亮度分层方案与地物光谱差异对应得好，可以区分不同的地物类别。图像的密度分层是划分每一层的亮度值范围。例如，亮度0～10为第一层，赋给值1；亮度11～15为第二层，赋给值2；亮度16～30为第三层，赋给值3；依次完成亮度设层，再分别给各层赋不同的颜色，于是生成一幅彩色图像。进行彩色密度分割的遥感图像可以是多波段遥感图像，也可以是单波段遥感图像。实验时只需打开其中一个波段数据，完成数据导入、分割参数设置、分割颜色设置等过程，如图16-1所示。

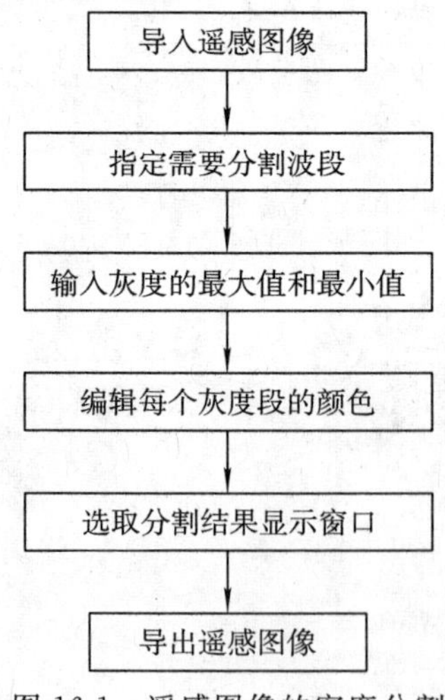

图16-1　遥感图像的密度分割

三、实验步骤

(一)导入图像

1. 打开图像

在 ENVI 主菜单中，选择“File”→“Open Image File”窗口，利用“Gray Scale”的命令来打开图像。

2. 打开密度分割窗口

在显示窗口菜单中选择“Tools”→“Color Mapping”→“Density Slice”或“Overlay”→“Density Slice”，出现“Density Slice Band Choice”对话框，显示如图 16-2 所示。

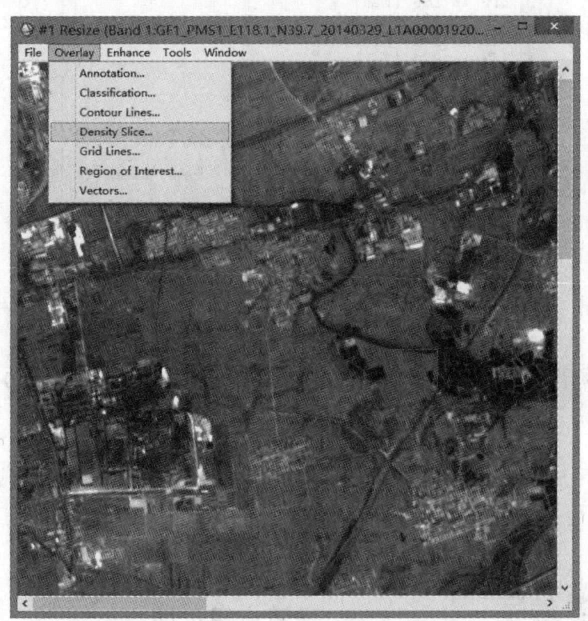

图 16-2　导入需要分割的遥感图像

(二)设置分割的主要参数

实验依据设计分层方案进行灰度范围修改，分割参数如表 16-1 所示。

表 16-1　彩色密度分割参数取值

级数	灰度范围	赋予色彩	英文
①	219～269	红色	Red
②	270～321	绿色	Green
③	322～372	蓝色	Blue
④	373～424	黄色	Yellow
⑤	425～475	蓝绿色	Cyan
⑥	476～527	洋红	Magenta
⑦	528～578	褐红色	Maroon
⑧	579～630	海绿色	Sea Green

在“Density Slice Band Choice”窗口中选择要进行灰度值范围定义的波段，单击“OK”。“Density Slice”窗口中含 8 个缺省的范围，这个缺省数据的最小值和最大值是从“Scroll”窗口计算的。在“Defined Density Slice Ranges”窗口可以手动输入所需的最大值和最小值以改变密度分割的范围，单击“Reset”，回到初始状态，如图 16-3 所示，单击“OK”。

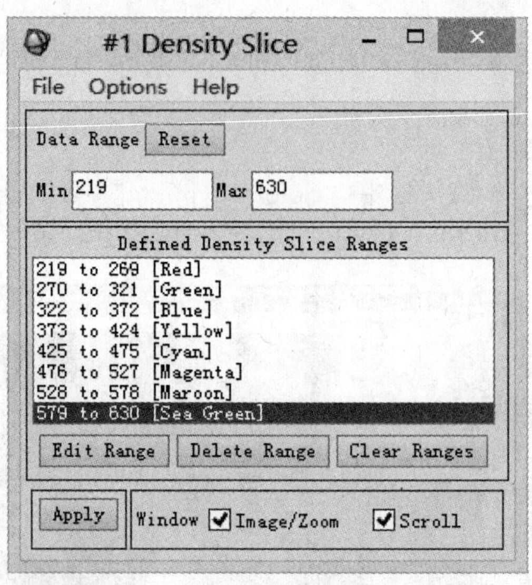

图 16-3　设置图像分割波段与灰度范围

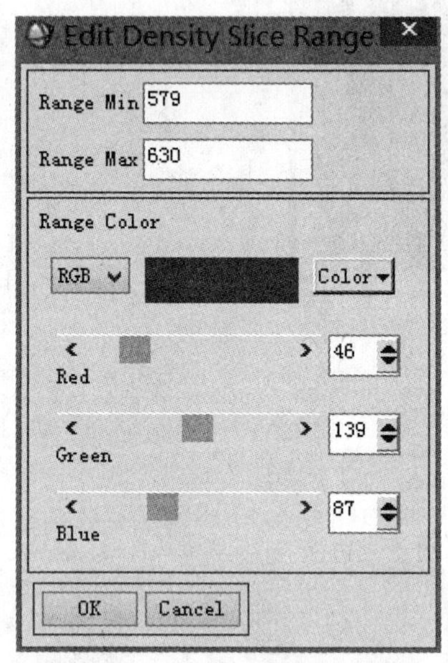

图 16-4　设置每个条带主要参数

(三)设置分割条带的参数取值

1. 设置分割参数

单击“Data Ranges”，进入如图 16-4 所示“Edit Density Slice Range”的窗口，可以对每个条段完成添加、删除、修改、改变颜色等动作。

2. 设置应用范围

在对话框的下面选择密度分割的应用范围，可以选择“Image”窗口、“Scroll”窗口，单击“Apply”。

四、知识拓展

密度分割是一种用于图像密度分层显示的彩色增强技术，是一种有助于目视解译的图像密度分析方法。常用于航空像片、多光谱扫描图像和热红外扫描图像等单色图像的彩色增强。这种彩色图像层次分明，可定量计算和显示某一级密度图像所占的百分比，有助于识别那些具有均衡密度的面状地物性质、空间分布和数量特征，如农作物分类、水体污染等，也应用于非遥感领域，如影像医学等。密度分割时，分级的数量及每级的密度范围要根据各种地物的光谱特征、空间分布、相互关系及解译要求来确定。

对于遥感图像而言，将黑白单波段图像赋上彩色总是有一定目的的，如果分层方案与地物光谱差异对应得好，可以区分地物的类别。例如，在红外波段，水体的吸收很强，在图像上表现为接近黑色，这时若取低亮度值为分割点并以某种颜色表现则可以分离出水体；同理，砂的反射率高，取较高亮度为分割点，可以从亮区以彩色分离出砂地。因此，只要掌握地物光谱的特征，就可以获得较好的地物类别图像。当地物光谱的规律性在某一图像上表现得不太明显时，也可以简单地对每一层亮度值赋色，以得到彩色图像，也会较一般黑白图像的目视效果好。

实验十七　光谱线性变换的增强方法

一、目的与要求

了解遥感图像统计分析基本原理,以主成分分析、缨帽变换为例,运用ENVI软件掌握遥感图像光谱统计变换的主要过程和注意事项。通过实际操作练习完成变换,并对比两种图像处理前后的增强效果。

二、实验原理

一幅遥感图像含有多波段光谱信息时,波段信息之间存在一定相关性,容易出现彩色合成后重点信息不够突出的问题。主成分变换、缨帽变换是基于变量之间的相关关系,在尽量不丢失信息前提下进行的线性变换的图像增强方法。这类方法不仅可以突出相关的专题信息、识别图像内容,还可以提取有用的定量分析数据,达到数据压缩和信息增强的目的。

(一)主成分变换

主成分变换又称K-L变换,是建立在图像协方差矩阵基础上的线性正交变换,通常选用方差作为评判指标。变换后某个成分方差越大,表示该成分包含的信息越多。经主成分变换后图像的信息主要集中在前几个主成分分量中,其中第一主成分包含所有波段80%的方差信息,前三个主成分包含了95%以上的信息。主成分变换将原始的多个光谱数据变换为少量的几个成分,变换后各成分之间不相关,主成分波段可以生成颜色更多、饱和度更好的彩色合成图像。

主成分变换中的"Principal Components"选项可以生成互不相关的输出波段,用于隔离噪声和减少数据集的维数。由于多波段数据经常是高度相关的,主成分变换寻找一个原点在数据均值的新的坐标系统,通过坐标轴的旋转来使数据的方差达到最大,从而生成互不相关的输出波段。

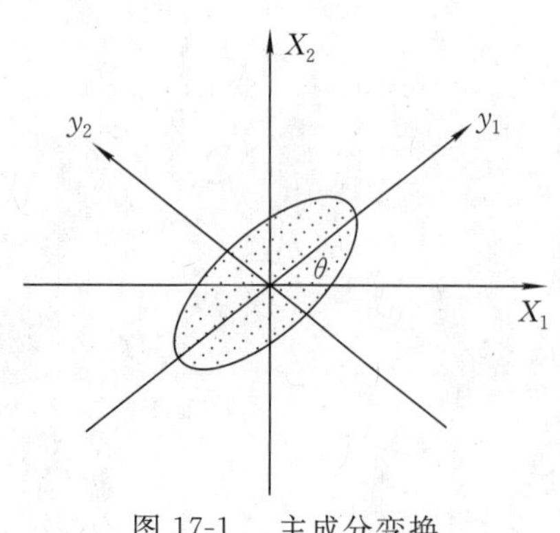

图17-1　主成分变换

如图17-1所示,原数据的两个分量X_1、X_2之间存在相关性。通过数据分析后,数据变换为新的多维数据,其中新的y_1为最大主成分,信息损失最小,称为第一主成分。与y_1正交,且尽可能汇集剩余信息的y_2轴,称为第二主成分。在变换域中丢弃信息量小的主成分分量,经过反变换后仍能得到复原图像的近似图像,这样就可以使图像的数据量得到明显的压缩。把多光谱或高光谱数据转换成相互独立部分(去相关),从而进行降维、降噪、异常检测等。

(二)缨帽变换

缨帽变换是 Kauth-Thomas 变换，简称 K-T 变换，是对某一多光谱图像 X，利用 K-T 变换矩阵 $\boldsymbol{B}$ 进行线性组合，产生一组新的多光谱图像 Y。K-T 变换也是一种坐标空间发生旋转的线性变换，旋转后的坐标轴指向与地面景物有密切关系的方向。K-T 变换后可获得六项特征，只有前三项亮度、绿度、湿度具有明确的物理景观含义。其中，第一特征为亮度，是 TM 的 6 个波段的加权和，反映图像总体反射率的综合效果；第二特征为绿度，是近红外与可见光部分的差值，反映绿色生物量的特征，是可见光波段植物光合作用吸收与近红外植物强反射的综合影响，与地面植被覆盖、叶面积指数及生物量有很大关系；第三特征为湿度，是可见光与近红外波段反射能量的综合与两处中红外波段反射能量的差值，反映地面水分条件，特别是土壤湿度状态。

三、主成分变换

(一)加载图像文件，打开主成分变换窗口

在主菜单中，选择“Transforms”→“Principal Components”→“Forward PC Rotation”→“Compute New Statistics and Rotate”。在“Principal Components Input File”对话框中，选择图像，如图 17-2 所示。

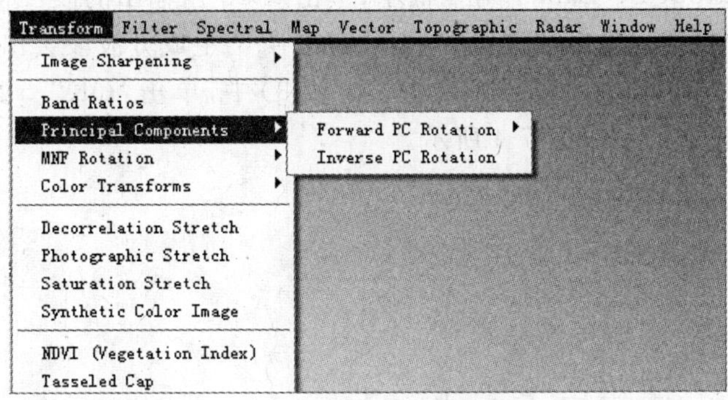

图 17-2　加载图像

(二)设置主成分变换参数

在“Forward PC Rotation Parameters”对话框中填写统计系数、输出统计文件及路径、波段数。

1. 设置采样数据

在“Stats X/Y Resize Factor”文本框中键入小于 1 的调整系数，用于计算统计值时的数据二次采样。

注意：键入一个小于 1 的调整系数，将会提高统计计算速度。例如，使用 0.1 的调整系数，在统计计算时将只用到 1/10 的像元。

2. 设置输出统计文件名

使用箭头切换按钮，选择是根据“Covariance Matrix”(协方差矩阵)还是根据“Correlation Matrix”(相关系数矩阵)计算主成分波段。

注意:一般来说,计算主成分时,选择使用协方差矩阵。当波段之间数据范围差异较大时,选择相关系数矩阵,并且需要标准化。

3. 设置输出文件数据类型

输出文件可以输出到“File”或“Memory”。当选择“File”时,需要在“Enter Output Filename”栏内填写输出路径。在“Output Data Type”菜单中,选择所需的输出文件数据类型,如“Floating Point”。

4. 选择输出的主成分波段数

可以通过键入所需的数字,或用“Number of Output PC Bands”标签旁的增减箭头按钮来确定输出的主成分波段数,默认的输出波段数等于输入波段数,也可以用特征值来选择输出的主成分波段数,步骤如下:

(1)波段信息统计。单击“Select Subset from Eigenvalues”,选择“YES”。统计信息将被计算,并出现“Select Output PC Bands”对话框,列出每个波段和其相应的特征值。同时也列出每个主成分波段中包含的数据方差的累积百分比。

(2)设置输出波段数。在“Number of Output PC Bands”文本框中,键入一个数字或单击箭头按钮,确定要输出的波段数。特征值大的主成分波段包含最大的数据方差,特征值小的主成分波段包含较少的数据信息和较多的噪声。为了节省磁盘空间,最好仅输出具有较大特征值的主成分波段。

(3)在“Select Output PC Bands”对话框中,单击“OK”。输出的波段将只包含选择的波段数。例如,如果选择“4”作为输出的波段数,则只有前 4 个主成分波段会出现在输出文件里。

(4)在“Forward PC Parameters”对话框(图 17-3)中,单击“OK”。处理完毕后,将出现“PC Eigenvalues”绘图窗口,如图 17-4 所示。

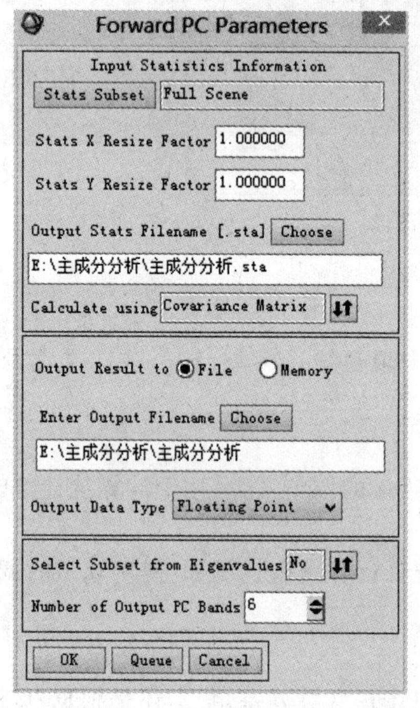

图 17-3 “Forward PC Parameters”对话框

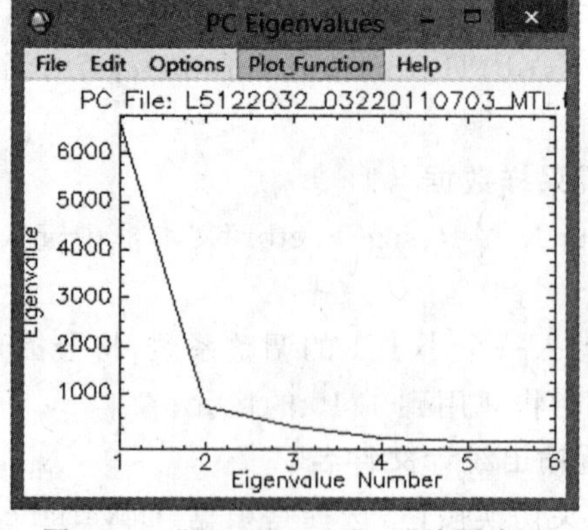

图 17-4 “PC Eigenvalues”绘图窗口

(三)主成分的统计分析

在主菜单中选择“Basic Tools”→“Statistics”→“View Statistics File”,打开主成分变换中的统计文件,可以得到各波段基本信息、协方差矩阵、相关系数矩阵和特征向量矩阵,如图 17-5 所示。

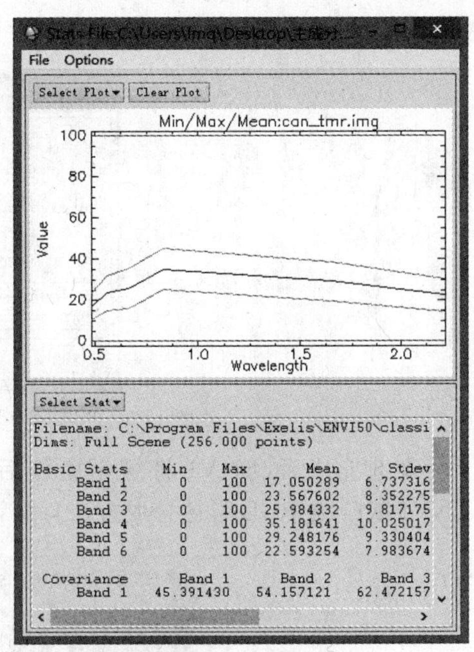

图 17-5　主成分的统计分析

(四)主成分的逆变换

如果在正变换中选择的主成分数目与波段数目相同,那么逆变换结果将完全等同于原始图像。如果选择的主成分数目少于波段数,逆变换结果相当于压抑了图像中的噪声。

四、缨帽变换

(一)加载图像文件,打开缨帽变换窗口

选择“Transforms”→“Tassled Cap”,出现“Tasseled Cap Transform Input File”对话框,选择输入的文件,单击“OK”,如图 17-6 所示。

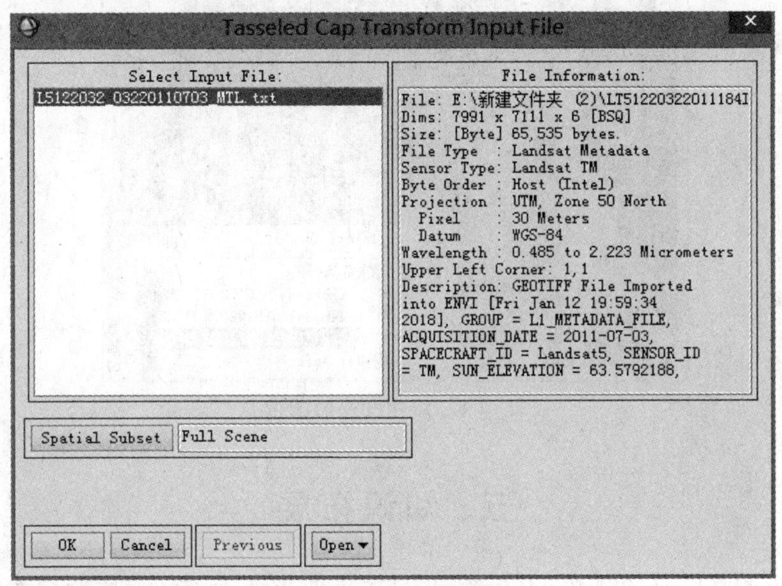

图 17-6　缨帽变换

(二)设置缨帽变换参数

弹出“Tasseled Cap Transform Parameters”对话框,在下拉菜单中,选择“Input File Type”(输入数据类型,包括“Landsat 7 ETM”“Landsat 5 TM”和“Landsat MSS”),然后选择

输出到“File”或“Memory”，重命名保存即可，如图 17-7 所示。

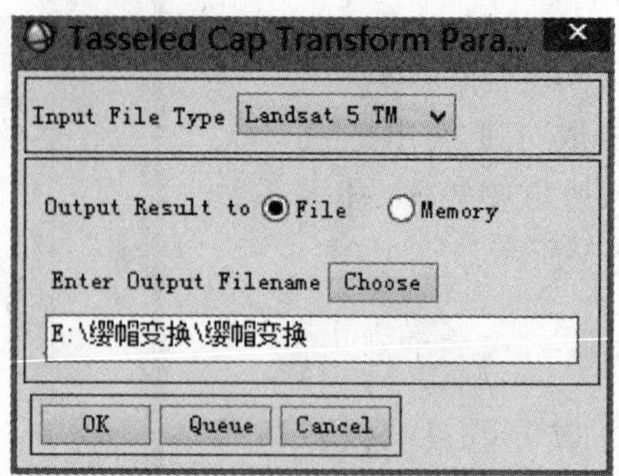

图 17-7 “Tasseled Cap Transform Parameters”对话框

处理完成后，ENVI 将缨帽变换后的波段名自动输入“Available Bands List”，用标准 ENVI 灰阶或 RGB 彩色合成方法打开该图像，如图 17-8 所示。

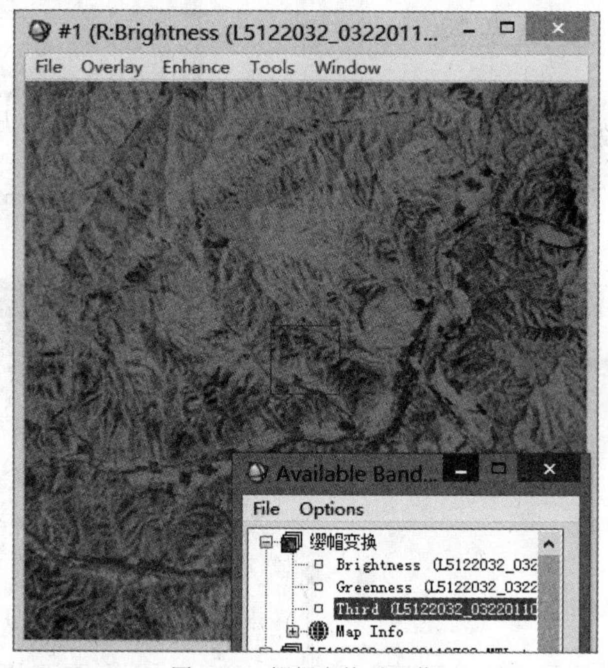

图 17-8 缨帽变换后图像

五、知识拓展

缨帽变换主要是针对 TM 和 MSS 数据，对于农业生态方面的遥感监测有重要意义。变换后亮度、绿度、湿度三项分量立体化成三维形态，其外观像一顶带穗的帽子，所以称为“缨帽变换”。遥感图像通过缨帽变换后，可以提取相关分析数据，更好地分析农作物生长过程中植被与土壤特征的变化。

将亮度和绿度两分量组成的二维平面叫作“植被视面”，将湿度和亮度两分量组成的二维平面叫作“土壤视面”，将湿度与绿度组成第三个面叫作“过渡区视面”。这三个分量共同组成一个新的三维空间，植被和土壤的特征便看得更清楚了。图 17-9 反映出农作物在生长过程中，在三个视面中的位置。虚线表示植物的生长过程，其中点 1 为农作物破土前的裸土；点 2 附近为植物的生长，反映出叶子逐渐茂密、绿度增长、阴影扩大，故亮度降低；到点 3 附近为植物最茂盛阶段，裸土和阴影几乎全部被植物覆盖，绿度和亮度都增加了；直到农作物衰老枯萎，绿度迅速降低。这一过程在植被视面上十分清楚。靠近亮度的底边线是土壤线，表现出各种不同类型的裸土位置。土壤视面中除了亮度，又增加了湿度分量。在植物生长过程中，湿度从点 1 向点 2 和点 3 逐渐增加，经过一个恒定过程，再发生稍许变化。这一平面中没有表现出土壤线的线状规律，而是散布在整个土壤面中。只有过渡视面既反映了植被信息，又反映了土壤信息，故称为过渡视面。

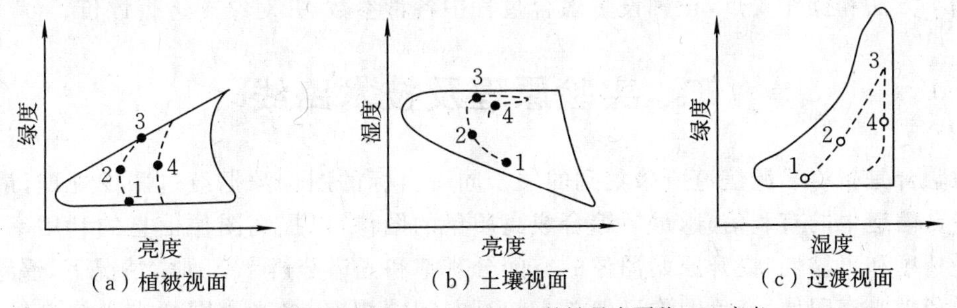

1. 裸土(种子破土前)；2. 生长；3. 植被最大覆盖；4. 衰老

图 17-9　缨帽变换提取的农作物生长视图

实验十八　遥感图像的融合

一、目的与要求

了解常见图像融合方法原理和特点。练习 TM、高分一号图像的融合方法，掌握遥感图像融合的基本方法和操作要点，正确设置融合过程中各种参数，并对结果进行评价。

二、实验原理及技术路线

图像融合是指将多源信道所采集到的关于同一目标的图像数据经过图像处理，最大限度地提取各自信道中的有利信息，最后综合成高质量的图像，以提高图像信息的利用率，改善计算机解译精度和可靠性，提升原始图像的空间分辨率和光谱分辨率。通常情况下，遥感图像有全色图像和多光谱图像，全色图像一般具有较高空间分辨率，多光谱图像光谱信息较丰富，通过图像融合既可以提高多光谱图像空间分辨率，又能保留其多光谱特性。

图像融合按照融合算法有 HSV(H 为色调饱和度，S 为饱和度，V 为亮度)变换、Brovey 变换、格拉姆-施密特(Gram-Schmidt)变换、主成分变换及小波变换方法。另外，图像融合可以分为像元级、特征级、决策级三个层次。像元级融合是最低层次的融合，建立在单个像元单位基础上，将经过高精度图像配准后的多源图像数据按照一定融合原则和方法，进行像元合成，生成一幅新的遥感图像。像元级融合是最常用图像融合方法之一，融合流程如图 18-1 所示，主要包含图像预处理、几何精配准、图像融合及融合结果评价等步骤。

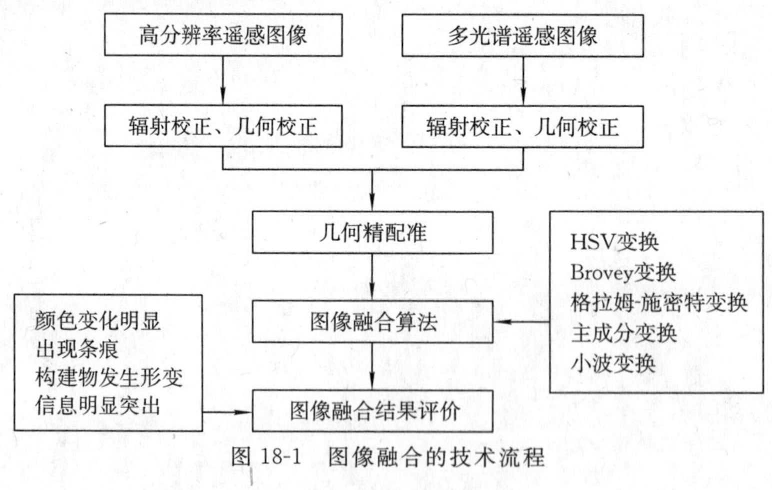

图 18-1　图像融合的技术流程

1. 数据预处理

在融合前期最重要的工作就是图像配准，配准的目的是使要融合的图像满足时间和空间上的一致性。分别对高空间分辨率的遥感图像(全色图像)和多光谱遥感图像进行几何校正和配准处理，消除因几何变形带来的误差。将多光谱遥感图像重采样到与高空间分辨率图像一致的空间分辨率。

2. 融合处理

按照一定的融合规则，在空域或频域进行融合。将高空间分辨率和多光谱图像进行融合处理，保留两者的优越性，既具有高空间分辨率图像的空间信息，又具有多光谱数据的光谱特性。

3. 评价应用

对融合后图像进行多个角度的分析评价。从融合前后图像的颜色变化、是否出现条痕、构建物是否发生形变、是否突出了关键信息等方面进行分析，或者将融合图像应用到具体行业的监测中。

三、基于 Brovey 变换图像融合

(一)加载待融合图像

1. 选择图像融合功能

选择主菜单上“Transform”→“Image Sharpening”→“Color Normalized(Brovey)”，如图 18-2 所示。

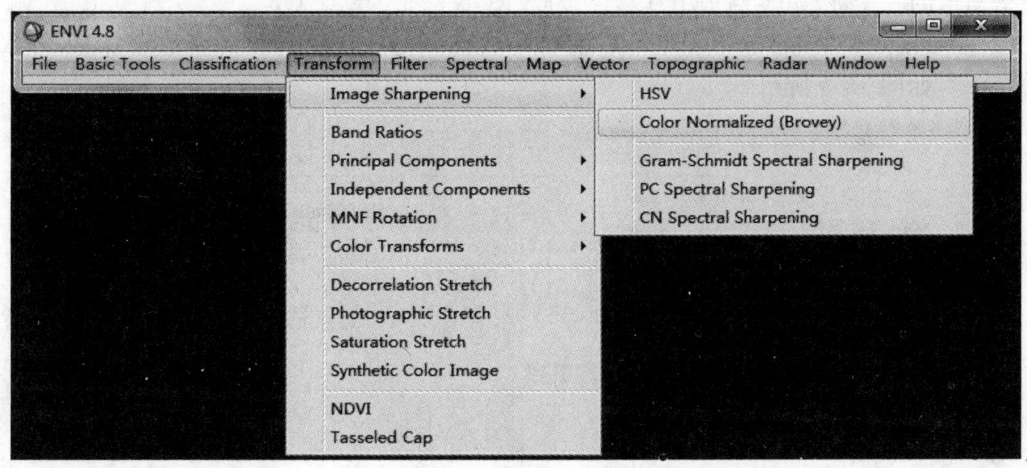

图 18-2 图像融合功能菜单

2. 输入待融合图像

在“Select Input RGB”对话框中，有两种选择方式可以打开需要融合的两个文件(GF-1-mul 和 GF-1-PAN)。方式一，从可用波段列表(Available Bands List)中选取，单击进入图 18-3 右界面，根据要求选取波段图像必须为无符号 8 bit 数据，并选择波段组合方式(选定融合的三个波段)；方式二，直接在本窗口选择待融合影像的“Display”，即选择“Display#1”，如图 18-3 左图所示。

(二)设置融合的图像

选择待融合图像有如下两种方式：

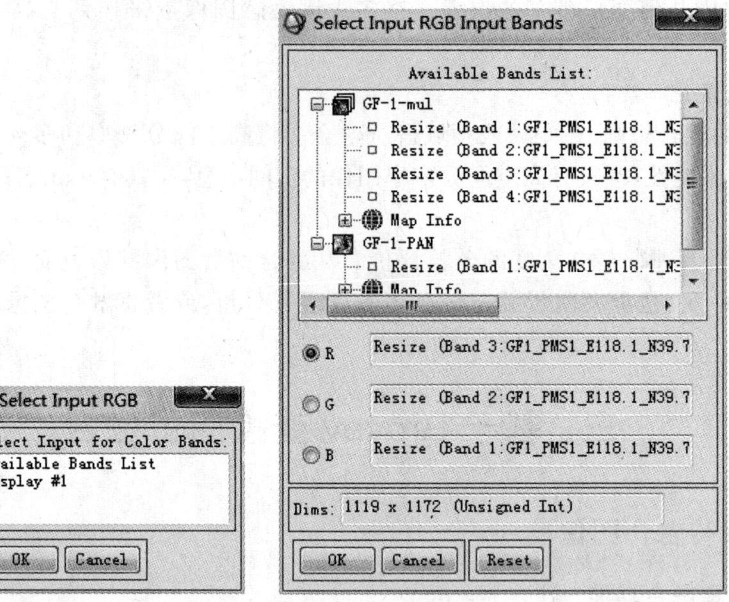

图 18-3　加载图像的两种方式

(1)在“Select Input RGB Input Bands”窗口下“Available Bands List”中选择参与融合的多光谱图像的三个波段(本例采用真彩色合成“RGB-321”)单击“OK”。

(2)在“High Resolution Input File”窗口中选择参与融合的高分辨率图像(GF-1-PAN),单击“OK”,如图 18-4 所示。

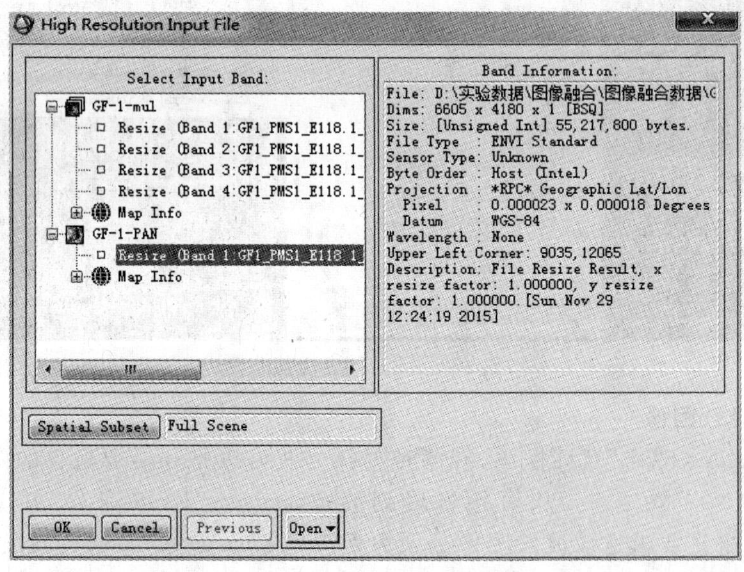

图 18-4　设置融合图像参数

(三)融合结果输出方式

在“Color Normalized(Brovey)”输出对话框中,选择重采样方式和输出文件路径及文件名,单击“OK”,输出结果,如图 18-5 所示。

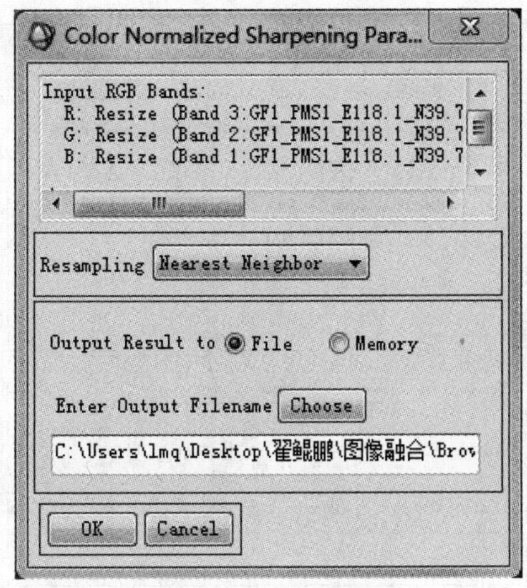

图 18-5　融合结果的输出

四、基于格拉姆-施密特变换图像融合

(一)加载待融合图像

打开主菜单选择"Transform"→"Image Sharpening"→"Gram-Schmidt Spectral Sharpening",或者选择"Spectral"→"Gram-Schmidt Spectral Sharpening",在"Select Low Spatial Resolution Multi Band Input File"对话框中选择低分辨率多光谱图像 GF-1-mul,在"Select High Spatial Resolution Pan Input Band"对话框中选择高分辨率单波段图像 GF-1-PAN。

(二)设置图像融合的参数

在弹出的"Gram-Schmidt Spectral Sharpening"输出对话框中,需要选择降低分辨率全色波段的方法,如图 18-6 所示。融合图像是经过辐射定标的数据。本实验选择"Average of Low Resolution Multispectral File"方法。

图中参数四个选项含义如下:

(1)"Average of Low Resolution Multispectral File":利用多光谱波段的平均值来模拟要降低的高分辨率全色波段。

(2)"Select Input File":从外部文件中选择一个单波段并且与多光谱数据相同尺寸大小的图像来模拟低分辨率的全色波段。

(3)"Create By Sensor Type":选择一种传感器来模拟低分辨率的全色波段,可选传感器包括 IKONOS、IRS1、KOMPSAT-2、Landsat7、QuickBird 和 SPOT5。若选择这个方法,融合图像是经过辐射定标的数据。

(4)"User Defined Filter Function":选择一个滤波函数来模拟低分辨率的全色波段。

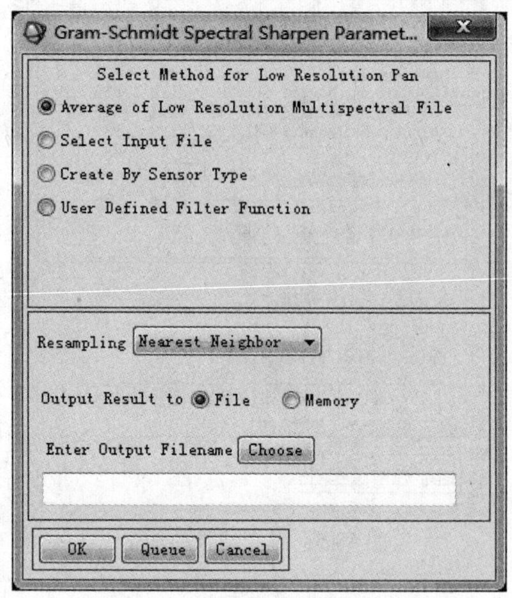

图 18-6 设置图像融合的参数

(三)融合结果输出方式

选择重采样方式和输出文件路径及文件名,单击“OK”,输出结果。实验中所选择重采样方法为“Nearest Neighbor”。

五、知识拓展

遥感技术的发展为人们提供了丰富的多源遥感数据,不同传感器的遥感数据具有不同的时间、空间和光谱分辨率及不同的极化方式。遥感图像融合是解决多源海量数据富集表示的有效途径之一,它将有利于增强多重数据分析和环境动态监测能力,改善遥感信息提取的及时性和可靠性,有效提高数据的使用率。

(一)图像融合方法

图像融合是指将多源遥感图像按照一定的算法,在规定的地理坐标系,生成新的图像的过程。全色图像一般具有较高的空间分辨率,多光谱图像的光谱信息较丰富,将低空间分辨率的多光谱图像或高光谱图像与高空间分辨率的单波段图像进行图像融合,既可以提高多光谱图像的空间分辨率,又能保留其多光谱特性。对于融合方法的选择,取决于被融合图像的特征及融合目的。

ENVI 利用的融合方法有 HSV 变换、Brovey 变换、格拉姆-施密特变换、主成分变换、Color Normalize(CN)变换、Pan Sharpening 变换等。这些方法中格拉姆-施密特变换能保持融合前后图像光谱信息的一致性,是一种高保真的遥感图像融合方法;Color Normalized(CN)变换要求数据具有中心波长和 FWHM;Pan Sharpening 变换需要在 ENVI Zoom 中启动,比较适合高分辨率图像,包括 QuickBird、IKONOS、GeoEye1、Landsat ETM 等。

1. HSV 变换

首先将 RGB 图像变换为 HSV 颜色空间，用高分辨率的图像代替颜色亮度值波段，自动用最近邻、双线性或三次卷积技术将色度和饱和度重采样到高分辨率像元尺寸，然后将图像变换回 RGB 颜色空间。

2. Brovey 变换

对 RGB 图像和高分辨率数据进行数学合成，从而使图像融合，即 RGB 图像中的每一个波段都乘以高分辨率数据与 RGB 图像波段总和的比值，然后自动用最近邻、双线性或三次卷积技术将三个 RGB 波段重采样到高分辨率像元尺寸。

3. 格拉姆-施密特变换

第一步，从低分辨率的波段中复制一个全色波段。第二步，对复制的全色波段和多波段进行格拉姆-施密特变换，其中全色波段被作为第一个波段。第三步，用高空间分辨率的全色波段替换格拉姆-施密特变换后的第一个波段。第四步，应用格拉姆-施密特反变换得到融合图像。

4. 主成分变换

第一步，先对多光谱数据进行主成分变换。第二步，用高分辨率波段替换第一主成分波段，在此之前，高分辨率波段已被匹配到第一主成分波段，从而避免光谱信息失真。第三步，进行主成分反变换得到融合图像。

(二)图像融合方法对比

常用图像融合方法对比信息如表 18-1 所示。

表 18-1　融合方法对比与分析

融合方法	使用范围
HSV 变换	改善纹理，空间保持较好，光谱信息损失较大，受波段限制
Brovey 变换	光谱信息保持较好，受波段限制
Color Normalize 变换	对大的地貌类型效果好，同时可用于多光谱图像的融合
主成分变换	无波段限制，光谱保持好，第一主成分信息高度集中，色调发生较大变化
格拉姆-施密特变换	改进了主成分变换中信息过分集中的问题，不受波段限制，较好地保持了空间纹理信息，尤其能高保真保持光谱特征
Pan Sharpening 变换	专为最新高空间分辨率图像设计，能较好地保持图像的纹理和光谱信息

实验十九　遥感图像直方图增强

一、目的与要求

了解辐射增强的概念和基本原理，掌握遥感图像辐射增强的处理基本流程和步骤。练习灰度拉伸、直方图均衡化和直方图匹配等遥感图像增强的方法，对比不同增强方法图像处理前后的效果。

二、实验原理及技术路线

(一)辐射增强方法

辐射增强是遥感数字图像增强的基本技术，是通过对单个像元的灰度值进行变换处理，改善遥感图像的质量，增强对比度，突出有价值的地物信息，提高图像的解译效果。常用的辐射增强方法包括线性拉伸变换、直方图交互变换等(查找表拉伸、直方图均衡化、直方图匹配等)。直方图均衡化是对图像进行非线性拉伸，重新分配像元值，使直方图不符合正态分布的原始图像经过变换后符合正态分布；直方图匹配是对两个直方图都做均衡化，变成相同的归一化的均匀直方图，以此均匀直方图为基准，再参考图像做均衡化的逆运算。常用直方图增强方法如表 19-1 所示。

表 19-1　可选择的拉伸方式及其功能描述

菜单命令	功能
Linear(线性拉伸)	线性拉伸的最小值和最大值分别设置为 0 和 255，两者之间的所有其他值设置为中间的线性输出值
Equalitation(直方图交互拉伸)	对图像进行非线性拉伸，一定灰度范围内像元的数量大致相等，输出的直方图是一个较平的分段直方图
Gaussian(高斯拉伸)	系统默认的高斯拉伸使用均值和对应于 0～255 的以正负 3 位标准差的值进行拉伸，输出直方图用一条红色曲线显示被选择的高斯函数，被拉伸数据的分布呈白色，并叠加显示在红色的高斯函数上
Square Root(平方根拉伸)	计算输入直方图的平方根，然后应用线性拉伸
Logarithmic(对数拉伸)	对输入图像的灰阶进行对数拉伸，是一种非线性拉伸方法，可以有效地增强原始图像中较暗部分的特征；当选择此种方法拉伸时，对比度(Contrast)默认设置为 0

(二)辐射增强技术流程

遥感图像增强是为了突出相关的专题信息，提高图像视觉效果，使分析者更容易识别图像内容，更可靠地提取有用的定量分析。一般过程如图 19-1 所示。

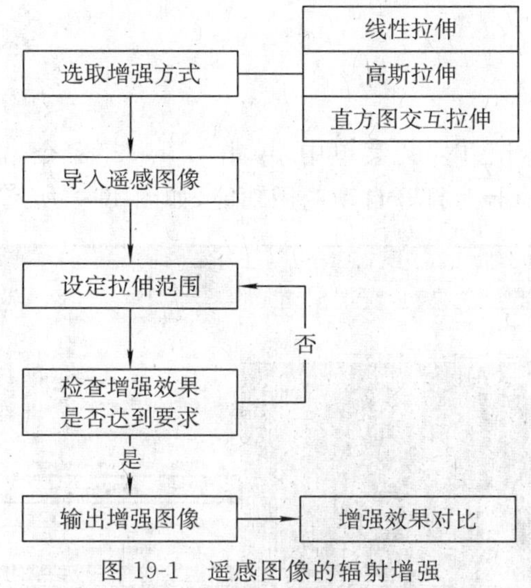

图 19-1 遥感图像的辐射增强

三、图像处理流程

(一)辐射增强方法

在 ENVI 经典模式中将 GF-1 图像打开。单击主图像菜单中“Enhance”→“Interactive Stretching”选项，进行交互式的反差拉伸选项，如图 19-2 所示。在“Stretch_Type”菜单中，有普通线性拉伸(“Linear”)、分段线性拉伸(“Piecewise Linear”)、高斯拉伸(“Gaussian”)、等均值拉伸(“Equalization”)、平方根拉伸(“Square Root”)、任意拉伸(“Arbitrary”)等方法。这里以普通线性拉伸和高斯拉伸及交互直方图拉伸三种方法为例进行实验。

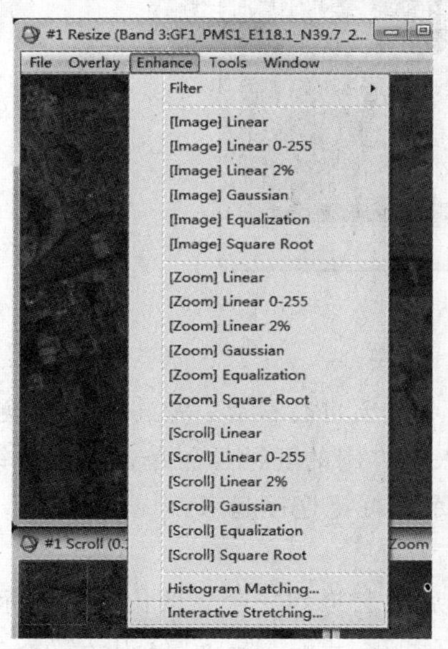

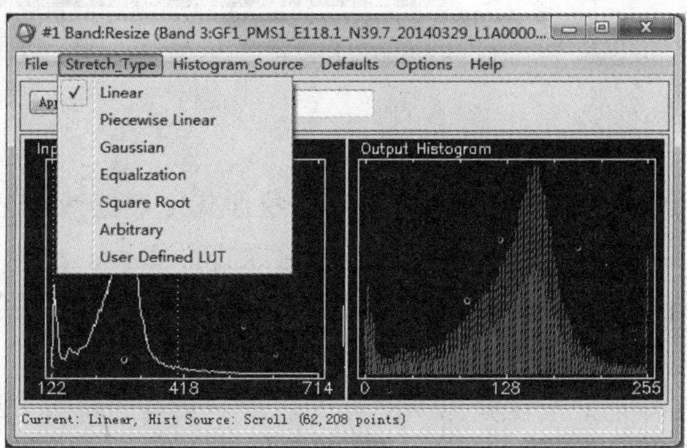

图 19-2 交互式的反差拉伸界面

(二)线形拉伸变换

1. 选取拉伸方法

装载图像后,在“Stretch_Type”菜单中,单击“Linear”命令,进行普通线性拉伸。设置“Options”选项为“Auto Apply”,打开自动应用功能,如图 19-3 所示。

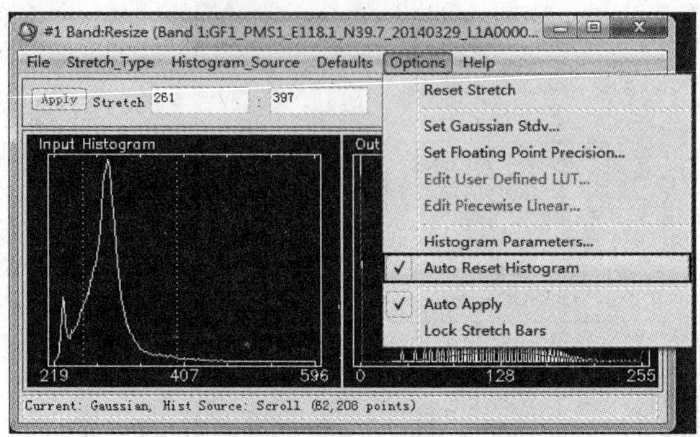

图 19-3 自动应用功能设置

2. 设定拉伸范围

在直方图中有两条白色虚线垂直线,在窗口中单击直方图中白色虚线垂直线,将其移动到所需要的位置,即可以设置拉伸灰度范围。或者在“Stretch”窗口文本框内输入所需要的“DN”值范围或一个数据百分比,也可以设置拉伸灰度范围,如图 19-4 所示。

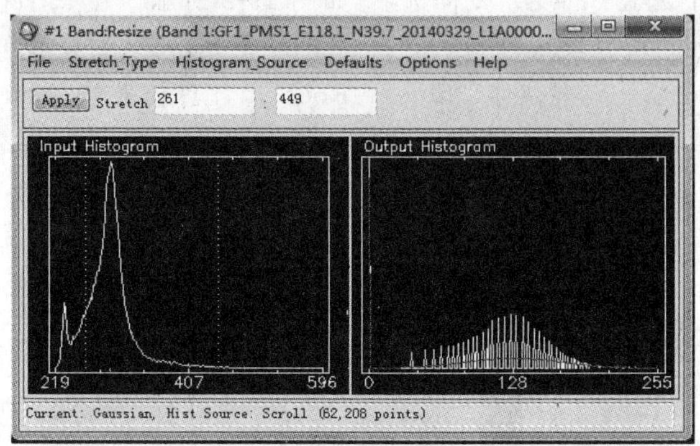

图 19-4 设定拉伸范围

3. 增加拉伸转换节点

可以拉伸函数分段进行,每段拉伸灰度根据两个节点数值进行换算。单击一个转换函数(初为一条白色直线)将被绘制在输入直方图中。在输入直方图的任何位置单击鼠标中键,为转换函数增加一个节点,绘制的线段将把端点和绘制的节点标记连接起来。

4. 修改转换节点

在标记上按住鼠标左键可以移动一个点的位置,然后把它拖到一个新的位置。在标记上单击鼠标右键可以删除点,也可以手动键入输入值和输出值,选择“Options”→“Edit Piecewise Linear”。

(三)高斯拉伸

1. 选取拉伸方法

装载图像后,在“Stretch_Type”菜单中,选择“Gaussian”,可以进行高斯灰度拉伸。选择“Options”→“Auto Apply”,打开自动应用功能。

2. 设定拉伸范围

使用鼠标左键,移动输入直方图的垂直线(白色虚线)到所需要的位置,或在“Stretch”文本框内输入所需要的“DN”值或一个数据百分比。选择“Options”→“Set Guassian Stdv”,设置高斯标准差,如图 19-5 所示。

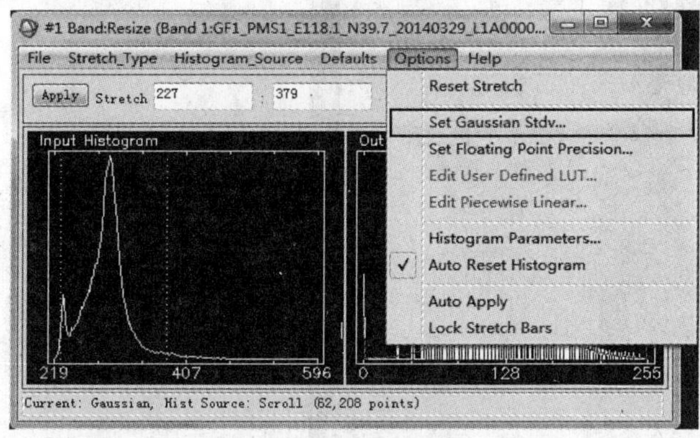

图 19-5　高斯标准差设置

3. 显示拉伸结果

根据拉伸“DN”值范围自动收放数据,使每个直方图“bin”中的“DN”数相均衡。通常被拉伸数据分布的输出直方图为白色,用一条曲线显示被选择的高斯函数。均衡化函数结果用一条曲线显示,并叠加显示在原函数上,如图 19-6 所示。

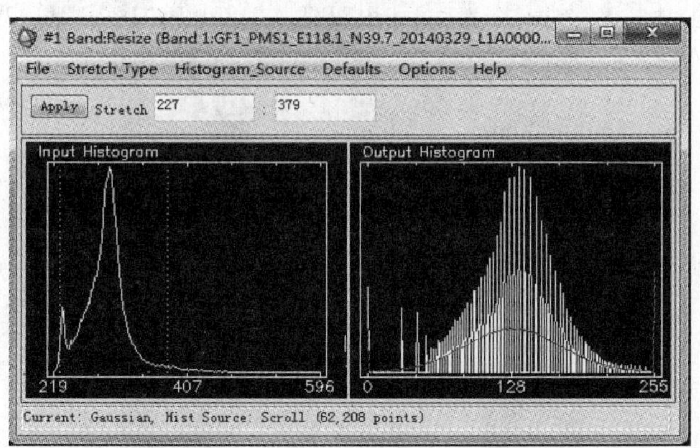

图 19-6　高斯拉伸的结果显示

(四)直方图匹配

直方图交互拉伸也称为直方图匹配。直方图匹配是图像预处理中常用方法,主要应用在相邻图像镶嵌或多时相图像的动态监测过程中,还可以应用在自定义主成分变换中,即全色波段与第一主成分之间的灰度匹配。直方图匹配本质上是将一幅图像的直方图匹配到另一幅图像上，使两幅图像亮度分布尽可能相近。

1. **图像准备**

装载待匹配图像，打开两幅图像并显示在“Display”窗口中。在待配准图像的主图像窗口中，选择“Enhance”→“Histogram Matching”。在“Histogram Matching Input Parameters”对话框的“Match To”列表中，选择作为基准的直方图所在的图像显示窗口，如图 19-7 所示，本例为“Display#2”。在“Input Histogram”下方，选择直方图绘制源：“Image”“Scroll”“Zoom”“Band”(所有像元)或“ROI”(感兴趣区)。

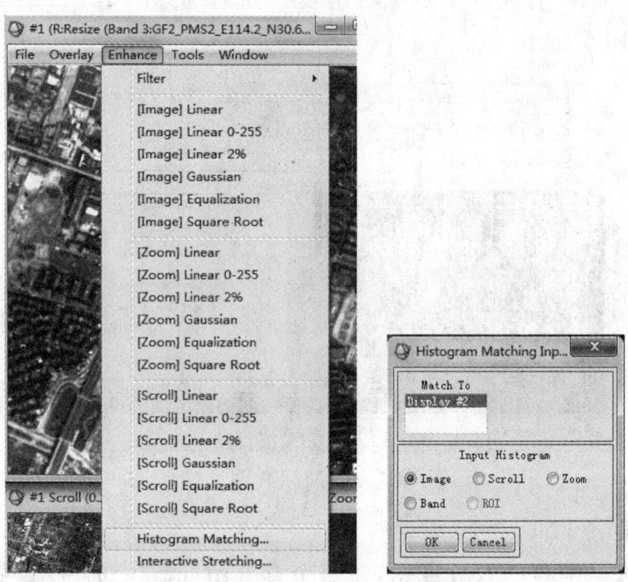

图 19-7　直方图交互拉伸图像准备

2. **直方图交互拉伸**

在显示匹配结果的主图像窗口中，选择“Enhance”→“Interactive Stretching”，如图 19-8 所示。

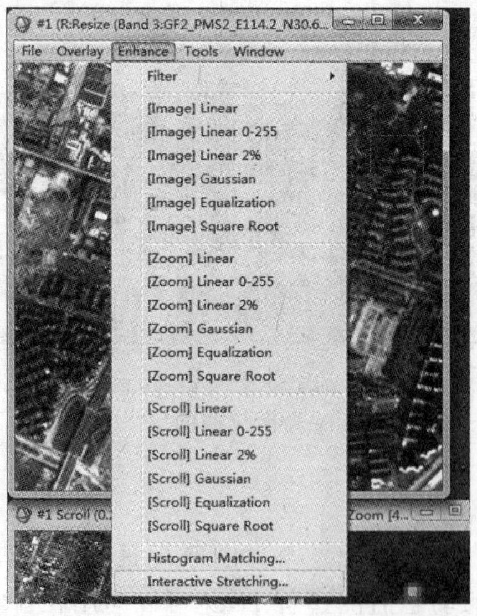

图 19-8　直方图交互拉伸选项

3. **输出路径及文件名设置**

在“Output Histogram”中显示两个直方图，输入直方图用红色显示，被匹配的输出直方图用白色显示，如图 19-9 所示。选择“File”→“Export Stretch”，确定输入路径及文件名、数据类型，单击“OK”，可以输出匹配后遥感图像。

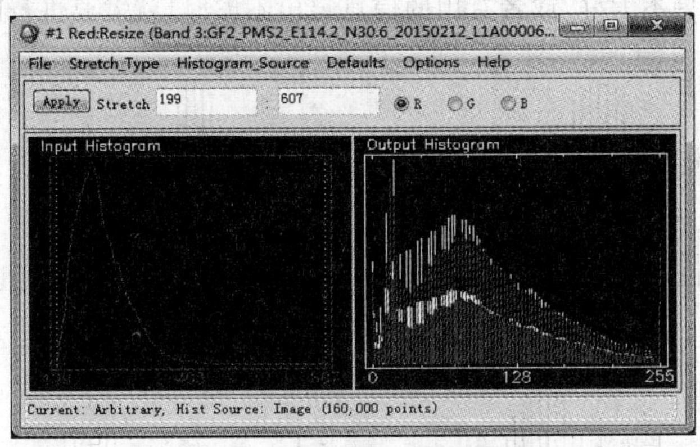

图 19-9　直方图交互拉伸显示

(五)图像直方图操作

在 ENVI 5.1 直方图增强界面上做如下操作：

(1)打开交互式直方图拉伸操作面板。将一个多光谱图像打开并显示在视窗中，在主菜单中，选择“Display”→“Custom Stretch”(或在工具箱中单击“ ”)如图 19-10 所示。

(2)设置直方图统计的数据范围。在进行直方图拉伸时，可以选择直方图统计的数据范围，方法是：单击工具栏中“ ”，可以设置统计全图范围；单击工具栏中“ ”，可以设置统计当前视图范围内的数据。当切换到 R 波段时，直方图中的两条垂线表明了当前拉伸所用到的最小值和最大值，其值显示在“Black-Point”和“White-Point”两个标签的文本框中。对于灰度图像来说，“Custom Stretch”面板中只显示此波段的直方图。

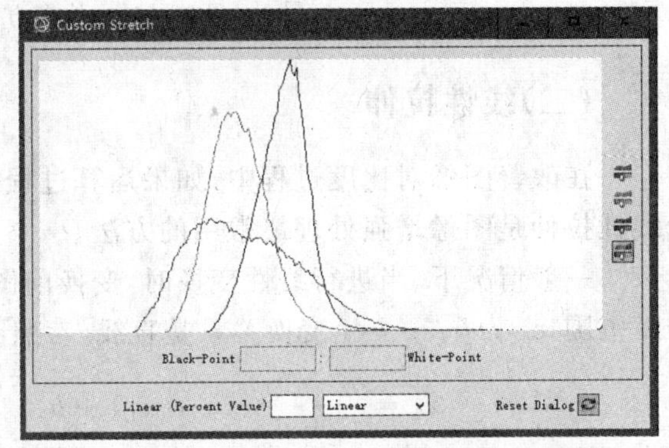

图 19-10　交互式直方图拉伸操作面板

(3)显示直方图。对于彩色图像来说，在交互式直方图拉伸操作面板中(图 19-10)，默认显示了当前视图中 R、G、B 三个波段的直方图，可以使用面板右侧的按钮切换到要显示直方图的波段。ENVI 5.1 中直方图增强界面更加直观可视。

四、知识拓展

(一)遥感图像灰度直方图

一幅图像可以求出其像元亮度值的直方图，通过观察直方图的形态，可以粗略地分析图像的质量。实际工作中，若图像的直方图接近正态分布，则说明图像中像元的亮度接近随机分布，是一幅适合用统计方法分析的图像。当观察直方图形态时，发现直方图的峰值偏向亮度坐标轴左侧，则说明图像偏暗；峰值偏向坐标轴右侧，则说明图像偏亮；峰值提升过陡、过窄，说明图像的高密度值过于集中。以上情况均是图像对比度较小、图像质量较差的反映（图 19-11）。当一幅图像的目视效果不太好，或者有用的信息突出不够时，就需要进行图像辐射增强处理。

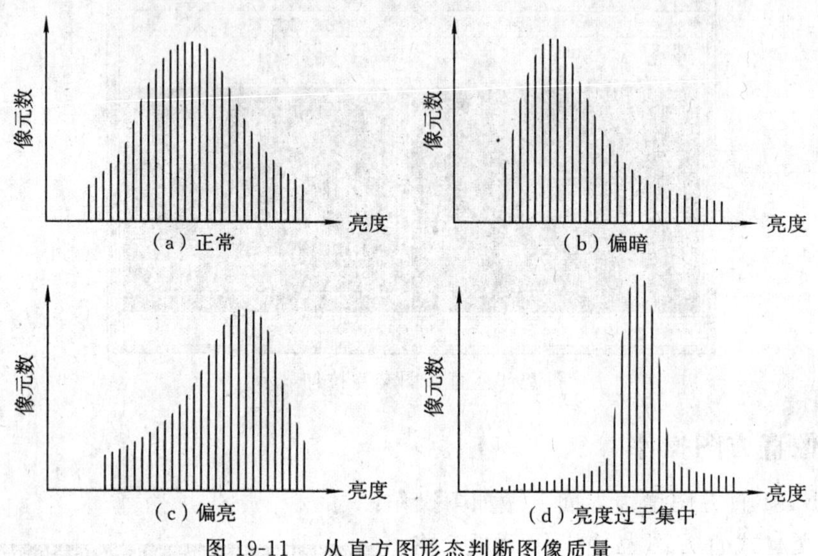

图 19-11　从直方图形态判断图像质量

（二）线性拉伸

在改善图像对比度过程中，如果运算过程是一个线性变换函数，这种变换就是线性拉伸。线性拉伸是图像增强处理最常用的方法。

一般情况下，当进行线性变换时，变换前图像的亮度范围 x_a 为 $a_1 \sim a_2$，变换后图像的亮度范围 x_b 为 $b_1 \sim b_2$，变换关系是直线，参照图 19-12，则变换方程为

$$x_b = \frac{b_2 - b_1}{a_2 - a_1}(x_a - a_1) + b_1 \quad (x_a \in [a_1, a_2], x_b \in [b_1, b_2]) \tag{19-1}$$

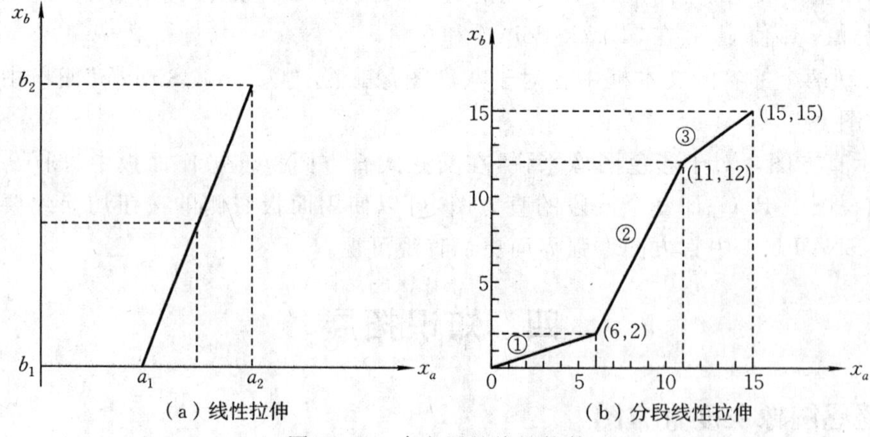

图 19-12　直方图的线性拉伸

实验二十　波段运算的图像增强方法

一、目的与要求

了解图像波段运算增强的概念和原理。利用 ENVI 软件练习 GF-1 遥感图像的比值运算、差值运算和混合运算操作过程，对比分析运算前后的图像变化。

二、实验原理

图像可以看作是一个矩阵，矩阵中的任一元素对应于图像中的一个点，而相应的值对应于该点的像元值，图像之间的运算就是矩阵运算。在 ENVI 软件中，有专门的图像运算工具——波段运算(Band Math)。波段运算可以完成诸如遥感定量反演中的模型运算、图像辐射定标、图像二值化等处理。对多光谱图像不同波段或经过空间配准的两幅或多幅遥感图像进行四则运算，不仅可以拓展图像光谱范围，去除由于光照条件、地形起伏等引起的色调变化，还可以提取很多有用的信息。常用方法有比值运算、差值运算和混合运算。

(一)差值运算

两幅同样行、列数的图像，对应像元的亮度值相减就是差值运算，即差值运算应用于两个波段时，相减后的值反映了同一地物光谱反射率之间的差。具体公式为

$$f_D(x,y)=f_1(x,y)-f_2(x,y) \tag{20-1}$$

由于不同地物反射率差值不同，两波段亮度值相减后，差值大的部分会突出。例如，当用红外波段减红光波段时，植被的反射率差异很大，相减后的差值就大；而土壤和水在这两个波段反射率差值就很小，因此相减后的图像可以把植被信息突出出来。如果不相减，红外波段上的植被和土壤、红光波段上的植被和水体均难区分。因此，图像的差值运算有利于目标与背景反差较小的信息提取，如冰雪覆盖区和黄土高原区的界线特征、海岸带的潮汐线等。差值运算还常用于研究同一地区不同时相的动态变化。例如，监测森林火灾发生前后森林的变化和计算过火面积；监测水灾发生前后的水域变化和计算受灾面积及损失；监测城市在不同年份的扩展情况及计算侵占农田的比例等。有时为了突出边缘，也用差值法将两幅图像的行、列各移一位，再与原图像相减，也可起到几何增强的作用。

(二)比值运算

比值运算是指两个不同波段的图像对应像元的灰度值相除，即

$$f_B(x,y)=\frac{f_1(x,y)}{f_2(x,y)} \tag{20-2}$$

地形起伏及太阳倾斜照射使得山坡的向阳处与背阳处在遥感图像上的亮度有很大区别，

比值运算可以压抑由地形坡度和方向引起的辐射量变化，消除地形起伏的影响，使向阳处与背阳处都毫无例外地只与地物反射率的比值有关。比值运算也可以增强某些地物之间的反差，如植被、水、土壤在红光波段与红外波段图像上反射率是不同的(表 20-1)，通过比值运算能够较好地对其进行区分。

表 20-1 植被、水与土壤比值运算

类别	红光波段	红外波段	红外波段/红光波段
植被	暗	很亮	更亮
水	稍亮	很暗	更暗
土壤	较亮	较亮	不变

(三)混合运算

归一化植被指数就是一种混合运算，通常用近红外波段和可见光红光波段数值之差与这两个波段之和的比值表示，即

$$NDVI=\frac{f_{\text{NIR}}(x,y)-f_{\text{R}}(x,y)}{f_{\text{NIR}}(x,y)+f_{\text{R}}(x,y)} \tag{20-3}$$

式中，$f_{\text{NIR}}(x,y)$ 为遥感多光谱图像中的近红外波段的反射值，$f_{\text{R}}(x,y)$ 为红光波段的反射值。归一化植被指数的范围为 $-1 \leqslant NVDI \leqslant 1$。一般情况下，当结果为负值时，表示对应的区域覆盖云、水、雪等，对可见光高反射；当结果为 0 时，表示对应的区域覆盖类型为岩石或裸土等，近红外波段和红光波段反射值近似相等；当结果为正值时，表示有植被覆盖，且随覆盖度增大而增大。由于归一化植被指数有明显的地域性和时效性，并且还会受到植被本身、环境因素、大气条件等因素的影响，需要根据实际情况来确定阈值。

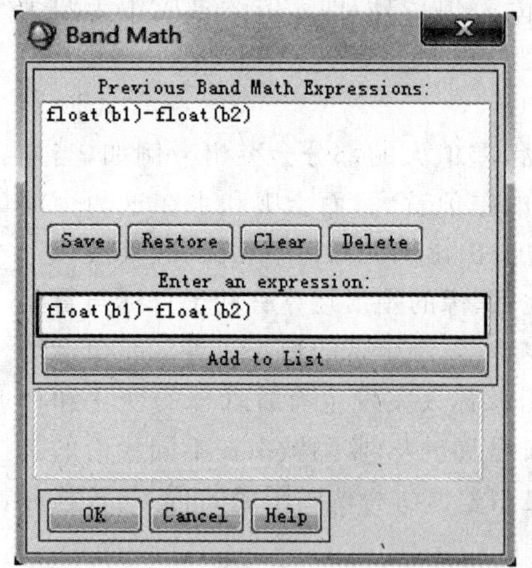

图 20-1 差值运算表达式输入

三、图像处理过程

(一)差值运算

1. 表达式输入

装载一幅多波段的遥感图像。单击主菜单“Basic Tools”命令选取“Band Math”选项，进入“Band Math”对话框，如图 20-1 所示。在“Enter an expression”提示框中输入数学表达式“float(b1)-float(b2)”，单击“Add to List”，将表达式添加到列表中，单击“OK”。

2. 波段参数设置

出现“Variables to Bands Pairings”对话框后，在“Variables used in expression”选项中，单击“B1-[undefined]”，并在“Available Bands List”中选择“Resize Band4”对应于“B1-[undefined]”，如图 20-2 所示，作为原数学表达式中的被减数。再单击“B2-[undefined]”，并在“Available Bands List”中选择“Resize Band3”对应于“B2-[undefined]”，如图 20-2 所示，作为原数学表达式中的减数。选择输出路径，保存文件“差值 2-1”，单击“OK”，就会自动生成差值运算的图像。

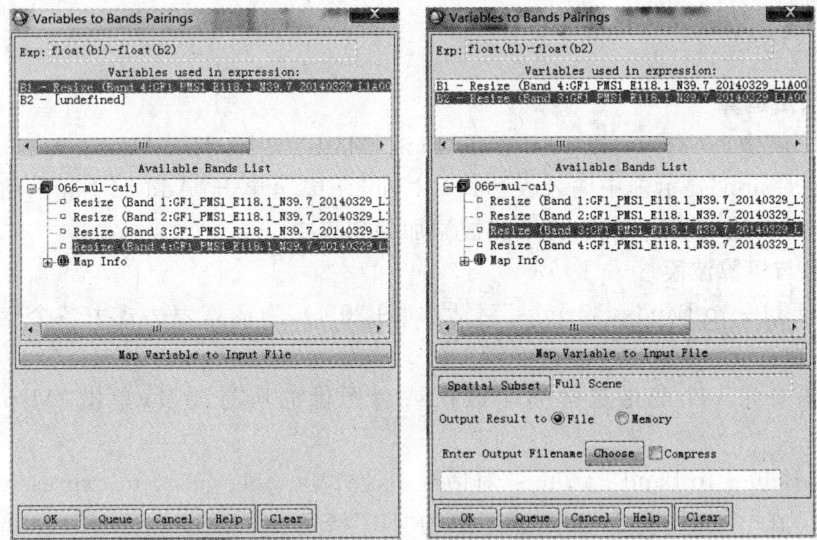

图 20-2　差值运算波段参数设置

(二)比值运算

1. 装载一幅多波段的遥感图像

单击主菜单“Transform”命令中的“Band Ratios”选项。

2. 设置求取近红外/红光波段的基本比值图像

在“Band Ratio Input Bands”对话框中，选中“Resize band4”波段在“Numerator”的框中显示，作为分子，如图 20-3 所示。再选中“Resize band3”波段在“Denminator”的框中显示，作为分母，如图 20-3 所示。“Enter Pair”将选中的两个波段作为一组数据添加到“Selected Ratio Pairs”的框中，单击“OK”。保存文件，就生成了近红外/红光波段的基本比值图像。

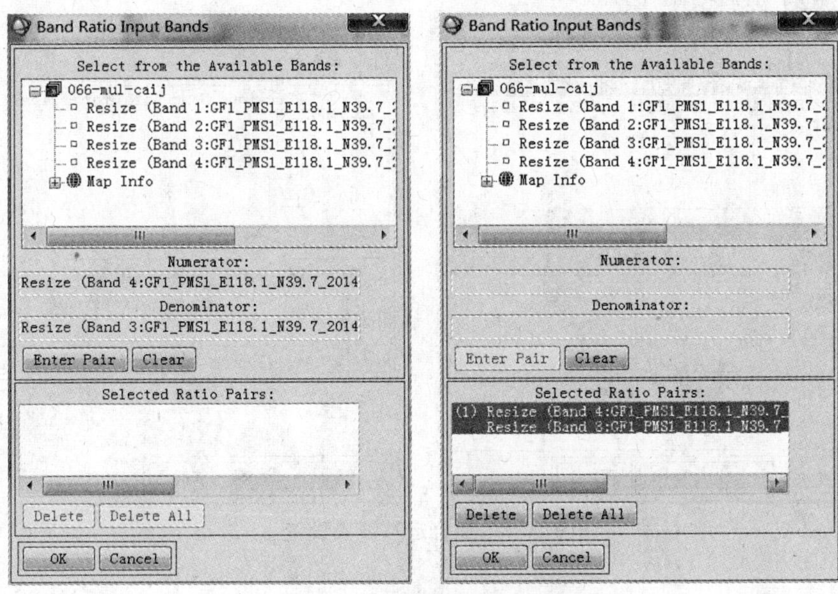

图 20-3　比值运算波段设置

(三)混合运算

1. 输入加法运算

在“Toolbox”中,双击“Band Ratio”→“Band Math”工具,打开“Band Math”对话框;在“Enter an expression”提示框中输入表达式“b1＋b2＋b3”,单击“Add to List”,将表达式添加到列表中。如果表达式语法有误,将不能被添加到列表中。

2. 设置参与运算波段

打开“Variables to Bands Pairings”对话框(图 20-4),为运算表达式中各个变量赋予图像文件或图像波段。

提示:如果要为一个变量选择多个波段或者图像的所有波段,单击“Map Variable to Input File”。

(1)在“Variables to Band Pairings”对话框中,在“Variables used in expression”列表框中选择变量“B3”,在“Available Bands List”中为“B1”指定一个波段,或使用“Map Variable to Input File”为变量“B3”制定一个图像文件。当第一个波段或文件被选中后,只有那些与其具有相同行列数的波段被显示在波段列表中。

(2)利用同样的方法分别为“B1”和“B2”变量指定波段或文件。单击“Choose”,选择文件名及路径保存结果,单击“OK”,执行运算。

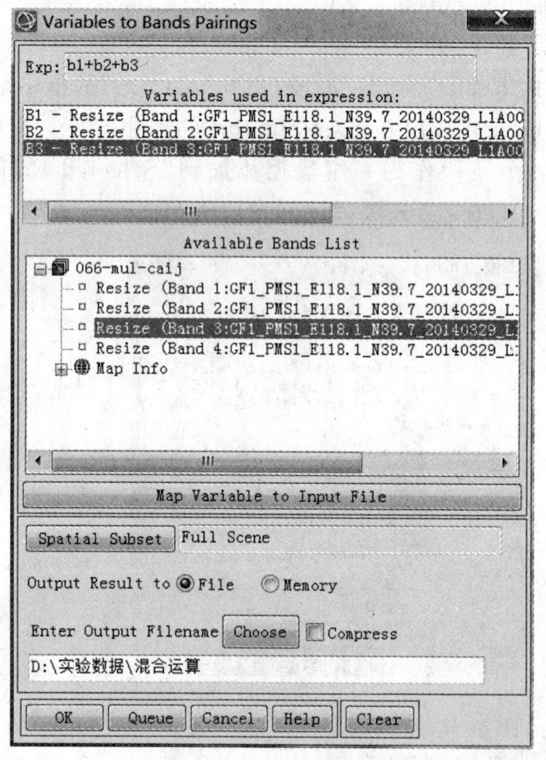

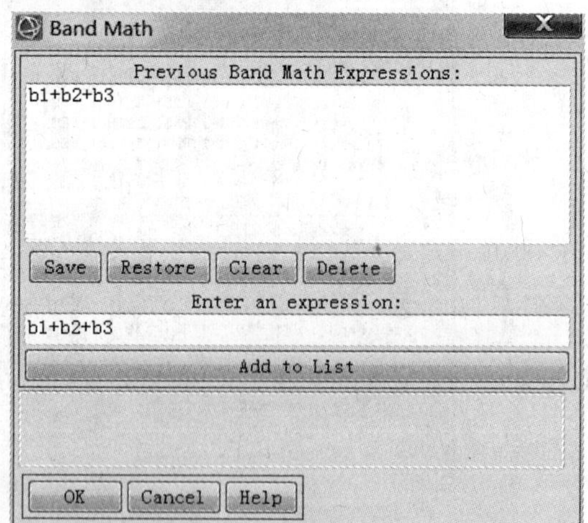

图 20-4 混合运算波段设置

四、知识拓展

(一)"Band Math"对话框按钮说明

(1)"Add to List":可以将表达式添加到"Previous Band Math Expression"列表中。这个列表还同时显示未重启 ENVI 之前使用过的表达式。

(2)"Save":可以将列表中的运算表达式保存为外部文件(*.exp)。

(3)"Restore":可以导入外部表达式文件。

(4)"Clear":可以清除列表中的所有运算表达式。

(5)"Delete":可以删除选择的运算表达式。

(二)波段运算需要满足的基本条件

1. 必须符合 IDL 波段运算表达式书写语法

所定义的处理算法或波段运算表达式必须满足 IDL 语法。不过,书写简单的波段运算表达式无须具备 IDL 的基本知识,但是如果感兴趣的处理需要书写复杂的表达式,建议学习关于波段运算的 IDL 知识。

2. 所有输入波段必须具有相同的空间大小

由于波段运算表达式是根据"pixel-for-pixel"原理作用于波段的,因此输入波段的行列数和像元大小必须相同。对于有地理坐标的数据,覆盖区域一样,但是像元大小不一样使得行列数不一致,在进行波段运算前可以使用"Toolbox"→"Raster Management"→"Layer Stacking"功能对图像进行调整。

3. 表达式中的所有变量都必须以 Bn(或 bn)命名

表达式中代表输入波段的变量必须以字母"b"或"B"开头,后跟 5 位以内的数字。例如,对 3 个波段进行求和运算的表达式可以用 3 种方式书写:"b1+b2+b3""B1+B11+B111""B1+B2+B3"。

4. 结果波段必须与输入波段的空间大小相同

波段运算表达式所生成结果的行列数必须与输入波段的行列数相同。例如,如果输入表达式为"MAX(b1)",将不能生成正确结果,因为表达式输出值为一个数,与输入波段的行列数不一致。

(三)表达式输写常用函数

在加、减、乘、除的基本运算基础上,表达式中数组运算还包含关系运算符(LT、LE、EQ、NE、GE、GT)、逻辑(Boolean)运算符(AND、OR、NOT、XOR)和最小值、最大值运算符(<、>)。这些特殊的运算符对图像中的每个像元同时进行处理,并将结果返还到与输入图像具有相同维数的图像中。表 20-2 为书写表达式过程中常用的操作函数。

表 20-2　表达式中常用的数组操作函数

种类	操作函数
基本运算	加(+)、减(−)、乘(×)、除(/)
关系和逻辑运算符	小于(LT)、小于等于(LE)、等于(EQ)、不等于(NE)、大于等于(GE)、大于(GT)
	AND、OR、NOT、XOR
	最小值运算符(<)和最大值运算符(>)

(四)典型应用

波段比值广泛应用于矿物探测和植被分析，以反映各种矿物类型或植被类型的微小差别。例如，TM5/TM7 可区分黏土矿物，TM3/TM1 可区分铁氧化物，TM5/TM4 可区分含铁矿物。利用比值图像使各类地物的均值拉开、方差缩小，以利于分类。例如，水和沙滩在 TM 的第 4 波段和第 7 波段的灰度值很接近(表 20-3)，但它们的比值可很容易区分这两类地物。

表 20-3　水和沙滩的比值比较

波段	水的灰度值	沙滩的灰度值
TM4	16	17
TM7	1	4
TM4/TM7	16	4.25

实验二十一　遥感图像空间域增强

一、目的与要求

了解图像空间域增强的原理和性质，掌握空间域增强的基本步骤和参数设置。练习基于各种卷积算子的空间域增强方法，并观察增强处理前后平滑、锐化的特点。

二、空间域增强原理

空间域增强处理是通过卷积运算，直接改变图像中像元及相邻像元的灰度值的一种方法。通过增强处理，可以突出或去除某些专题特征，增强图像的可读性。空间域增强有平滑或锐化两种方式。图像平滑可以减小变化，使亮度平缓或去掉噪声点。图像锐化可以突出图像边缘、线状目标或某些亮度变化率大的区域。

图像的卷积运算是在空间域上对图像做局部检测的运算，以实现平滑或锐化，如图 21-1 所示。具体做法是选定一卷积函数，又称"模板""算子"，实际上是一幅 $M \times N$ 的图像，设有每个像元的权值 $\phi(m,n)$。运算时，卷积从图像左上角开始移动，存在与模板同样大小的活动窗口，窗口中心像元亮度值 r 等于图像窗口的亮度值与模板像元对应权值相乘后相加的结果。活动窗口逐行扫描，每移动一格，运算一次，直到全幅图像扫描一遍结束，则生成新图像。具体公式为

$$r(i,j)=\sum_{m=1}^{M}\sum_{n=1}^{N}\phi(m,n)t(m,n) \tag{21-1}$$

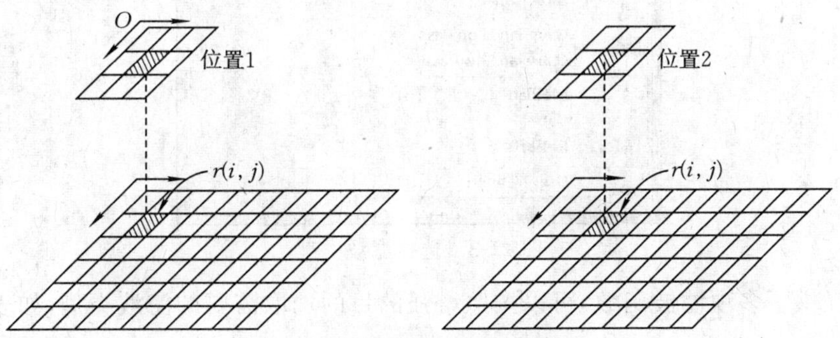

图 21-1　卷积运算的模板移动

常用的空间域增强卷积算子有多种，根据不同的增强类型，分为低通滤波（低频）、带通滤波（中频）、高通滤波（高频）和增强某个方向特征的方向滤波等，每种算子有不同特点，运算后图像只能突出某个专题信息，如表 21-1 所示。

表 21-1　常用空间域增强算子

算法	卷积算子	特点
平滑	低通滤波、中值滤波、高斯低通滤波	可以减小变化，使亮度平缓或去掉“噪声”点
锐化	高通滤波、拉普拉斯滤波、Sobel 滤波、Roberts 滤波	突出图像的边缘、线状目标或某些亮度变化率大的部分

三、图像处理流程

(一)图像准备

打开需要增强的图像文件“6-mul. img”。在主菜单中，选择“Filter”→“Convolution and Morphology”命令，打开卷积滤波菜单，如图 21-2 所示。

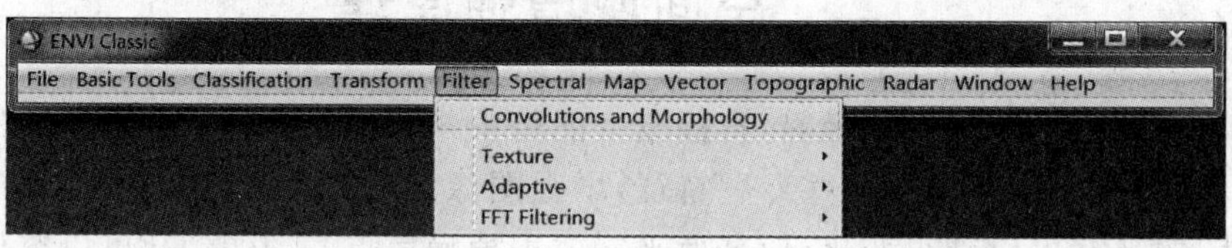

图 21-2　打开滤波菜单

(二)选取卷积类型

在“Convolution and Morphology Tool”窗口中，选择滤波类型，单击命令“Convolutions”进入选项，如图 21-3 所示。

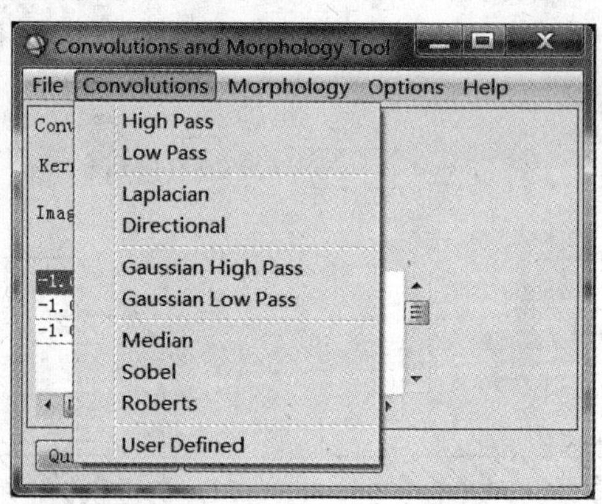

图 21-3　选择滤波类型

窗口中提供了多项滤波函数，可以按照增强的目的选取需要的滤波类型，如表 21-2 所示。

表 21-2　滤波类型说明

滤波类型	说明
高通滤波	在保持图像高频信息的同时，消除了图像中的低频成分，可以增强纹理、边缘等信息；通过运用一个具有高中心值的变换核来完成(周围通常是负值权重)，ENVI 软件默认的高通滤波器是使用 3×3 的变换核(中心值为“8”，周围像元值为“－1”)，变换核的维数必须是奇数

续表

滤波类型	说明
低通滤波	保存了图像中的低频成分，这将使图像平滑；ENVI 软件默认的低通滤波器是使用 3×3 的变换核，每个变换核中的元素包含相同的权重，使用外围值的均值来代替中心像元值
拉普拉斯滤波	是边缘增强滤波，它的运行不用考虑边缘的方向，其强调图像中的最大值，通过运用一个具有高中心值的变换核来完成（一般来说，外围南北向与东西向权重均为负值，角落为"0"）；ENVI 软件默认的拉普拉斯滤波使用一个大小为 3×3、中心值为"4"、南北向和东西向均为"－1"的变换核，所有的拉普拉斯滤波变换核的维数都必须是奇数
方向滤波	是边缘增强滤波，它有选择性地增强有特定方向成分的（如梯度）图像特征，其变换核元素的总和为 0，在输出的图像中，有相同像元值的区域均为 0，不同像元值的区域呈现为较亮的边缘
Sobel 滤波	是非线性边缘增强滤波，它是使用 Sobel 函数近似值的特例，也是一个预先设置变换核为 3×3 的算子，其大小不能更改，也无法对变换核进行编辑
Roberts 滤波	是一个类似于 Sobel 滤波的非线性边缘探测滤波，使用 Roberts 函数预先设置的 2×2 近似值的特例，也是一个简单的二维空间差分方法，用于边缘锐化和分离，其大小不能更改，也无法对变换核进行编辑
用户自定义卷积滤波	可以通过选择和编辑一个用户变换核，定义常用的卷积变换核（包括矩形或正方形变换核）

（三）设置卷积参数

不同的滤波类型需要设置不同的参数，主要包括"Kernel Size""Image Add Back""Editable Kernel"三项参数，如图 21-4 所示。

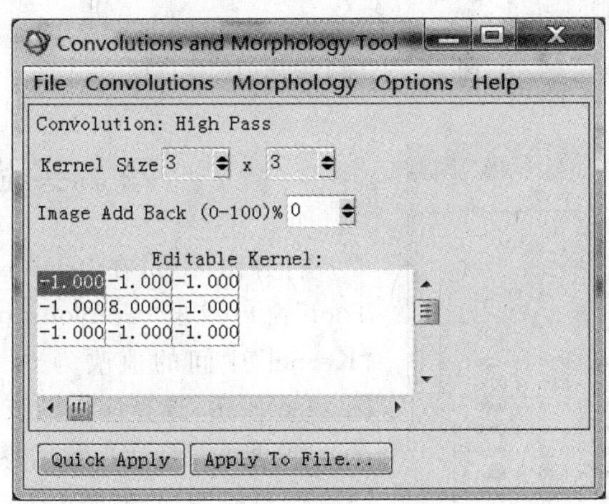

图 21-4 设置滤波参数

（1）"Kernel Size"参数。"Kernel Size"参数是指卷积核大小，以基数来表示，如 3×3、5×5 等。有些卷积核不能改变大小，如 Sobel 滤波和 Roberts 滤波的卷积核。默认卷积核是正方形，如果需要使用非正方形，选择"Options"→"Square Kernel"。

（2）"Image Add Back"参数。"Image Add Back"参数是输入一个加回值。将原始图像中的一部分"加回"到卷积滤波结果图像上，有助于保持图像的空间连续性。该方法经常用于图像锐化。“加回”值是原始图像在结果输出图像中所占的百分比。例如，如果为“加回”值输入 40%，那么 40%的原始图像将被“加回”到卷积滤波结果图像上，并生成最终的结果图像。

(3)“Editable Kernel”参数。“Editable Kernel”参数是编辑卷积核中各项的值。在文本框中双击鼠标可以进行编辑，选择“File”→“Save Kernel”或者“Restore Kernel”，可以把卷积核保存为文件(*.ker)或者打开一个卷积核文件。

(四)卷积应用

选项按照要求设置完成后，单击“Quick Apply”，第一次单击此按钮会提示选择增强的波段，如图 21-5 所示。增强后的波段在“Display”中显示，如果要更改卷积增强的波段，选择“Options”→“Change Quick-Apply Input Band”进行更改，选择“File”→“Save Quick Result To File”可以将增强结果保存。

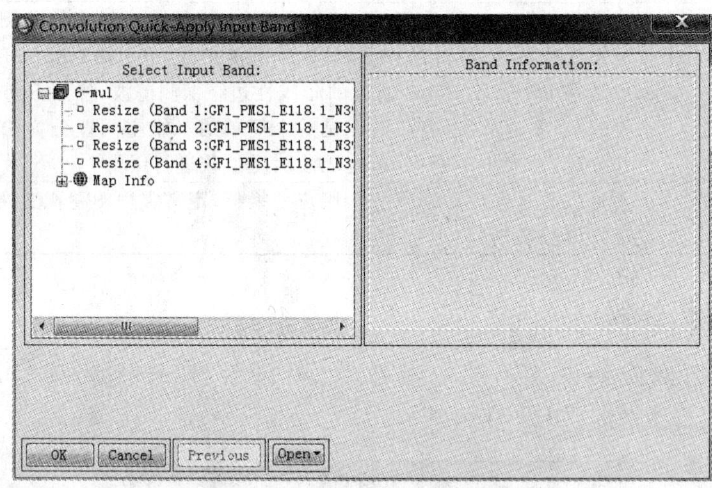

图 21-5　卷积应用的波段选取

四、实验范例

打开图像后，在“Convolutions and Morphology Tool”窗口单击“Convolutions”→“High Pass”。将“Kernel”中间的值改为 9，单击“Quick Apply”，如图 21-6 所示，选择应用的波段图像，单击“OK”。

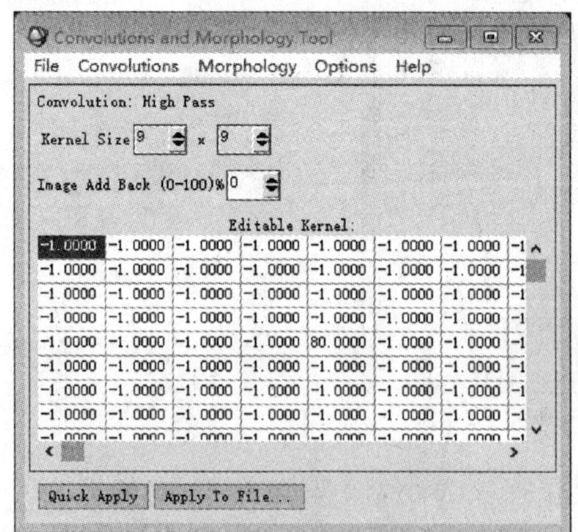

图 21-6　高通滤波的参数设置

高通滤波是让高频信息通过，滤掉低频信息，对高频信息有明显的显示。观察高通滤波变换后生成的图像，建筑物、道路、河流的边界都有明显的加强，而植被的信息则被覆盖，固体废弃物堆和植被接触的边界在高通图像上就不明显，而与河流、建筑物接触的边界就能得到明显的增强。

五、知识拓展

(一)邻　域

滤波就是对空间频率信息的一种筛选技术。空间域滤波是在图像空间内进行邻域处理。对于图像中的任一像元 (i,j)，把像元的集合 $(i+p, j+q)$ (p, q 为非零整数) 称为该像元的邻域，常用邻域为 8-邻域和 4-邻域，如图 21-7 所示。

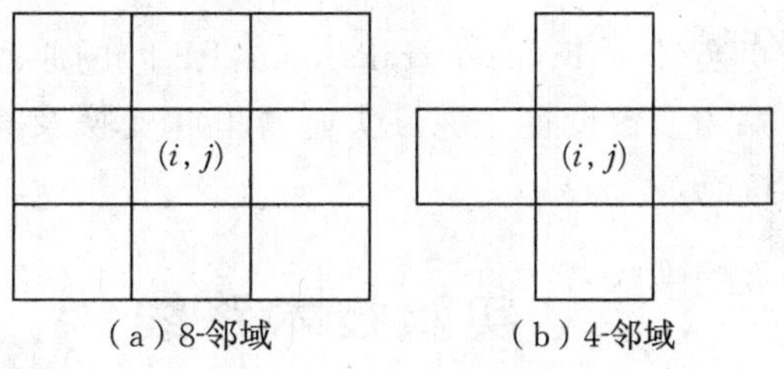

图 21-7　8-邻域和 4-邻域示意

邻域处理就是在对图像进行处理时，某一像元 (i,j) 处理后的 $g(i,j)$ (表示处理输出图像像元亮度值) 由处理前像元及其邻域的像元值 $N(i,j)$ 确定，邻域处理的表达式为

$$g(i,j)=\varphi(N(i,j)) \tag{21-2}$$

式中，φ 为某种运算处理的函数。

(二)滤波器

空间卷积就是在空间域上对图像进行邻域处理，是空域滤波的主要方法。空间卷积运算需要确定一个卷积函数，通常称为模板，或称为滤波器、核、窗口。模板实际上是一个 $M \times N$ 的小图像，常用的模板大小是 3×3、5×5、7×7、9×9。模板尺寸越大，卷积时计算量也越大。需要注意的是，模板图像中的值是系数值或权重值，而不是亮度值或灰度值，权值分布和差值决定了滤波器在卷积过程中的作用是平滑或锐化。

(1)均值滤波器。均值滤波是将每个像元在以其为中心的区域内取平均值来代替该像元值，以达到去掉尖锐“噪声”和平滑图像的目的。具体模板为

$$\boldsymbol{t}(m,n)=\begin{bmatrix} \frac{1}{9} & \frac{1}{9} & \frac{1}{9} \\ \frac{1}{9} & \frac{1}{9} & \frac{1}{9} \\ \frac{1}{9} & \frac{1}{9} & \frac{1}{9} \end{bmatrix} \text{或 } \boldsymbol{t}(m,n)=\begin{bmatrix} \frac{1}{8} & \frac{1}{8} & \frac{1}{8} \\ \frac{1}{8} & 0 & \frac{1}{8} \\ \frac{1}{8} & \frac{1}{8} & \frac{1}{8} \end{bmatrix} \tag{21-3}$$

(2)拉普拉斯滤波器。拉普拉斯滤波是边缘增强滤波，它的运行不用考虑边缘的方向，它强调是图像中的最大值，通过运用一个具有高中心值的变换核来完成。在模板卷积运算中，将模板定义为

$$\boldsymbol{t}(m,n)=\begin{bmatrix} 0 & 1 & 0 \\ 1 & -4 & 1 \\ 0 & 1 & 0 \end{bmatrix} \tag{21-4}$$

实验二十二　遥感图像频域滤波

一、目的与要求

了解图像快速傅里叶变换（fast Fourier transform，FFT）的原理和性质，掌握快速傅里叶变换及其逆变换的基本步骤和参数设置。练习快速傅里叶变换及其逆变换，并观察变换前后空间域图像与二维频谱的特点。

二、实验技术路线

傅里叶变换是数字信号处理领域一种很重要的算法，通过傅里叶变换可以将图像从空间域转换到频率域。首先，把图像波段转换成一系列不同频率的二维正弦波傅里叶图像；然后，在频率域内对傅里叶图像进行滤波、掩模等各种操作，减少或者消除部分高频或者低频成分；最后，把频率域的傅里叶图像变换为空间域图像。傅里叶变换主要用于消除周期性噪声，还可以消除由传感器异常引起的规律性错误。遥感图像的频率域滤波流程如图 22-1 所示。

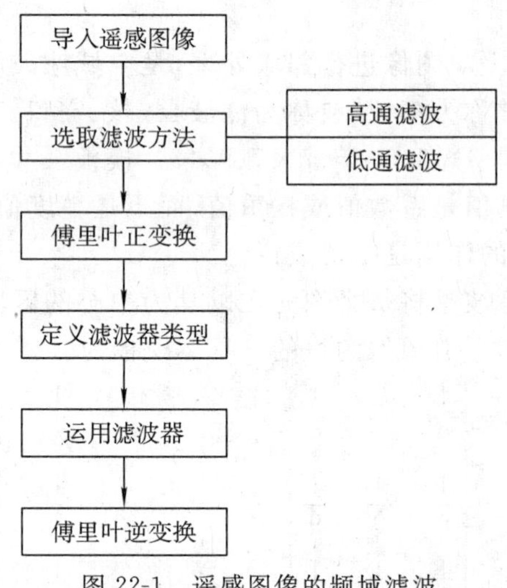

图 22-1　遥感图像的频域滤波

三、图像处理流程

（一）傅里叶变换

应用傅里叶变换的第一步是把图像波段转换成一系列不同频率的二维正弦波傅里叶图像。这个过程由快速傅里叶变换完成。

1. 选取傅里叶正变换

通过主菜单工具条打开“Forward FFT Input File”窗口，选取“Filter”→“FFT Filtering”，单击“Forward FFT”。

2. 设置加载图像的变换波段

在“Forward FFT Input File”窗口进行傅里叶滤波的参数设置。在“Select Input File”选项栏选择需要滤波的图像。在“Spectral Subset”选项中设置滤波波段，如图 22-2 所示。设置输出路径并以文件名“傅氏变换”保存做过变换的文件。

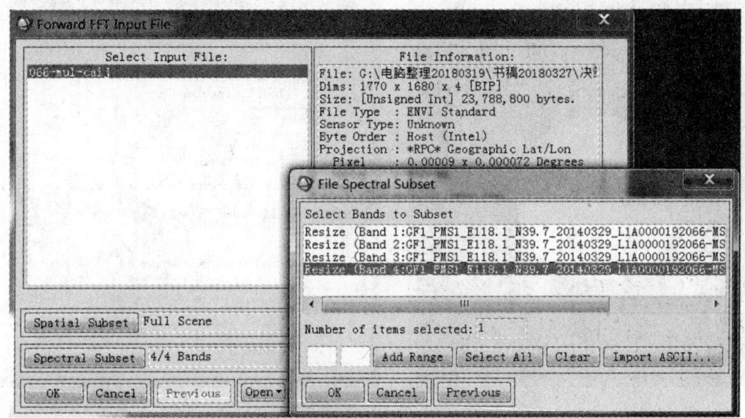

图 22-2　傅里叶正变换参数设置

3. 显示快速傅里叶变换后频谱图像

在“Available Bands List”中，选择一个快速傅里叶变换波段加载到视窗中，如图 22-3 所示。从图上看，中间很亮的部分集中了图像的低频信息，外围较暗的部分集中了图形的高频信息。

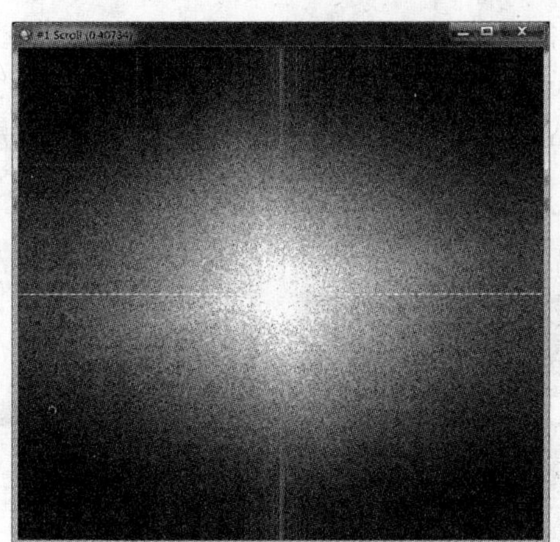

图 22-3　傅里叶正变换频谱图像

(二)滤波器选择

滤波器类型有多种，可以按照滤波目的分为高通滤波器、低通滤波器与自定义滤波器，也可以按照滤波器的形状分为环形滤波器、带状滤波器。在“Filter”选项中单击“FFT Filter

Definition”。在“Filter Definition”对话框中，在“Samples”和“Lines”文本框中键入滤波器的尺寸。选择“Filter Type”进行滤波器类型的参数设置。

1. 低通滤波器(Circular Pass)

需要在“Radius”文本框中以像元为单位输入滤波半径。将“Number of Border Pixels”参数化用于细化滤波器(平滑滤波器的边缘)，0 值代表没有平滑，如图 22-4 所示。滤波器保留圆环以内的能量谱。

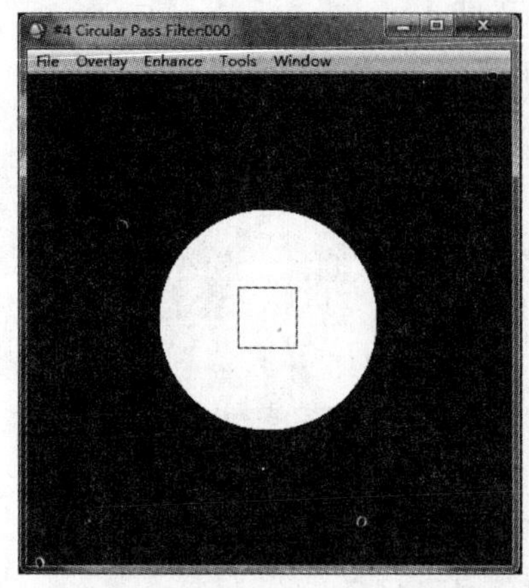

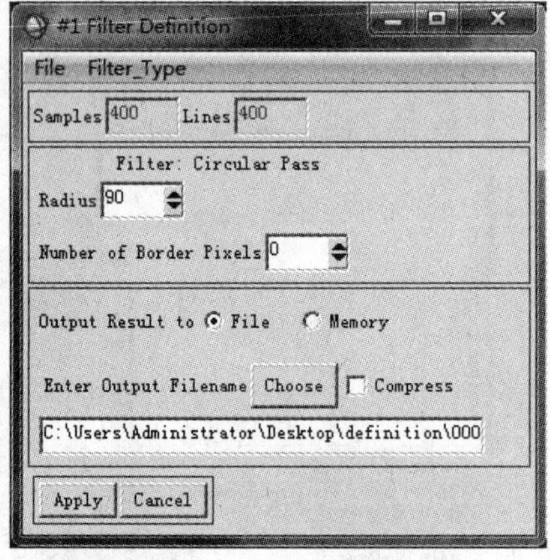

图 22-4 低通滤波器

2. 高通滤波器(Circular Cut)

需要在“Radius”文本框中以像元为单位输入滤波半径。将“Number of Border Pixels”参数化用于细化滤波器(平滑滤波器的边缘)，0 值代表没有平滑。滤波器保留圆环以外的能量谱。

3. 带通滤波器(Band Pass)

在“Inner Radius”和“Outer Radius”文本框中以像元为单位键入所需值，构成一个圆环，带通滤波器保留圆环以外的能量谱(快速傅里叶变换图像)，如图 22-5 左图所示。

4. 带阻滤波器(Band Cut)

在“Inner Radius”和“Outer Radius”文本框中以像元为单位键入所需值，构成一个圆环，带阻滤波器保留圆环内的能量谱(快速傅里叶变换图像)，如图 22-5 右图所示。

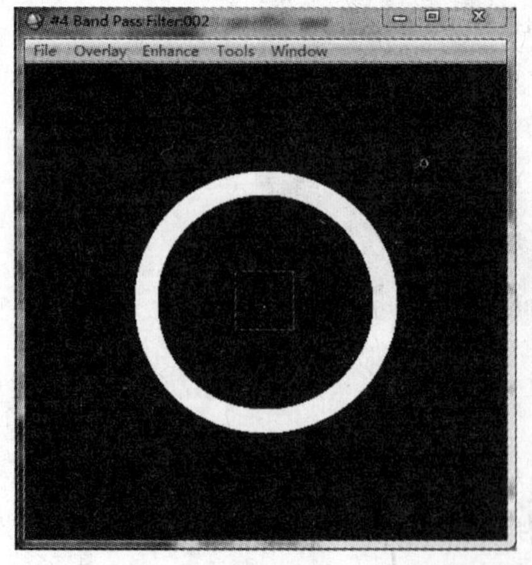

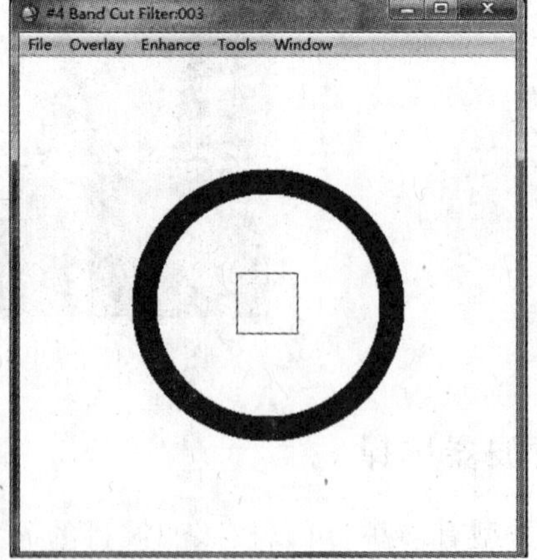

图 22-5 带通滤波器(左)与带阻滤波器(右)

5. **自定义滤波器**

在"Filter Definition"对话框中选择"User Defined Pass"和"User Defined Cut"滤波器，可以使用如下步骤将 ENVI 软件的注记功能导入滤波器：

(1)显示正向变换的快速傅里叶变换图像。在图像窗口中，选择"Overlay"→"Annotation"。

(2)通过在快速傅里叶变换图像上绘制多边形或其他形状，勾绘出特定的噪声区域(一般来说，快速傅里叶变换图像中的亮斑、行或楔形条带等代表噪声)。

(3)要构建一个适当对称的快速傅里叶变换滤波器，在注记窗口中，选择"Options"→"Turn Mirror On"，显示的注记将在滤波器定义中用到。从先前存储的注记文件中恢复一个滤波器，单击"Add File"，选择一个注记文件输入。

(三)傅里叶逆变换

完成滤波后，可以进行傅里叶逆变换。在"Filter"菜单中选取"FFT Filtering"→"Inverse FFT"，选择上一步进行傅氏定义的图像文件，单击"OK"，如图 22-6 所示，选择输出路径并保存文件。

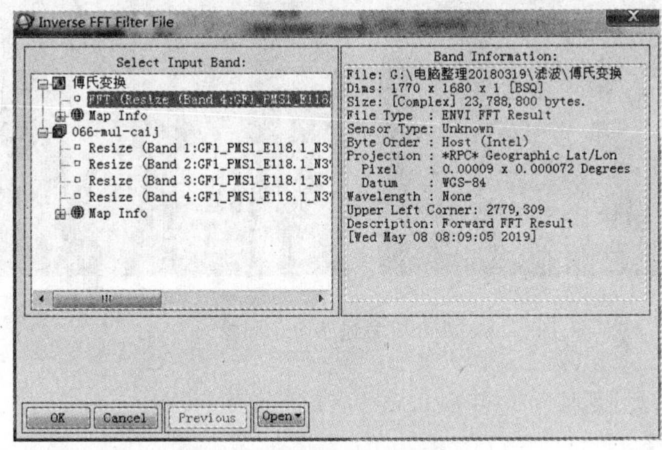

图 22-6　傅里叶逆变换

四、知识拓展

(一)地物频谱

图像的频率是表征图像中灰度变化剧烈程度的指标，是灰度在平面空间上的梯度。傅里叶变换能够完成图像从空间域向频率域的转换。换句话说，傅里叶变换的物理意义是将图像的灰度分布函数变换为频率分布函数，傅里叶逆变换是将图像的频率分布函数变换为灰度分布函数。

图像经过二维傅里叶变换后得到的频谱图，是图像梯度的分布图。频谱图上的各点与图像上各点并不存在一一对应的关系，傅里叶频谱图上看到的明暗不一的亮点，其意义是指图像上某一点与邻域点差异的强弱，即梯度的大小。如图 22-7 所示，以频谱的核心为基点，应用同心圆的方法向四周做辐射状扫描，求出一定半径 r 的圆周内的各次谐波的总和，进而获得其径向分布特征(环特征)。

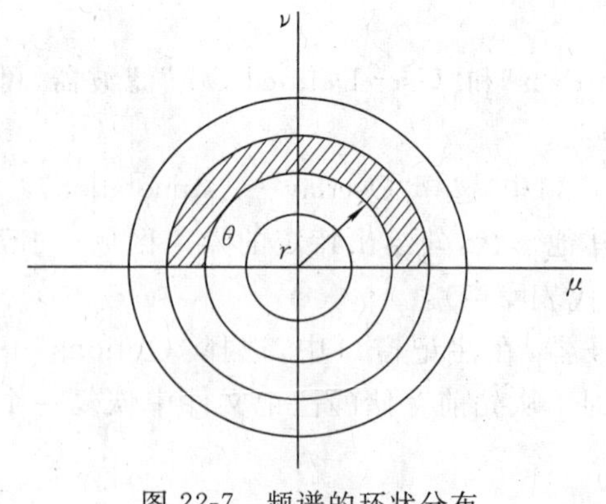

图 22-7 频谱的环状分布

(二)频谱的信息载荷

进行二维离散傅里叶变换之后,通常是全部低频分量聚集在频谱图的核心位置,同时高频分量分散在四周,表征了图像能量在不相同频率上的分布特征,与纹理特点关联得非常紧密。图 22-8 表示了一幅高分辨率遥感图像的频谱。低频信息对应的是图像的缓慢改变分量,如大面积地物的平滑灰度;当往外移动时,较高的频率开始对应图像中改变越来越快的灰度级,它们是地物的边缘和由灰度级的突变标志的图像区域。在频谱图中,如果频谱线显得非常亮,映射着原影像中最明显的边缘。

(a)原图像

(b)频谱图

图 22-8 高分辨率遥感全色图像的频谱图

(三)频谱的信息特点

在遥感图像的频谱图上,低频信息从频谱图的中心向四外散射,高频信息分布在频谱图的边缘位置,不同频谱包含的信息如表 22-1 所示。低频主要包含地物的色调(光谱)信息,中频主要包含地物的纹理信息,高频大部分为物体的边缘信息。在一幅图像里,中低频信息量较多,高频信息量较少,那么该图像纹理性较弱;反之,中低频成分量少,高频成分量多,则该图像纹理信息较为复杂。在一幅图像上,如果边缘的方向相同,会在频谱图上显示与边缘方向垂直的频谱线。例如,大面积的沙漠在图像中是一片灰度变化缓慢的区域,对应的频率值很低;而对于地表属性变换剧烈的边缘区域在图像中是一片灰度变化剧烈的区域,对应的频率值较高。

表 22-1 频谱主要包含信息

频谱	主要包含信息
直流中心	地物的反射率和亮度信息
低频	地物的色调(光谱)信息
中频	地物的纹理信息
高频	地物的结构(边缘)信息
谱线	地物的线性特征信息

实验二十三　遥感图像数学形态增强

一、目的与要求

了解图像数学形态增强的原理和方法,掌握数学形态处理的腐蚀、膨胀、开运算与闭运算变换的基本步骤和过程。结合实例运用数学形态增强进行处理,对比处理前后图像变化。

二、实验原理

数学形态学增强图像的方法是通过结构元素的"探针"收集图像的信息,当探针在图像中不断移动时,便可考察图像各个部分之间的相互关系,从而了解图像的结构特征。数学形态学的应用可以简化图像数据,保持它们基本的形状特性,并除去不相干的结构。

遥感图像数学形态增强主要运用二值图像或灰度图像,其基本运算有膨胀(或扩张)、腐蚀(或侵蚀)、开运算和闭运算,如表 23-1 所示。

表 23-1　数学形态学滤波

滤波类型	特点
膨胀(Dilate)	被用来在二值图像或灰度图像中填充比结构元素(变换核)小的孔,只能用于 unsigned byte、unsigned long-integer 和 unsigned integer 数据类型
腐蚀(Erode)	被用来在二值图像或灰阶图像中消除比结构元素(变换核)小的像元
开运算(Opening)	可以用于平滑图像边缘、打破狭窄峡部、消除孤立像元、锐化图像最大和最小值信息;先对图像进行腐蚀滤波,然后再利用相同的结构元素(变换核)进行膨胀滤波,可以达到与开运算滤波类似的效果
闭运算(Closing)	可以用于平滑图像边缘、融合窄缝和长而细的海湾、消除图像中的小孔、填充图像边缘的间隙;先对图像进行填充滤波,然后再用相同的结构元素(变换核)进行侵蚀滤波,可以达到与闭运算滤波类似的效果

基于这些基本运算可以组合成各种数学形态学实用算法,用它们可以进行图像形状和结构的分析及处理,包括图像分割、特征抽取、边缘检测、图像滤波、图像增强和恢复等。腐蚀和膨胀运算关系如图 23-1 所示。

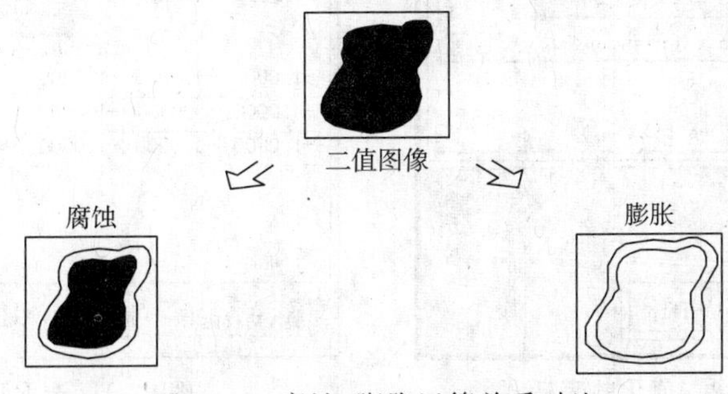

图 23-1　腐蚀、膨胀运算关系对比

三、图像处理流程

(一)图像准备

打开需要增强的图像文件。在主菜单中,选择“Filter”→“Convolutions and Morphology”命令,打开卷积滤波功能菜单,如图 23-2 所示。

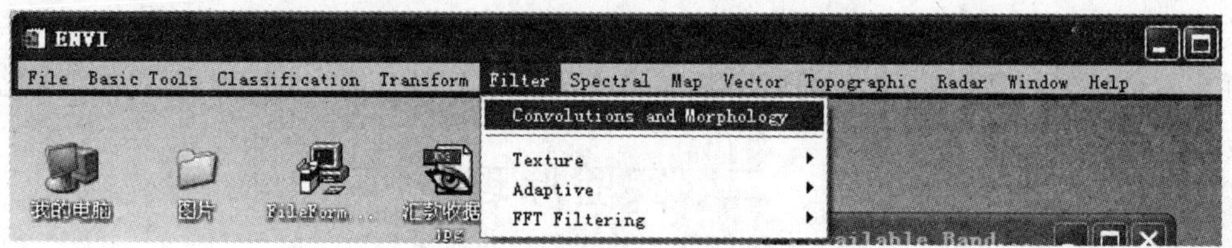

图 23-2 卷积滤波功能菜单

(二)图像二值化

如果图像是二值形态学的运算,则需要对原图像进行二值化处理。在导入图像后,单击鼠标右键,选择“Cursor Location/Value”,查看图像的灰度范围,然后在“Toolbox”中,单击“Basic Tools”→“Band Math”命令。根据需要选择临界值 a,编辑运算表达式,如将某一波段中灰度值大于等于 100 的像元设为 1,小于 100 的像元设为 0。需要在弹出窗口中输入表达式“b1 ge 100”,对图像进行二值化,如图 23-3 所示。

(三)选取形态类型

在“Convolution and Morphology Tool”窗口中,单击“Morphology”选项进入下拉菜单,选择形态滤波计算方法,如膨胀(或扩张)(“Erode”)、腐蚀(或侵蚀)(“Dilate”)、开运算(“Opening”)和闭运算(“Closing”),如图 23-4 所示。

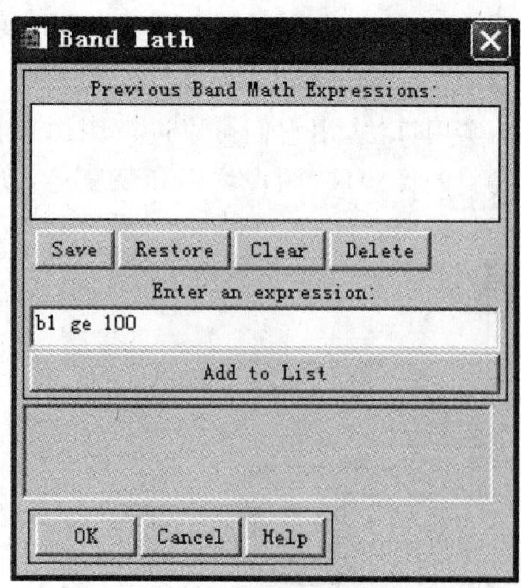

图 23-3 图像二值化的表达式

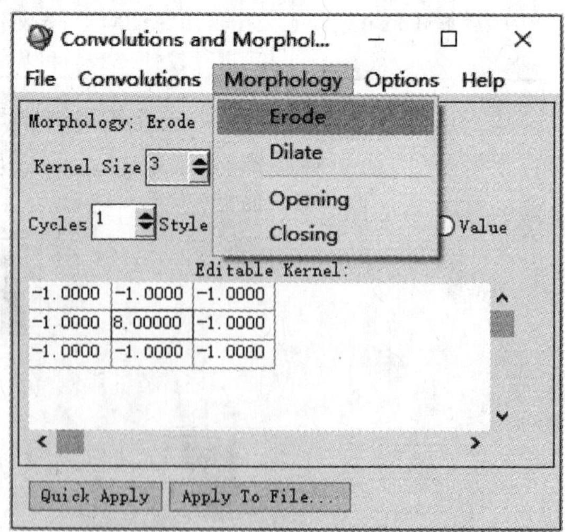

图 23-4 选取形态滤波命令

(四)编辑结构元素

选取形态滤波类型后,可以根据图像增强的目的,编辑需要的结构元素,如图 23-5 所示。数学形态学滤波的操作过程与卷积滤波基本一样,在“Convolutions and Morphology Tool”面板中,选择“Morphology”对应的滤波,需要设置以下三个参数:

(1)“Kernel Size”参数。“Kernel Size”参数是指卷积核大小,以基数来表示,如 3×3、5×5 等,有些卷积核不能改变大小,如 Sobel 滤波和 Roberts 滤波的卷积核。默认卷积核是正方形,如果需要使用非正方形,选择“Options”→“Square Kernel”。

(2)“Cycles”参数。“Cycles”参数是指滤波的重复次数。

(3)“Style”参数。“Style”参数是指滤波格式。滤波格式有“Binary”(二值)、“Gray”(灰阶)或“Value”。选择“Binary”,输出的像元呈黑色或白色;选择“Gray”,保留梯度;选择“Value”,表示允许对所选像元的变换核进行膨胀或腐蚀。

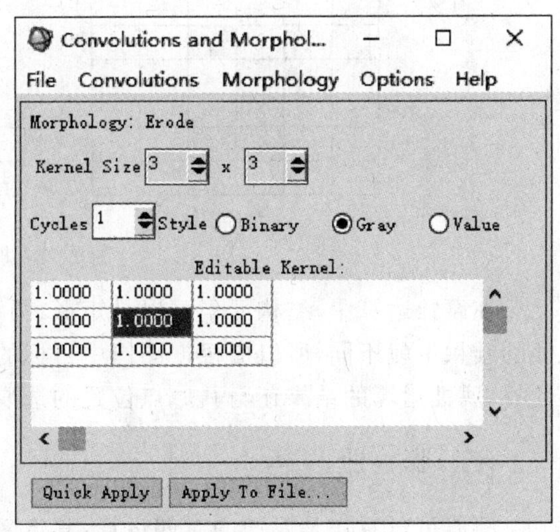

图 23-5 编辑结构元素

(五)应用保存

编辑结构元素并按照要求设置完选项后,单击“Quick Apply”,第一次单击此按钮会提示选择增强的波段,增强后的波段在“Display”中显示。如果要更改卷积增强的波段,选择“Options”→“Change Quick”→“Apply Input Band”进行更改,选择“File”→“Save Quick Result To File”可以保存增强结果。

四、知识拓展

二值形态学运算是数学形态学的基础,是一种针对图像集合的处理过程。在二值形态学中,被考察或被处理的二值图像称为目标图像,一般用集合 X 表示;用于收集信息的“探针”称为结构元素,一般用集合 B 表示。为了清晰地表示图像中物体与背景的区别,约定用“1”和灰色表示二值图像中的前景(物体)像元,用“0”和白色表示二值图像中的背景像元。

二值形态学的运算过程就是在图像中移动结构元素,将结构元素与其下面重叠部分的图形进行交、并等集合运算。为了确定图像中的参照位置,一般把进行形态学运算时结构元素的参考点称为原点,且原点可以选择在结构元素之中,也可以选择在结构元素之外。

(一)腐 蚀

腐蚀是最基本的一种数学形态学运算。腐蚀运算的含义是:每当在目标图像 X 中找到与结构元素 B 相同的子图像时,就把该子图像的原点位置标注为 1,图像 X 上标注出所有这样的像元组成的集合,即为腐蚀运算的结果,如图 23-6 与图 23-7 所示。

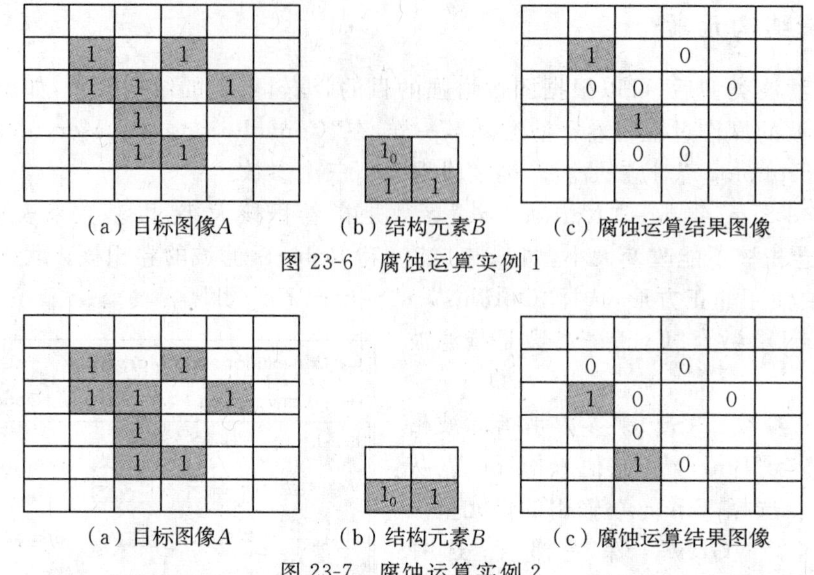

（a）目标图像A　（b）结构元素B　（c）腐蚀运算结果图像

图 23-6　腐蚀运算实例 1

（a）目标图像A　（b）结构元素B　（c）腐蚀运算结果图像

图 23-7　腐蚀运算实例 2

在腐蚀运算中，结构元素可以是矩形、圆形和菱形等各种形状。结构元素的形状不同，腐蚀的结果也就不同，所以应根据图像中目标的形状和腐蚀运算要达到的目的来选取结构元素。此外，腐蚀运算的结果还与其原点位置的选取有关，原点位置选取不同，腐蚀运算结果也不同。

（二）膨　胀

膨胀可以看作是腐蚀的对偶运算，其定义是：把结构元素 B 平移 a 后得到 Ba，若 Ba 击中 X，记下这个 a 点。所有满足上述条件的 a 点组成的集合称作 X 被 B 膨胀的结果。腐蚀可以看作是将图像 X 中每一个与结构元素 B 全等的子集 $B+x$ 收缩为点 x。反之，也可以将 X 中的每一个点 x 扩大为 $B+x$，这就是膨胀运算，如图 23-8 所示。

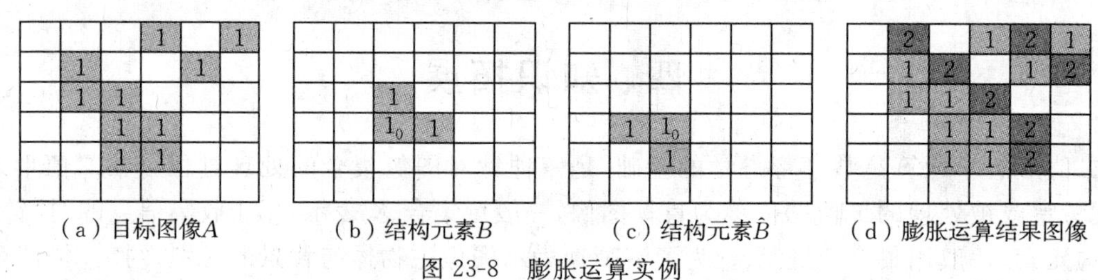

（a）目标图像A　（b）结构元素B　（c）结构元素$\hat{B}$　（d）膨胀运算结果图像

图 23-8　膨胀运算实例

（三）开运算

先腐蚀后膨胀称为开运算。对图像 X 及结构元素 B，用符号 $X \ominus B$ 表示 B 对图像 X 做开运算，如图 23-9 所示。

开运算是一个基于几何运算的滤波器，图像进行开运算后能够除去孤立的小点、毛刺和小桥，而总的位置和形状不变。另外，结构元素大小的不同将导致滤波效果的不同。不同结构元素的选择导致了不同的分割，即提取出不同的特征。

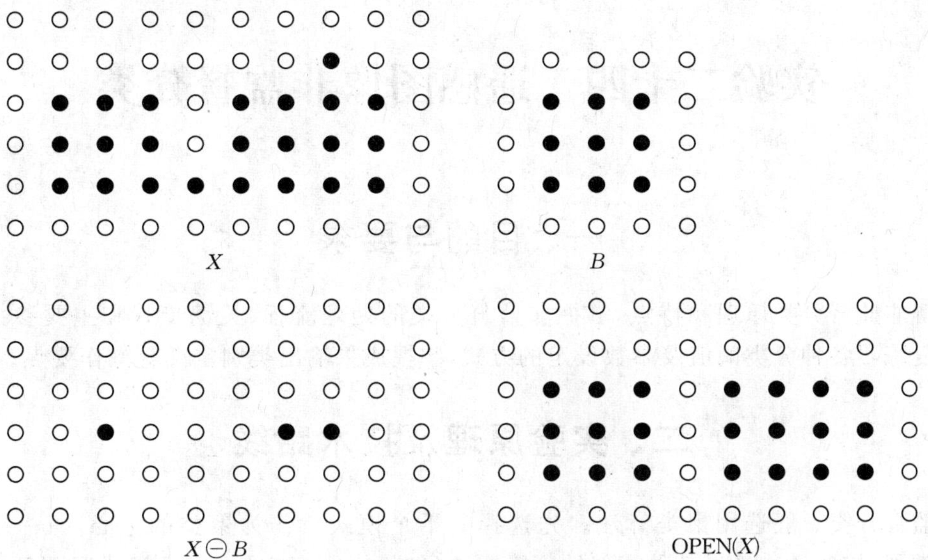

图 23-9 开运算实例

(四)闭运算

先膨胀后腐蚀称为闭运算。对图像 X 及结构元素 B,用符号 $X \oplus S$ 表示 B 对图像 X 做闭运算,如图 23-10 所示。

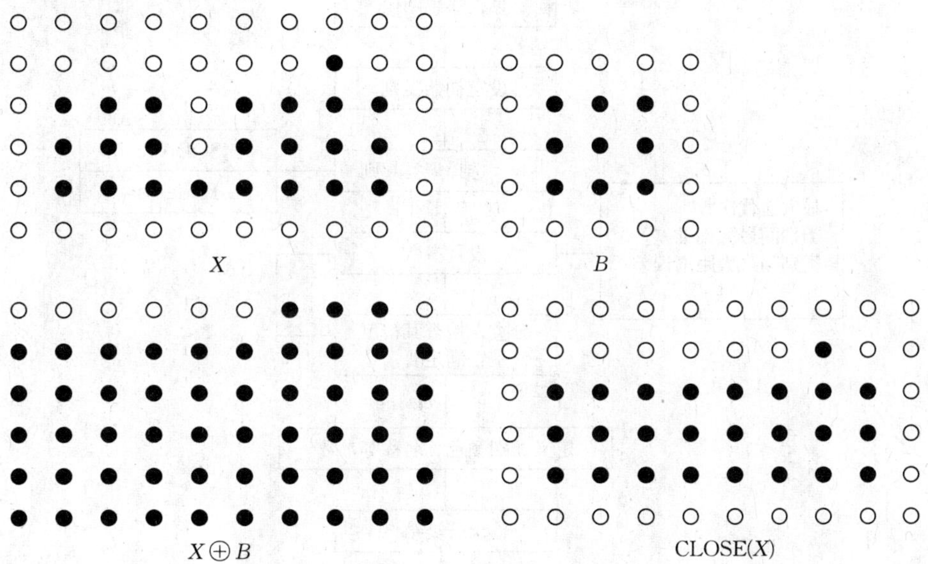

图 23-10 闭运算实例

闭运算是通过填充图像的凹角来对图像进行滤波的。图像进行闭运算后能够填平小湖(即小孔)、弥合小裂缝,而总的位置和形状不变。另外,结构元素大小的不同将导致滤波效果的不同。不同结构元素的选择导致了不同的分割,即提取出不同的特征。

实验二十四　遥感图像非监督分类

一、目的与要求

了解非监督分类原理和特点，掌握非监督分类的处理流程、关键步骤和主要参数设置方法。反复练习各种分类阈值及参数设定的方式，掌握成果输出类别定义等操作要点。

二、实验原理及技术路线

非监督分类一般选用聚类算法。先选择若干个模式点作为聚类的中心，每一个中心代表一个类别，按照地物光谱某种相似性度量方法（如最小距离方法）将各模式归于各聚类中心所代表的类别，形成初始分类。然后由聚类准则判断初始分类是否合理，如果不合理就修改分类，如此反复迭代运算，直到合理为止。

非监督分类的核心问题是初始类别的选定、迭代次数和识别阈值设定。遥感图像非监督分类流程如图 24-1 所示，包含确定初始类别参数、选择分类函数、分类处理等步骤。

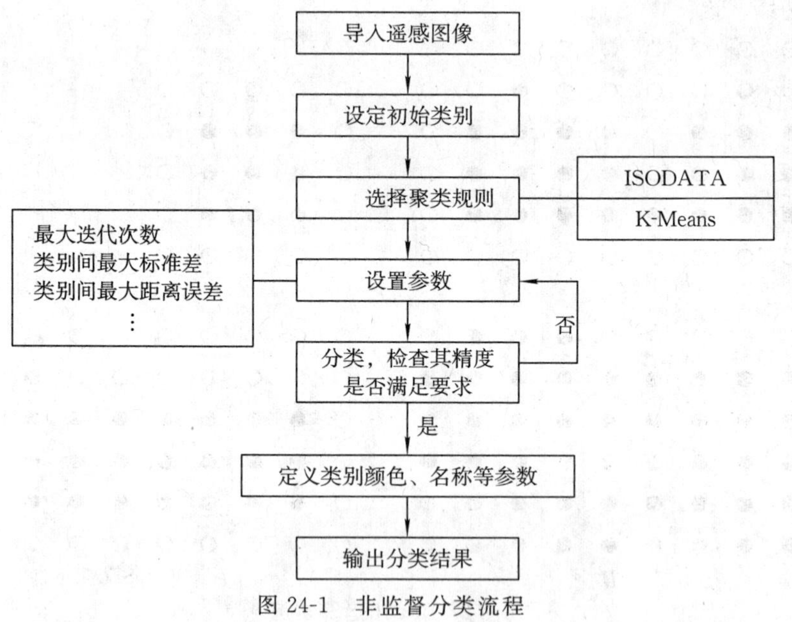

图 24-1　非监督分类流程

三、实验流程

ENVI 软件提供的非监督分类方法有 ISODATA 和 K-Means 两种，由于二者的参数设置不同，本书就两种分类方法分别进行介绍。

(一)ISODATA

在主菜单上,选择“Classification”→“Unsupervised”→“IsoData”,开始运用 ISODATA 方法进行非监督分类。在“Classification Input File”对话框中,选择要进行分类的图像文件“066-mul-caij”,单击“OK”。打开“ISODATA Parameters”对话框,依次设置其中的参数,如图 24-2 所示。

(1)类别数量范围(“Number of Classes:Min,Max”):一般输入最小数量不能小于最终分类数量,最大数量为最终分类数量的 2～3 倍。图 24-2 中,“Min”为 6,“Max”为 20。

(2)最大迭代次数(“Maximum Iterations”):迭代次数越大,得到的结果越精确,运算时间越长。图 24-2 中,该参数为 15。

(3)变换阈值(“Change Threshold”):当每一类的变化像元数小于阈值时,结束迭代过程。这个值越小得到的结果越精确,运算量也越大。图 24-2 中,该参数为 5。

(4)“Minimum #Pixel in Class”:键入形成一类所需的最小像元数。如果某一类中的像元数小于最小值像元数,该类将被删除,其中的像元将被归并到距离最近的类中。图 24-2 中,该参数为 1。

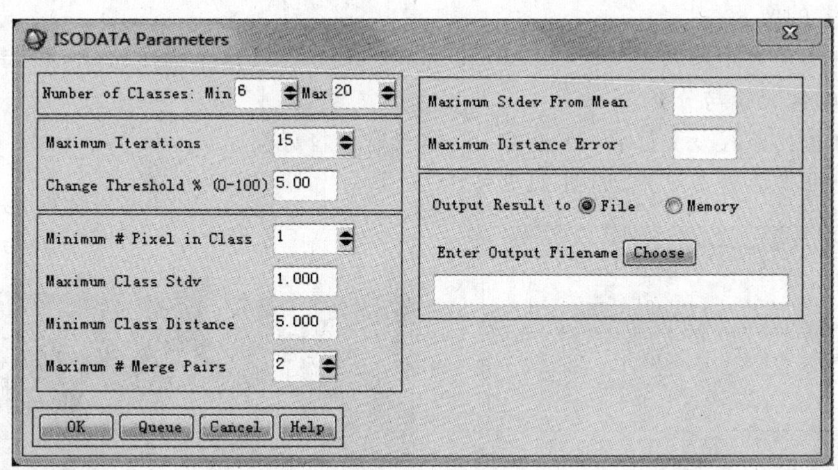

图 24-2　ISODATA 操作界面

(5)最大分类标准差(“Maximum Class Stdv”):以像元值为单位,如果某一类的标准差比该阈值大,该类将被拆分为两类。图 24-2 中,该参数为 1。

(6)类别均值之间的最小距离(“Maximum Class Distance”):以像元值为单位,如果类均值之间的距离小于输入的最小值,则类别将被合并。图 24-2 中,该参数为 5。

(7)合并类别最大值(“Maximum #Merge Pairs”):2。

(8)距离类别均值的最大标准差(“Maximum Stdev From Mean”):这个为可选项,筛选小于这个标准差的像元参与分类。

(9)允许的最大距离误差(“Maximum Distance Error”):这个为可选项,筛选小于这个最大距离误差的像元参与分类。

(10)选择输出路径及文件名,单击“OK”,执行非监督分类。

(11)输出非监督分类结果,如图 24-3 所示。

图 24-3 ISODATA 分类结果

(二)K-Means

在主菜单上，选择“Classification”→“Unsupervised”→“K-Means”，在“Classification Input File”对话框中，选择要进行分类的 GF-1 图像文件，单击“OK”。打开“K-Means Parameters”对话框，设置其中的参数，如图 24-4 所示。

(1)分类数量(“Number of Classes”)：一般为最终输出分类数量的 2～3 倍。图 24-4 中，该参数为 20。

(2)最大迭代次数(“Maximum Iterations”)：迭代次数越大，得到的结果越精确，运算时间也越长。图 24-4 中，该参数为 15。

(3)距离类别均值的最大标准差(“Maximum Stdev From Mean”)：这个为可选项，筛选小于这个标准差的像元参与分类。

(4)允许的最大距离误差(“Maximum Distance Error”)：这个为可选项，筛选小于这个最大距离误差的像元参与分类。

(5)选择输出路径及文件名，单击“OK”，执行非监督分类。

(6)输出非监督分类结果，如图 24-5 所示。

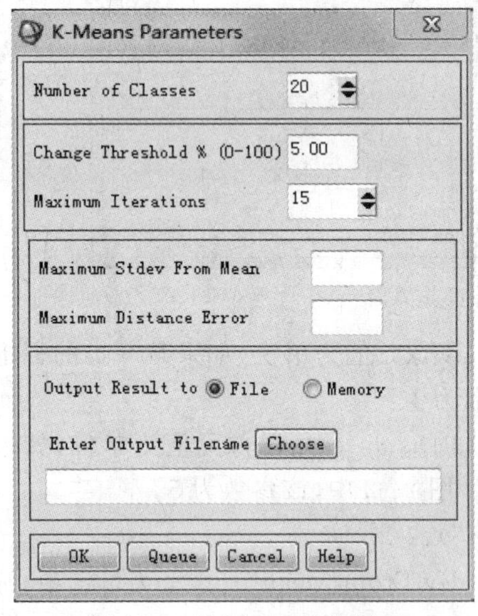

图 24-4 K-Means 操作界面

图 24-5 K-Means 分类结果

(三)类别定义

类别定义的依据可以通过更高分辨率图像上目视解译获得，也可以基于野外实地调查数据。类别定义的操作流程如下：

(1)打开目视解译底图并在视窗中显示。

(2)打开非监督分类结果并在视窗中显示。

(3)判别各种类别名称。在图层管理器("Layer Manager")中,在"Classes"上右键选择"Hide All Classes"菜单,之后勾选"Class1",则只显示一个分类类别,通过目视解译各种类别的名称,如图 24-6 所示。

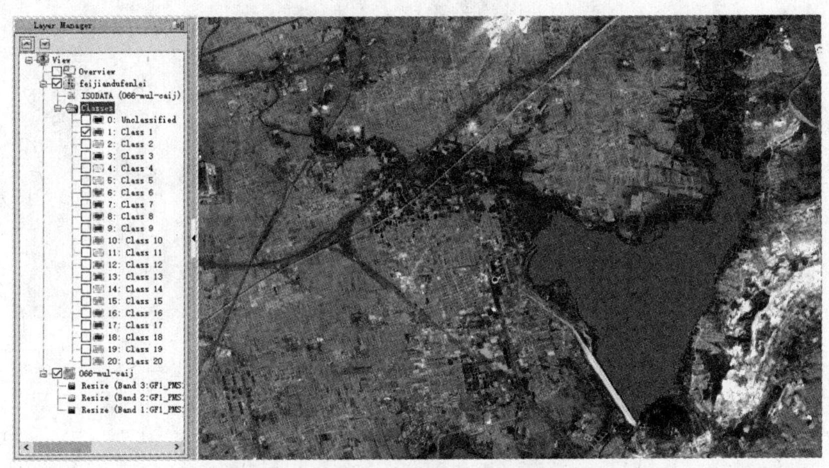

图 24-6　目视解译各种类别名称

(4)打开非监督分类结果。在"Toolbox"中双击"Raster Management/Edit Header"工具,在文件输入对话框中选择非监督分类结果文件。

(5)编辑分类名称和颜色。在"Header Info"面板中选择"Edit Attributes"→"Classification Info",单击"OK",打开"Class Color Map Editing"面板,如图 24-7 所示。在"Class Color Map Editing"面板中,选择对应的类别,在"Class Name"中输入重新定义的类别名称,同时修改显示颜色。

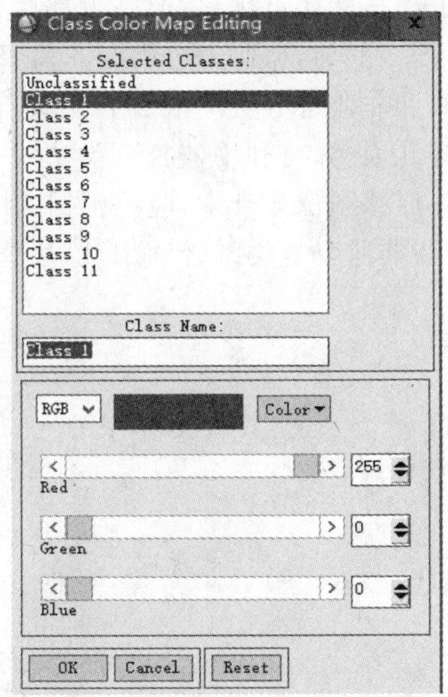

图 24-7　编辑分类名称和颜色

(6)重复步骤(3)至步骤(5),依次完成其他类别定义,结果如图 24-8 所示。

图 24-8 类别定义结果

四、知识拓展

遥感图像上的同类地物在相同的表面特征结构、植被覆盖、光照等条件下,一般具有相同或者相近的光谱特征,从而表现出某种内在的相似性,归属于同一个光谱空间区域;不同的地物,光谱信息特征不同,归属于不同的光谱空间区域。非监督分类方法就是据此发展起来的一类图像分类方法,分类过程不施加任何先验知识,仅凭据遥感图像地物光谱特征的分布规律,利用自然聚类特性"物以类聚"进行图像分类。其分类的结果只是对不同类别达到了区分,并不能确定类别的属性。

传统的监督分类和非监督分类虽然各有优势,但是也都存在一定的不足。新理论、新方法的引入,为遥感图像分类提供了广阔的前景,监督分类和非监督分类混合使用可以在一定程度上提高分类精度。利用监督分类和非监督分类的混合方法进行分类时,可以首先采用非监督分类法将遥感图像概略地划分为几大类,再利用监督分类法对第一步已分出的各大类进行细分,直到满足要求为止。因此,在遥感图像分类中,应该根据实际分类需要,合理科学地运用这两种分类方法,甚至将监督分类与非监督分类结合使用,以达到所需分类精度。

实验二十五　遥感图像监督分类

一、目的与要求

了解监督分类方法基本原理，掌握遥感图像监督分类基本步骤和操作要点。练习监督分类方法的阈值及参数设置方法，以TM、高分一号遥感图像为例，练习监督分类。

二、实验原理及技术路线

(一)监督分类方法

常用的监督分类方法有最大似然法、最小距离法和平行管道法等(表25-1)。

表25-1　监督分类方法对比

分类方法	优点	缺点
平行管道法	快捷简单，可快速缩小分类数，节省了大量的处理时间	像元在光谱意义上与模板的平均值相差很远也会被分类
最小距离法	不存在不分类的像元，节省了计算机运算	某些不应该分类的像元被分类，差异很大像元可能被误分
最大似然法	监督分类中较准确的分类器	要求输入波段需要符合正态分布，易于对样本分类过头

(1)最大似然法。最大似然法是图像处理中最常用的一种监督分类方法。它利用了遥感数据的统计特征，假定各类的分布函数为正态分布，按正态分布规律用最大似然判别规则进行判决。

(2)最小距离法。最小距离法是基于距离判别函数和判别规则的分类方法。距离判别函数的建立是以地物光谱特征在特征空间中按集群方式分布为前提的，它的基本思想是设法计算未知矢量 $\boldsymbol{X}$ 到有关类别集群之间的距离，哪类矢量距离它最近，该未知矢量就属于哪类。

(3)平行管道法。平行管道法是以地物的光谱特性曲线为基础，将同类地物的光谱特性曲线相似作为判别的标准。设置一个相似阈值，同类地物在特征空间上表现为以光谱特性曲线为中心，以相似阈值为半径的管子，此即所谓的“平行管道”。

(二)监督分类过程

监督分类又称为训练分类，即选择具有代表已知类型的训练样本，用已知地面各类地物样本的光谱特征来“训练”计算机，确定识别各类地物的判别函数，或形成识别各类地物的模式(如均值、方差、判别域等)，并以此来对待分遥感图像的像元进行模式识别，将待分像元分别归入一直具有最大相似度的类别中，从而完成遥感图像的计算机分类。监督分类流程如图25-1所示。

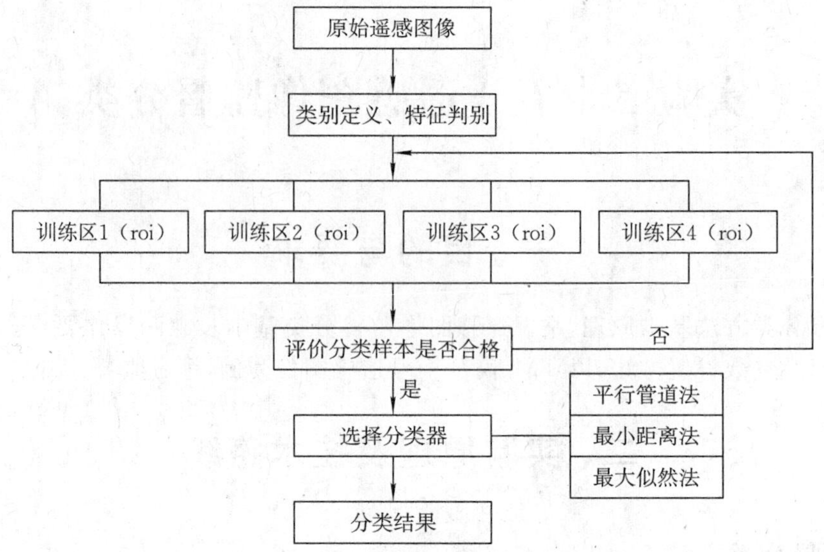

图 25-1　遥感图像监督分类技术流程

三、图像处理流程

(一)打开数据图像

打开准备好的高分图像，选择 Band3、Band2、Band1 进行彩色合成，显示在“Display”中。通过图像分析，定义六类地物样本为耕地、水体、村落、矿山、池塘、其他等。

(二)采集样本建立感兴趣区

1. 打开“ROI Tool”对话框

应用“ROI Tool”创建感兴趣区是从 RGB 彩色图像上获取感兴趣区来定义训练样本，在实际生产中采用一种或者两种相结合的方法定义训练样本。在主图像窗口中，选择“Overlay”→“Region of Interest”，打开“ROI Tool”对话框，如图 25-2 所示。

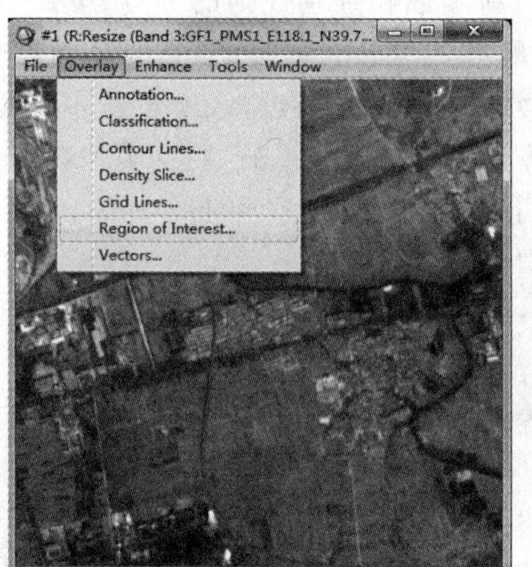

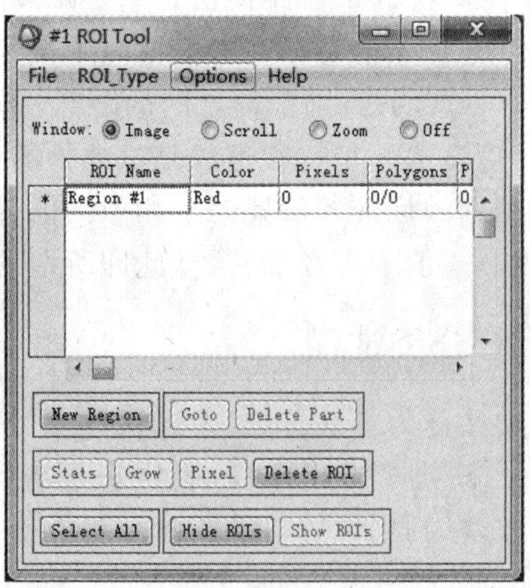

图 25-2　建立感兴趣区

2. **感兴趣区参数设置与绘制**

在“ROI Tool”对话框中，单击“New Region”，新建一个训练样本种类。其中，对话框中有几个参数可以编辑设置，如图 25-3 所示。

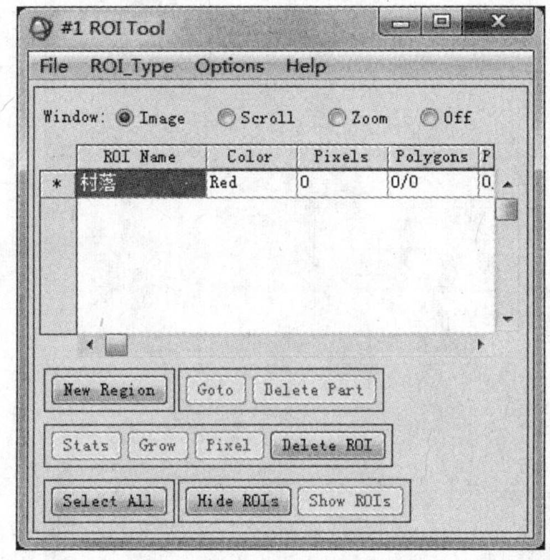

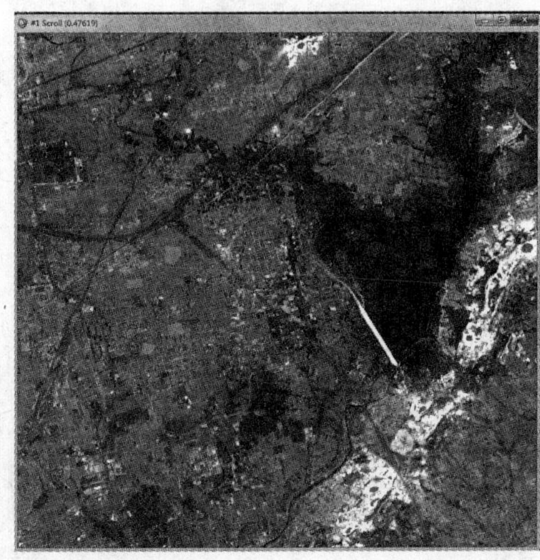

图 25-3　感兴趣区参数设置与编辑

(1)“ROI Name”字段：输入样本的名称(支持中文字符)，回车确定样本名称。

(2)“Color”字段：设置感兴趣显示色彩，单击右键选择一种颜色。

(3)“ROI-Type”字段：绘制感兴趣区形状，如选“Polygon”，则绘制的感兴趣区为多边形。

(4)“Window”选项：设置绘制感兴趣区窗口，如选择“Image”，则在主图像窗口中绘制多边形感兴趣区。

(5)绘制感兴趣区：绘制感兴趣区即采集样本，同一类别可以选取多个样本，即在图上绘制几个感兴趣区，数量根据图像的大小及复杂程度来确定，要求所选感兴趣区包括该类别图像的特征区域。

(三)评价训练样本

ENVI 软件使用“Compute ROI Separability”(计算感兴趣区可分离性)工具来计算任意类别间的统计距离，这个距离用于确定两个类别间的差异性程度。类别间的统计距离用于确定两个类别间的差异性程度，基于 Jeffries-Matusita 距离和转换分离度(transformed divergence)，来衡量训练样本的可分离性。

在“ROI Tool”对话框中，选择“Options”→“Compute ROI Separability”。在文件选择对话框中，选择输入图像文件，单击“OK”，如图 25-4 所示。

在“ROI Separability Calculation”对话框中，单击“Select All Items”，选择所有感兴趣区用于可分离性计算，单击“OK”，可分离性将被计算并显示在窗口中，如图 25-5 所示。

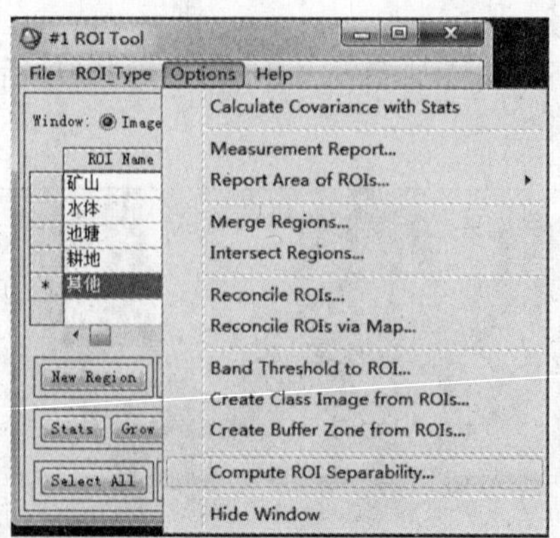

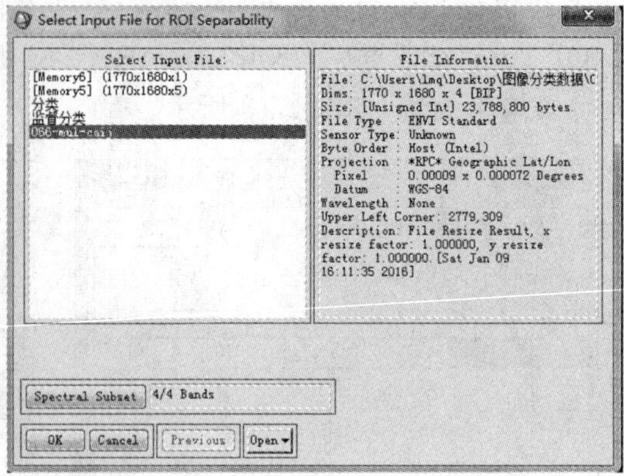

图 25-4 训练样本评价

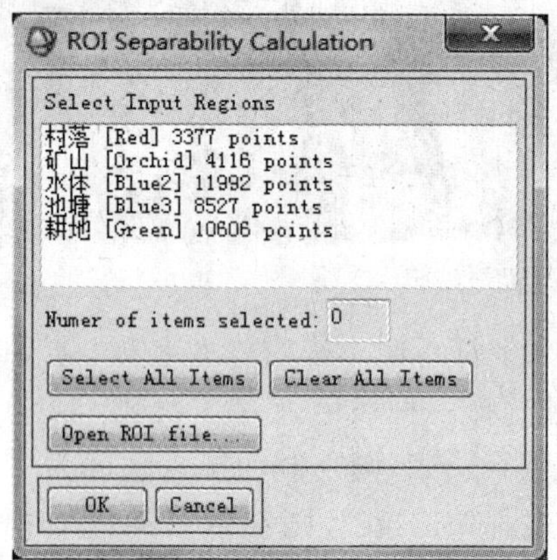

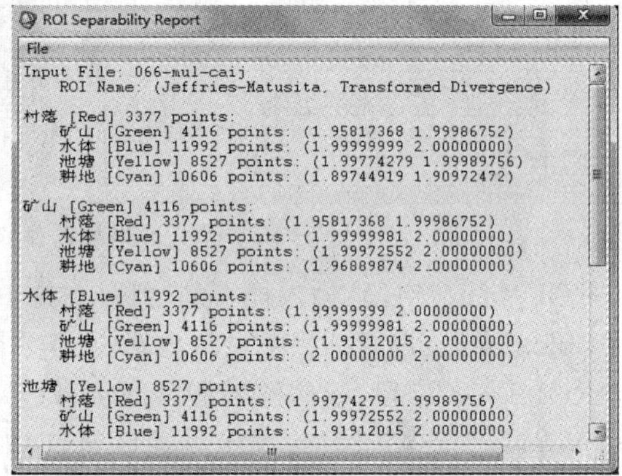

图 25-5 训练样本评价结果

(四)执行监督分类

在主菜单中，选择“Classification”→“Supervised”→“Minimum Distance”，弹出“Classification Input File”对话框，在文件输入栏（“Select Input File”）选择待分类的高分影像，单击“OK”，打开“Minimum Distance Parameters”参数设置对话框，如图 25-6 所示。

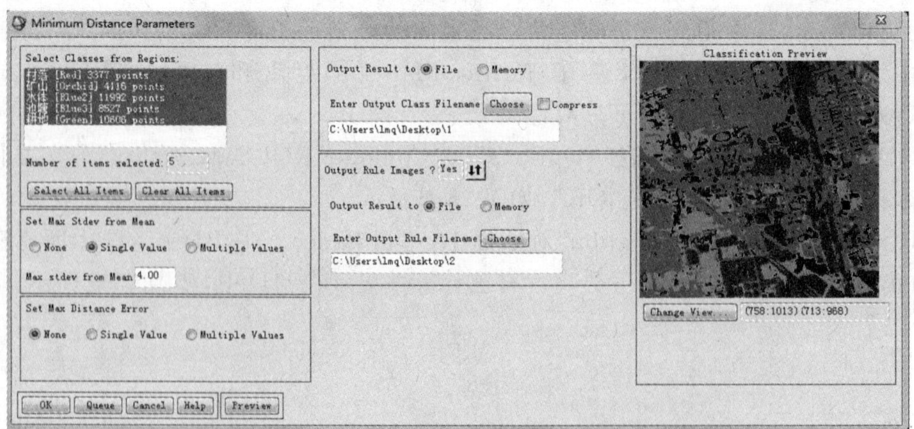

图 25-6 “Minimum Distance Parameters”分类对话框

(1)“Select Classes from Regions”:选择训练样本。单击“Select All Item”,选择全部的训练样本。

(2)“Set Max Stdev from Mean”:设置标准差阈值。有三种类型:①“None”,不设置标准差阈值;②“Single Value”,为所有类别设置一个标准差阈值;③“Multiple Values”,为每一个类别设置一个标准差阈值。本例选择“Single Value”,值为 4。阈值的大小应该由分类效果决定,设置值参考已知数据或者多次实验验证得到最佳值。

(3)“Set Max Distance Error”:设置最大距离误差。以“DN”值方式输入一个值,距离大于该值的像元不被分入该类(如果不满足所有类别的最大差距误差,就被归为未分类)。有三种类型,这里选择“None”。

(五)分类结果输出

单击“Preview”,可以在右边窗口中预览分类结果,单击“Change View”可以改变预览区域。选择分类结果的输入路径和文件名后,设置“Out Rule Image”为“Yes”;选择规则图像输出路径和文件名后,单击“OK”,执行分类,分类效果如图 25-7 所示。

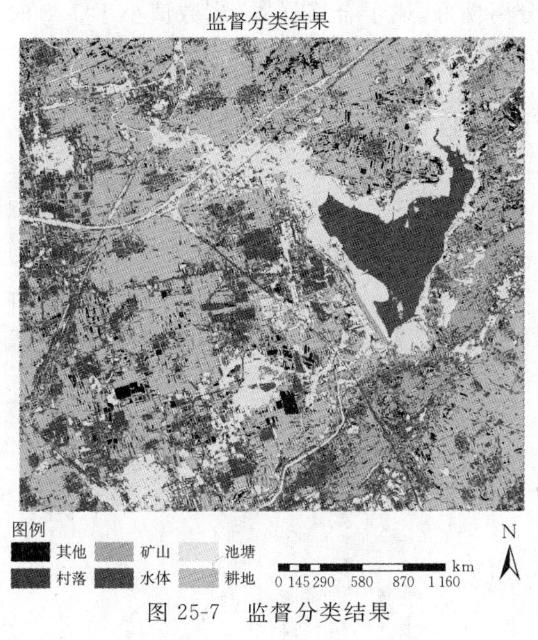

图 25-7　监督分类结果

四、知识拓展

(一)感兴趣区选取

由于图像中间同一类别的光谱差异,要求选取训练样本具有很好的代表性,从数量和分布上都应遵守以下原则:

(1) 感兴趣区形状的选择。点样本用于单个像元;线样本用于直线或折线,主要是线形地物,如较窄的河流或道路;面样本用于连续的分布区,如大面积的水体、绿地、城镇。默认感兴趣区绘制类型为多边形，在图像上辨别林地区域并单击鼠标左键开始绘制，结束后双击鼠标左键或者单击鼠标右键选择“Complete and Accept Polygon”，完成绘制。

(2)感兴趣区选择要求。训练场地所包含的样本在种类上要与待分区域的类别一致；训练样本应在各类目标地物面积较大的中心选取，这样才有代表性；训练样本尽量均匀分布在整个图像上。

(3)样本个数。训练样本的数目应能够提供各类足够的信息和克服各种偶然因素的影响。基本的统计要求是 n 维特征需要 $n+1$ 个样本个体，实际中每一类别的样本容量一般在 10^2 数量级。

(二)类别确定

类别个数应根据应用目的和区域，有选择地确定。为了避免同一类别重复设定或区别一些不必要的类别，可以通过样本评价指标，评价是否被精确分类。样本评价指标表示各个样本类型之间的可分离性，用“Jeffries-Matusita”“Transformed Divergence”参数表示，这两个参数的取值范围为 0～2.0。当“Jeffries-Matusita”“Transformed Divergence”参数数值大于 1.9 时，说明样本之间可分离性好，属于合格样本；当数值小于 1.8 时，需要编辑样本或者重新选择样本；当数值小于 1 时，考虑将两类样本合成一类样本。

实验二十六　遥感图像决策树分类

一、目的与要求

了解决策树分类方法及分类规则定义的方式，掌握 ENVI 软件中“Decision Tree”的使用方法和操作过程，练习 GF-1 卫星数字遥感图像的决策树分类。

二、实验原理与技术路线

决策树分类是基于遥感图像数据及其他空间数据，通过数学统计和归纳方法等建立分类规则，根据规则识别进行分类的一种方法。这种分类方法最大的特点是利用了多源数据，需要结合多源数据特征进行综合判断。

决策树分类首先需要建立不同尺度的分类层次，形成分类体系。分类体系实际上就是一棵决策树，分类体系中的每一种类型都有各自的特征描述。在每一层上分别定义对象的光谱特征（包括均值、方差、灰度比值）、形状特征（包括面积、长度、边界长度、长宽比、形状因子、密度、主方向、对称性、位置）、纹理特征（包括对象方差、面积、密度、对称性、主方向的均值和方差等）和相邻关系特征，通过定义多种特征并指定不同权重，给出每个对象隶属于某一类的概率，建立分类标准，并按照最大概率原则，产生确定分类结果。

总体上，过程包括定义分类原则、构建决策树、执行决策树、评价分类结果，如图 26-1 所示。

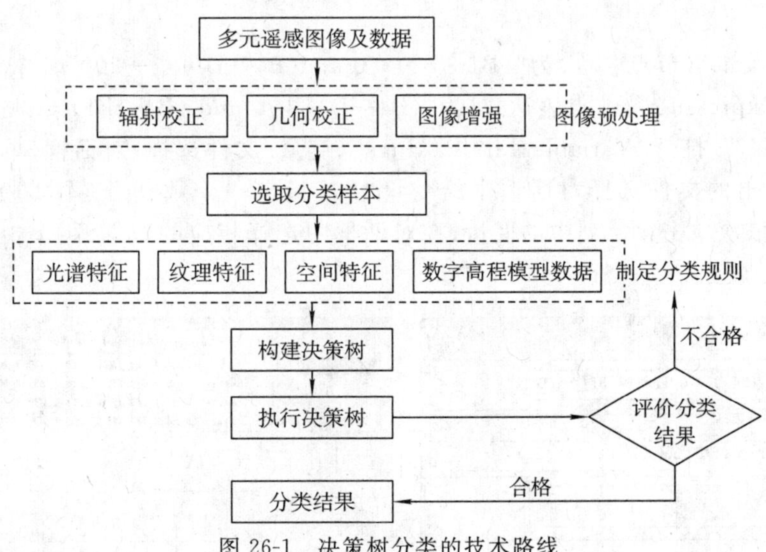

图 26-1　决策树分类的技术路线

三、图像处理流程

（一）打开图像和数据

打开待分类数据 2095_gs_small. dat，单击“File”→“Open”，选择待分类图像。

（二）新建决策树

选择决策树分类工具，打开“Toolbox”→“Classification”→“Decision Tree”→“New Decision Tree”，如图 26-2 所示，默认显示了一个节点。

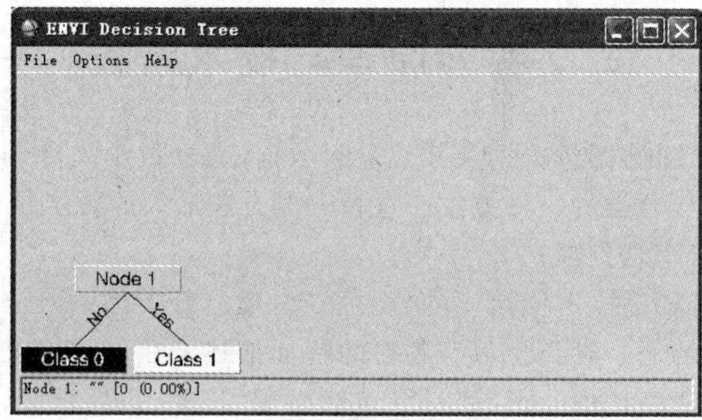

图 26-2　新建决策树默认界面

（三）设置决策树规则

决策树的规则需依据遥感图像的光谱特点划分，并依据光谱特性依次设置节点分类规则。

（1）单击“Node 1”图标，打开“Edit Decision Properties”（节点属性编辑窗口），如图 26-3 所示。

（2）填写“Name”（节点名称）为“(B4－B3)<0 and(B4－B1)<－200”。

（3）填写“Expression”（节点表达式）为“(B4－B3) lt 0 and (B4－B1) gt －200”。

（4）单击“OK”，打开“Variable/File Pairings”（变量/文件选择）对话框，单击第一列中的变量“B4”，在弹出的文件选择对话框中给变量“B4”指定一个数据源（本实验为波段 4），如图 26-3 所示。依次单击第一列中的变量，在对话框中选择相应的数据源，单击“OK”，第一层节点规则设置完成。

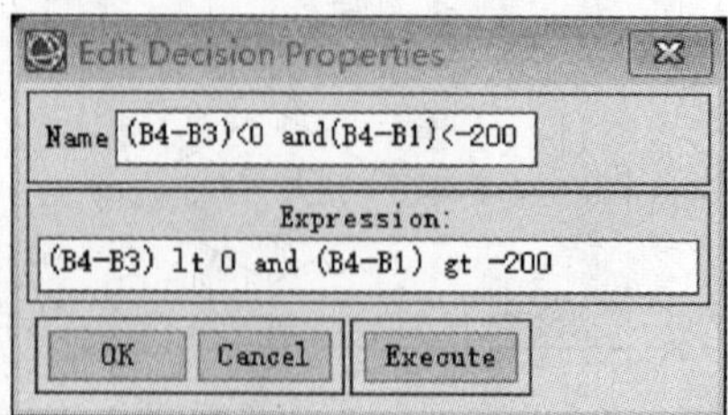

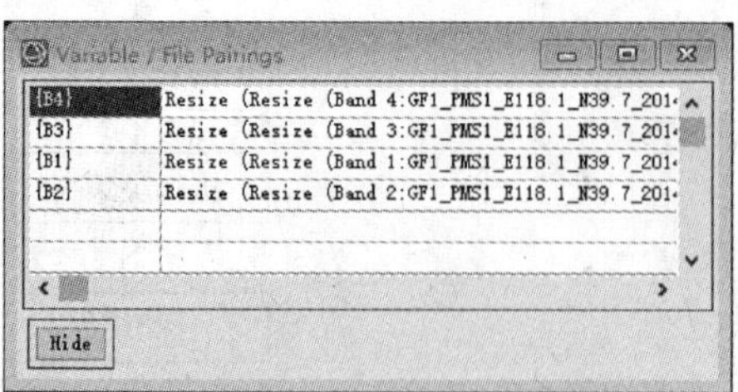

图 26-3　决策树节点规则的设置

(5)根据“(B4－B3)＜0”和“(B4－B1)＜－200”成立与否，第一层节点数据被分为水体和非水体两类，如果不需要进一步分类的话，这幅图像就会被分成两类：“Class 0”和“Class 1”。若满足规则“(B4－B3)＜0”和“(B4－B1)＜－200”，则输出为“Class 1”(水体)；反之，则输出为“Class 0”(非水体)。

(6)编辑类别属性。右击“Class 1”，在弹出的窗口中选择“Edit Properties”，打开“Edit Class Properties”窗口。将“Name”设置为“Water”，颜色设置为“Blue”，单击“OK”，完成类别属性设置。

(7)依据需求继续添加第二层节点。在“Class 0”图标上右击，选择“Add Children”，将不满足规则“(B4－B3)＜0”和“(B4－B1)＜－200”的一类进一步细分为两类。ENVI 软件自动地在“Class 0”下创建两个新类“Class 2”和“Class 3”，如图 26-4 所示。参考步骤(1)至步骤(4)完成新的节点属性设置，新节点名称为“(B4－B3)/(λ4－λ3)＞4000”，节点表达式为“(B4－B3)/0.13 gt 4000”，将“Class 3”类别名称和颜色分别设置为“Green”和“Vegetation”。

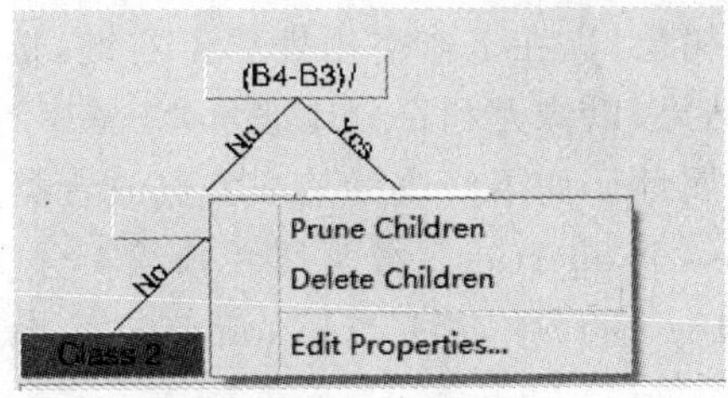

图 26-4　添加树节点

(8)依据上述步骤将所有规则输入，最后结果如图 26-5 所示。

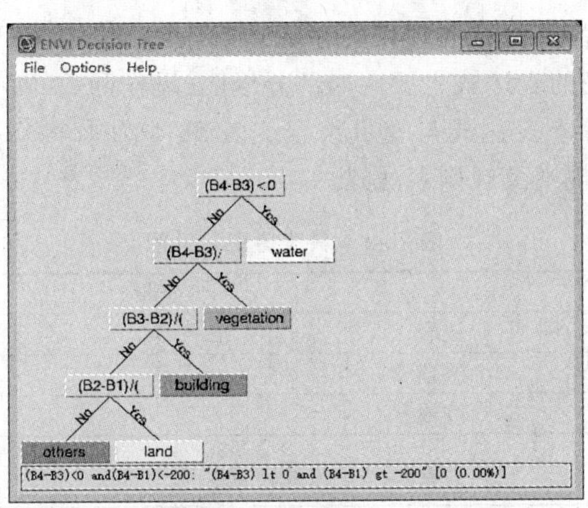

图 26-5　决策树输入

(四)决策树执行

在“ENVI Decision Tree”窗口中，选择“Options”→“Execute”，执行决策树。打开“Decision Tree Execution Parameters”对话框，设置输出路径，单击“OK”执行决策树，如图 26-6 所示。

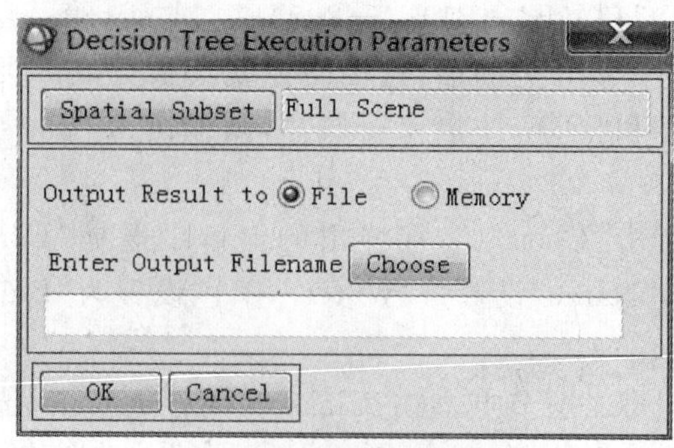

图 26-6 决策树执行

(五)决策树修改

当对分类的结果不满意时,可以修改决策树后重新执行决策树。修改决策树流程如下:

(1)查看节点。回到决策树窗口,在工作空白处单击右键,选择“Zoom In”,可以看到每一个节点或者类别相应的统计结果(以像元和百分比表示)。

(2)编辑节点或者类别的属性。如果修改了某一节点或者类别的属性,可以单击节点或者末端类别图标,打开“Edit Class Properties”(分类属性),编辑分类名、分类值和分类颜色。

(3)在“ENVI Decision Tree”窗口中,选择“Options”→“Execute”,重新运行修改部分的决策树。

(六)决策树分类示例

在创建决策树之前,需要将分类规则转化成规则表达式。ENVI 软件中分类规则由变量和运算符组成。一个规则的表达式主要由四部分组成:操作函数、变量、数字常量、数据结构转换函数。规则描述可以等于表达式与变量组合。表 26-1 为本实验决策树变量说明,表 26-2 为本实验类别名称、分类规则及规则表达式。

表 26-1 决策树变量说明

变量	作用	变量	作用
B1	波段 1	B4	波段 4
B2	波段 2	λ	波长
B3	波段 3		

表 26-2 决策树分类规则

类别名称	分类规则	规则表达式
水体	(B4－B3)<0 and(B4－B1)<－200	(B4－B3) lt 0 and (B4－B1) lt －200
植被	(B4－B3)/(λ4－λ3)>4000	(B4－B3)/0.13 gt 4000
建筑	(B3－B2)/(λ3－λ2)>4000	(B3－B2)/0.104 gt 4000
裸地	(B2－B1)/(λ2－λ1)>1500	(B2－B1)/0.074 gt 1500
其他	(B2－B1)/(λ2－λ1)<1500	(B2－B1)/0.074 lt 1500

表 26-2 中的决策树执行后分类结果如图 26-7 所示,后期根据分类识别精度需要反复调整规则阈值,直至满足要求为止。

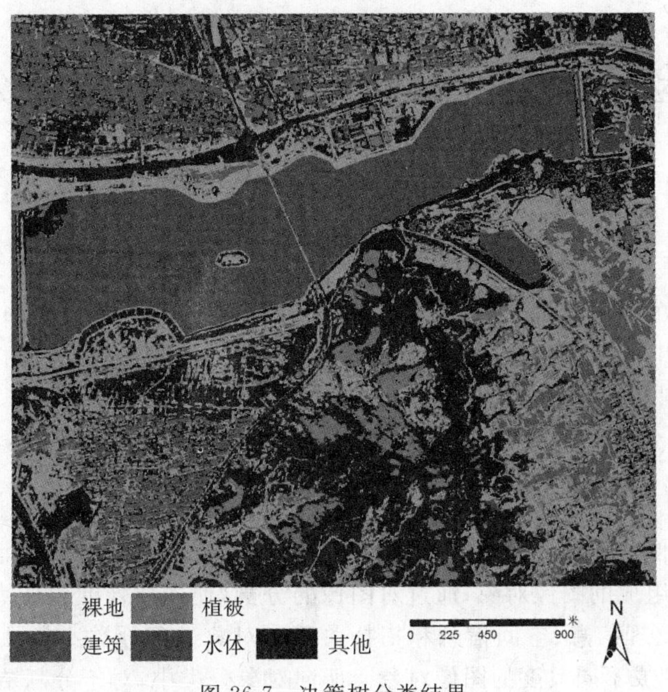

图 26-7　决策树分类结果

四、知识拓展

自 20 世纪 60 年代以来，决策树方法在分类、预测、规则提取等领域有着广泛应用，特别是在 Quilan 提出 ID3 算法以后，在机器学习、知识发现领域得到了进一步应用及发展。决策树方法是一种从无次序、无规则的样本数据集中推理出决策树表示形式的分类规则方法，其树状图能反映人们思考、预测、决策的全过程。它采用自顶向下的递归方式，在决策树的内部节点进行属性值的比较，并根据不同的属性值判断从该节点向下的分支，在决策树的叶节点得到结论。因此，从根节点到叶节点的一条路径就对应着一条规则，整棵决策树就对应着一组表达式规则。

分类决策树模型是一种对实例进行分类的树形结构，由节点和有向边组成。节点有内部节点和叶节点两种类型。内部节点表示一个特征或属性，叶节点表示一个类。用决策树分类，从根节点开始，对实例的某一特征进行测试，根据测试结果，将实例分配到其子节点；这时，每一个子节点对应着该特征的一个取值。如此递归地对实例进行测试并分配，直到达到叶节点，最后将实例分到叶节点的类中。决策树学习算法是以实例为基础的归纳学习算法，本质上是从训练数据集中归纳一组分类规则。与训练数据集不相矛盾的决策树可能有多个，也可能一个也没有。

实验二十七　面向对象的遥感图像分类

一、目的与要求

了解面向对象的图像分类方法的特点，掌握遥感图像对象分割方法和影响因素及分类技术流程。使用高分一号遥感图像进行面向对象实验分析，能够正确设置图像分割过程中参数因子，建立分类规则等。

二、面向对象的图像分类方法

面向对象的图像分类方法提取信息时，处理的最小单元不再是像元，而是含有更多语义信息的多个相邻像元组成的图像对象，通过对图像的分割，使同质像元组成大小不同的对象，然后根据光谱信息、纹理信息、空间信息和拓扑关系对对象进行分类。多尺度图像分割完成之后，整幅图像被分割成不同尺度的图像对象。面向对象分类中，对于分割结果的分类有两种方法，一种是最邻近分类方法，另一种是决策支持的模糊分类方法。

(一)最邻近分类

最邻近分类方法利用给定类别的样本在特征空间中对图像对象进行分类，如图 27-1 所示。每一类都定义样本和特征空间，特征空间可以组合任意的特征。初始的时候，选用较少的样本进行分类，如果出现错分的情况，就增加错分类别的样本，再次进行分类，不断优化分类结果，直至分类结束。

(二)决策支持的模糊分类

模糊分类方法运用继承机制、模糊逻辑概念和方法及语义模型，建立用于分类的决策知识库，如图 27-2 所示。面向对象影像分析中的分类体系实际上就是一棵决策树，分类体系中的每一种类型都有各自的特征描述。

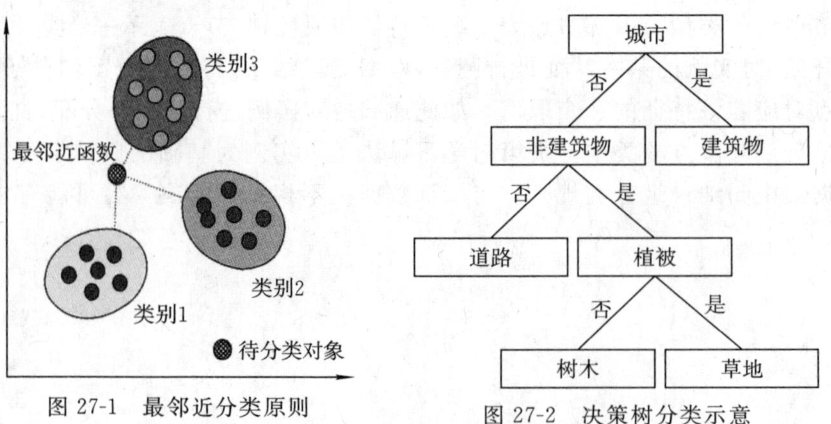

图 27-1　最邻近分类原则

图 27-2　决策树分类示意

三、实验的技术流程

面向对象的分类过程需要完成图像分割、分类体系确立、分类特征提取、分类规则确定等环节，如图 27-3 所示。

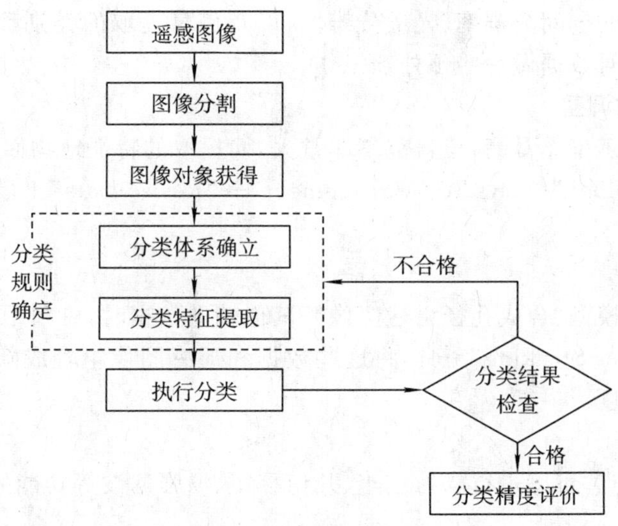

图 27-3　面向对象信息提取流程

（一）图像分割

图像分割的目的是把一幅图像分割成与实地对象相对应的不同对象。图像分割是同时利用图像的光谱信息（像元的特征向量）和空间信息（大小、形状及邻近的像元等）在图像上识别和划分出合适的片段网，产生初级的图像对象。

（二）分类体系确立

面向对象的分类方法在分割后的图像上提取地类的特征信息，创建类的成员函数，进行类别信息的提取。充分利用高分辨率的全色和多光谱数据具有的丰富的纹理、光谱和空间信息，对地物目标的属性特征、地物定位信息及内部差异、地表细节进行分类，建立分类体系。

（三）分类特征提取

分类特征主要包括对象的色彩、形状、纹理、继承性等元素，每个图像对象均可计算其包含像元的光谱信息、多边形的形状、纹理、位置等信息，以及多边形之间的拓扑关系信息等。

（四）分类规则确定

各个层次分类的规则是根据对象的光谱特征、几何特征和拓扑特征来定义的。层内子类与父类的继承规则是子类首先继承其父类的规则，然后才将其特有的光谱特征、几何特征和拓扑特征等作为规则。

四、图像处理流程

(一)准备工作

分析遥感数据源的空间分辨率、光谱分辨率，以及信息提取的类别等指标后，根据数据源和信息特征有选择地对数据做一些预处理工作。

1. 空间分辨率的调整

如果数据空间分辨率非常高，覆盖范围非常大，而提取的特征地物面积较大(如云、大片林地等)，可以利用“Toolbox”→“Raster Management”→“Resize Data”工具降低分辨率，以提高精度和运算速度。

2. 多源数据组合

如果有数字高程模型、合成孔径雷达图像等其他辅助数据时，可利用“Toolbox”→“Raster Management”→“Layer Stacking”工具，将这些数据和遥感图像组合成新的多波段数据文件，可以提高信息提取精度。

3. 图像预处理

根据遥感数据特点，可以进行辐射校正、几何校正、增强滤波等功能的预处理，提高对象识别与规则生成的精度。

(二)发现对象

1. 启动“Rule Based FX”工具

在“Toolbox”中，选择“Feature Extraction”→“Rule Based Feature Extraction Workflow”，打开工作流面板，如图 27-4 所示。

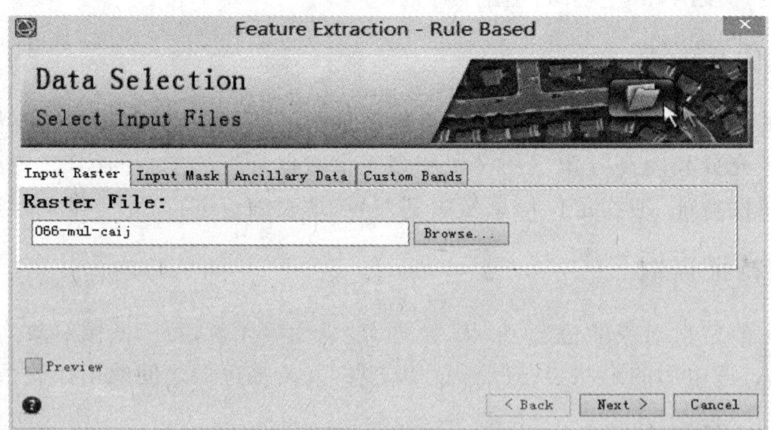

图 27-4 工作流面板

在“Input Raster”面板选择待分类的图像——066-mul-caij. dat 文件，如图 27-4 所示。此外还有“Input Mask”“Ancillary Data”“Custom Bands”三个面板可切换(表 27-1)，在“Custom Bands”面板中可以输入归一化植被指数或者波段比值、HSI 颜色空间等辅助波段，可以提高图像分割精度。

表 27-1　输入数据切换面板

序号	面板名称	输入文件类型
1	“Input Mask”面板	输入掩模文件
2	“Ancillary Data”面板	输入其他多源数据文件
3	“Custom Bands”面板	输入两个自定义波段

2. 图像分割、合并阈值确定

面向对象的特征提取工具(FX)根据临近像元亮度、纹理、颜色等对图像进行分割,使用了一种基于边缘的分割算法,这种算法计算很快,并且只需一个输入参数,就能产生多尺度分割结果。图像分割和合并需要选取两个参数,即分割阈值(“Scale Level”)和合并阈值(“Merge Level”)。

拉动“Scale Level”状态栏指标,选取一个数值,勾选“Preview”预览分割效果,反复实验后确定一个理想的分割阈值,尽可能好地分割出边缘特征。当进行图像分割时,若阈值过低,一些特征会被错分,一个特征也有可能被分成很多部分。拉动“Merge Level”状态栏指标,选取一个数值,通过对象合并来解决这些问题。

这时候 FX 生成一个“Region Means”图像,自动加载到图层列表中,并在窗口中显示分割、合并后的结果,如图 27-5 所示,选择的分割阈值为 70,合并阈值为 70。

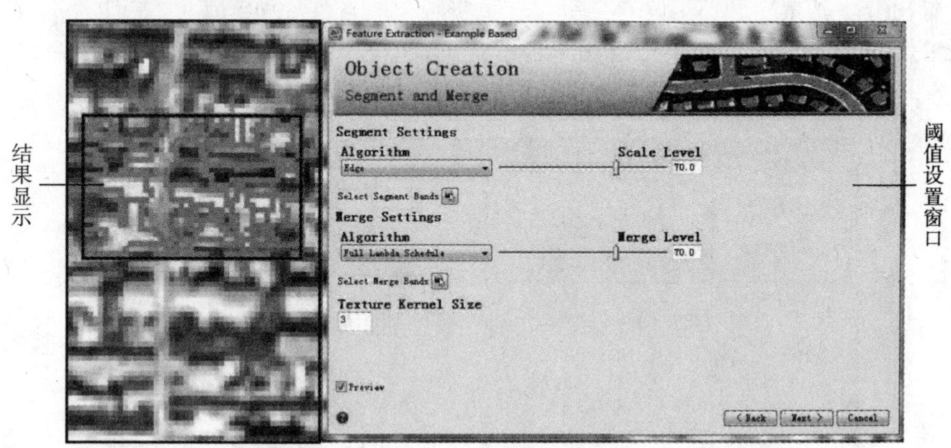

图 27-5　图像分割、合并

3. 分类规则确定

面向对象分类有基于对象样本提取信息和基于对象规则提取信息两种方式,本实验以基于对象规则为例介绍,对象规则包含光谱、纹理、空间的属性信息,用户根据提前获取的各个地类的光谱特征、纹理特征和空间特征来建立每种地类的判别规则(详细见实验二十八)。本实验对所选研究区图像进行目视解译,需要提取植被、水体、建筑用地及耕地四类,四类地物建立的面向对象的规则如表 27-2 所示。

表 27-2　提取信息建立面向对象的规则

类别对象	判别规则
植被(Threshold＝0.75)	Spectral Mean(NDVI＞－0.208 and NDVI＜0.2)
	Area＞1 073.12
水体(Threshold＝0.50)	Spectral Mean(NIR＞－264.694 and NIR＜277)

续表

类别对象	判别规则
居民地_建筑用地(Threshold＝0.50)	Texture Variance(Band1＞4 000)
	Spectral Mean(NDVI＜－0.208)
耕地(Threshold＝0.83)	Texture Variance(Band1＜4 000)
	Spectral Mean(NIR＞277)

(1)图像标准假彩色432合成后，植被呈现亮红色，当NDVI＞0时便可以认为有植被存在，但在实验中发现NDVI的范围为－0.208～0时也存在植被，故为了提取植被信息，将NDVI区间设置为－0.208～0.2，“Area”大于1 073.12。

(2)提取水体时，对水体的描述设置为第四波段的近红外波段均值大于－264.694且小于277。

(3)提取研究区域的居民地建筑用地时，只需要添加一个纹理特征中的方差规则，将第一波段的蓝光波段的方差值设置为大于4 000，可以很好地提取研究区内的居民地、建筑用地。

(4)提取耕地时要设置纹理特征，将第一波段的蓝光波段方差设置为小于4 000，可以区分建筑用地，但结果还包含部分水体和植被。再添加一条规则，设置NDVI小于－0.208及第四波段的近红外波段均值大于277，且耕地规则下面的三个属性之间是相交的关系。

4. 输出分类结果

在“Export”步骤，分类结果可以用多种形式输出，如分类矢量、分类栅格及各种报告和中间结果等，如图27-6所示。

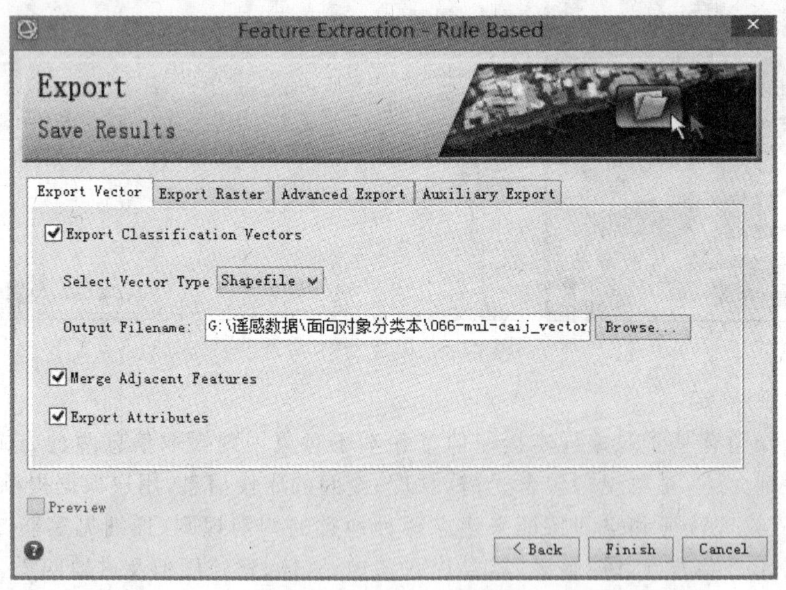

图27-6 “Export”窗口

1)输出矢量(“Export Vector”)选项卡

(1)“Export Classification Vectors”：保存所有的类别到一个“Shapefile”文件中，默认文件名为“inputfilename_vectors.shp”。“Shapefile”文件最大为2 GB，所以当分类过多并超过2 GB时，结果将被分开保存为多个较小的“Shapefile”文件；大于1.5 GB的“Shapefile”文件不能正常显示，故建议数据量较大时，可以将矢量保存为“Geodatabase”。

(2)"Merge Adjacent Features":可以把邻近的多边形合并为一条记录。此操作将处理整幅图像中的多边形。

(3)"Export Attributes":将中间计算的光谱、空间和纹理属性结果输出到"Shapefile"属性表中。

2)输出栅格("Export Raster")选项卡

(1)"Export Classification Image":输出 ENVI 格式的分类图像,不同的"DN"值代表不同类别。默认文件名为"inputfilename_class. dat"。

(2)"Export Segmentation Image":输出多波段的 ENVI 格式图像为图像分割结果。每一个对象的值为此区域内所有像元值的均值。默认文件名为"inputfilename_segmentation. dat"。

3)高级输出("Advanced Export")选项卡

(1)"Export Attributes Image":将中间计算的属性结果输出到一幅多波段 ENVI 格式图像中,默认文件名为"inputfilename_attributes. dat",勾选前面复选框,在打开"Select Attributes"对话框中选择需要输出的属性(默认为制定规则时用到的所有属性)。

(2)"Export Confidence Image":输出一幅 ENVI 格式图像,像元的"DN"值代表像元属于该种类别的可信度。亮度越高,表示可信度越高。输出结果为多波段图像,每一个波段代表一个类别。默认文件名为"inputfilename_confidence. dat"。

4)辅助输出("Auxiliary Export")选项卡

(1)"Export Feature Rulese":输出规则文件到本地。默认文件名为"inputfilename_ruleset. rul"。

(2)"Export Processing Report":输出一个文本文件,描述分割选项、规则和属性设置等信息。默认文件名为"inputfilename_report. txt"。

图 27-7 为实验数据基于规则分类结果的栅格显示,主要分成植被、水体、建筑用地及裸地四大类。

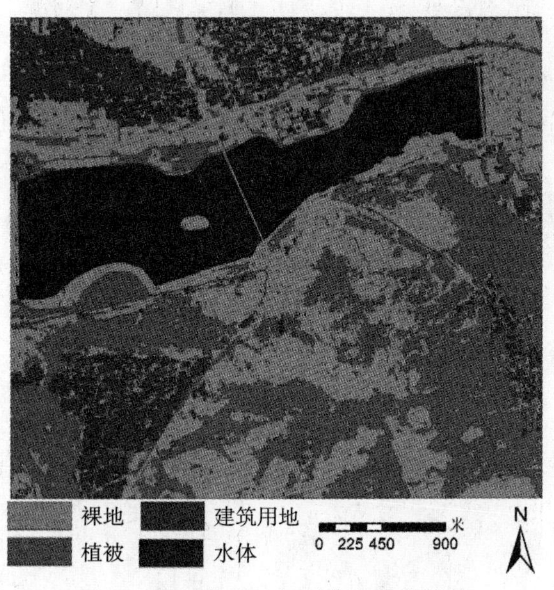

图 27-7　图像基于规则信息提取结果

五、知识拓展

面向对象的图像分类方法在提取遥感图像信息时,处理的最小单元不再是像元,而是以具有更多种语义信息的、多个邻近像元构成的对象。在分类时大多是利用地物的几何信息及地物对象之间的语义信息、纹理特征和拓扑关系,而不单纯是单个地物的光谱信息。

遥感图像处理过程中运用的面向对象分析技术的软件产品较多,如 ENVI 系列遥感图像处理软件的 FX 特征提取模块、德国 eCognition 遥感图像处理平台、ERDAS9.3 遥感图像处理软件的信息提取功能模块 ERDAS Objective、上海交通大学遥感科学实验室和上海盛图遥感工程技术有限公司共同研发的面向对象的遥感图像智能解译平台(译陆 ELU V2.0)等。其中,常用的是 ENVI 系列遥感图像处理软件和德国 eCognition 遥感图像处理平台。

eCognition 是目前所有商用遥感软件中第一个基于目标信息的遥感信息提取软件,它采用决策专家系统支持的模糊分类算法,突破了传统商业遥感软件单纯基于光谱信息进行图像分类的局限性,提出了革命性的分类技术——面向对象的图像分析技术,大大提高了高空间分辨率数据的自动识别精度,有效地满足了科研和工程应用的需求。面向对象的图像分析技术针对的是图像分割对象,而不是传统意义上的像元,充分利用了图像的光谱、形状、纹理、上下文、空间关系等特征,进行影像识别。eCognition 提供了三种不同的组件,分别是 eCogniton Developer、eCogniton Architect、eCognition Server。

实验二十八　面向对象的图像分割

一、目的与要求

理解面向对象中对象含义，掌握遥感图像对象分割方法和影响因素。以高分一号遥感图像为例，练习面向对象尺度分割，掌握图像分割过程中参数因子设置的方法。

二、实验原理及技术流程

ENVI FX 根据邻近像元亮度、纹理、颜色等对图像进行分割，主要是运用一种基于边缘的分割算法，计算快，只需要输入一个参数，就能产生多尺度分割结果。通过不同尺度上边界的差异控制，从而产生从细到粗的多尺度分割，分割效果好坏一定程度上影响了分类结果的准确度，通过预览观察分割效果。具体技术流程如图 28-1 所示。

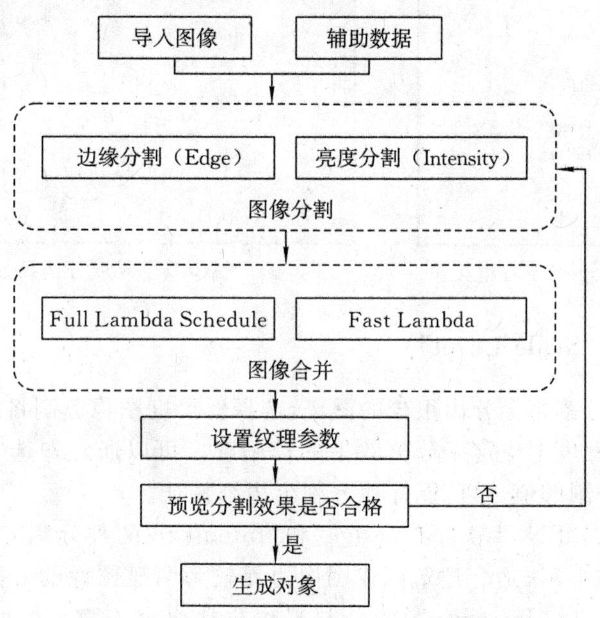

图 28-1　面向对象的图像分割的技术流程

三、图像处理流程

(一)导入数据

导入数据后，根据数据源和特征提取类型等情况，有选择地对数据做一些预处理工作。为了得到更好的目视效果，在图层管理（“Layer Manager”）中，右击 066-mul-caij，在弹出的菜单中选“Change RGB Bands”，分别选择波段 4、3、2 或其他波段来对应 R、G、B，单击“OK”，以彩色方式显示图像，如图 28-2 所示。

在“Segment Settings”设置项中输入分割尺度（Scale Level），在“Merge Settings”设置项中输入合并阈值，从而完成尺度分割，发现对象。尺度分割参数设置界面如图 28-3 所示。

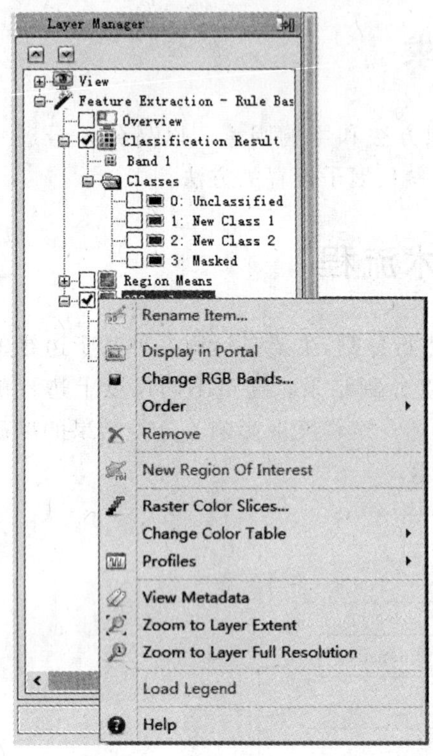

图 28-2 “Layer Manager”及右键菜单

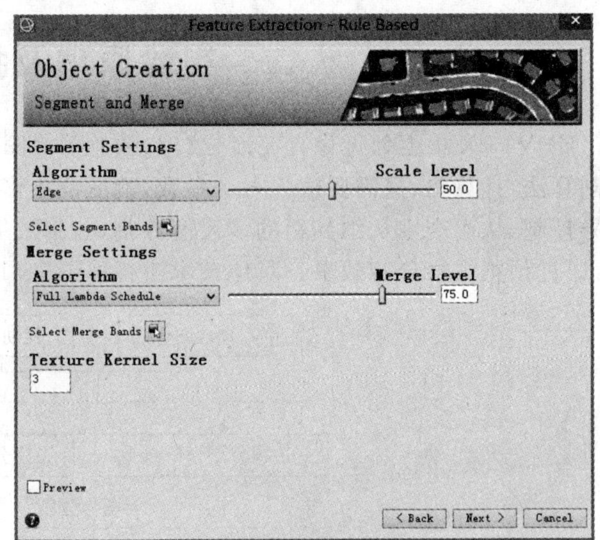

图 28-3 尺度分割参数设置界面

（二）分割阈值（“Scale Level”）

选择高尺度图像分割将会分出很少的图斑，选择低尺度图像分割将会分割出更多的图斑，分割效果的好坏一定程度上决定了分类效果的精确度。可以通过勾选“Preview”预览分割效果，选择一个理想的分割阈值，尽可能好地分割出边缘特征。

（1）分割算法选取。ENVI 软件有“Edge”和“Intensity”两种分割方法可以选择。基于边缘检测（“Edge”）的分割算法适合建筑区或图像边界较为明显图像的分割，结合合并算法可以达到最佳效果；基于亮度（“Intensity”）的分割算法非常适合于微小梯度变化（如数字高程模型）、电磁场图像等，不需要合并算法即可达到较好的效果。

（2）分割波段选择。“Select Segemet Bands”按钮是用来选择分割波段的，默认为“Base Image”的所有波段。为了获得最好的分割效果，建议使用类似光谱的红光波段、绿光波段、蓝光波段、近红外波段。

（3）分割阈值确定。通过右侧“Scale Level”滑块或手动输入可以确定分割阈值。FX 分割阈值是 0～100，通常数值越小，分割对象面积越小，越分散。实际操作时通过调整滑块阈值，对比不同尺度情况进行分割。FX 图像分割时会自动加载"Region Means"图像到列表中，分割的结果会在窗口自动显示。图 28-4 是分割尺度为 10(左)和 50(右)的图像分割结果，当分割尺度为 50 时，图像分割的对象相对完整。

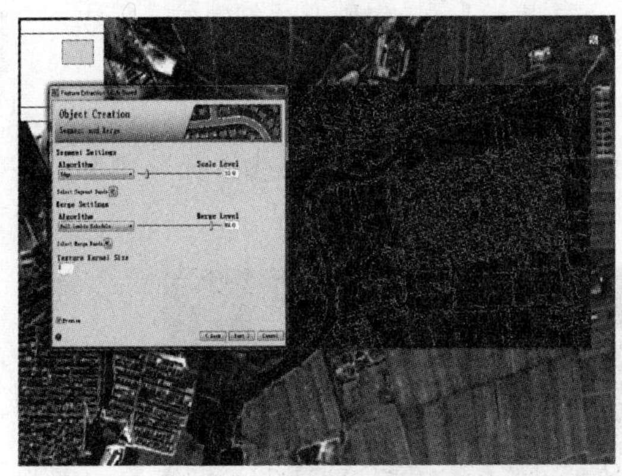

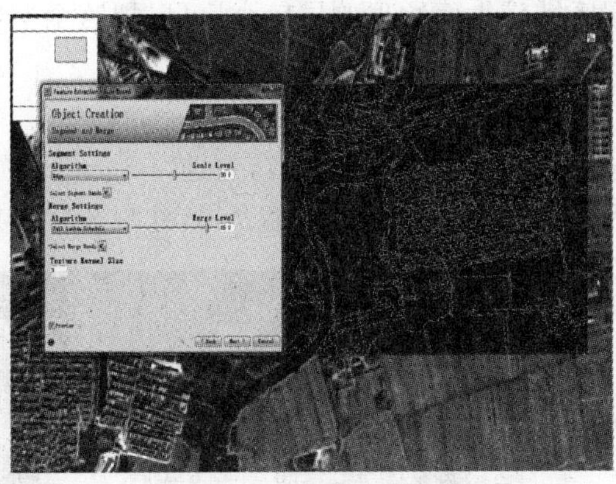

图 28-4 分割尺度为 10(左)和 50(右)的图像分割结果

(三)合并阈值("Merge Level")

图像分割时可能选取的阈值过低，一些地物特征会被错分，还有一个对象也有可能被分成很多部分，影响后续分类精度。此时可以通过对象合并来解决错分或过度细分问题。

(1)合并算法选取。合并算法有"Full Lambda Schedule"和"Fast Lambda"两个选项。其中，"Full Lambda Schedule"适合合并大块、纹理性较强的区域，如树林、云等，该方法可在结合光谱和空间信息的基础上迭代合并邻近的小斑块；"Fast Lambda"适用于合并具有类似颜色、边界大小相邻的节段。

(2)合并波段选择。"Select Merge Bands"按钮是用来选择合并波段的，默认为"Base Image"的所有波段。

(3)合并阈值确定。通过右侧"Merge Level"滑块或手动输入可以确定合并阈值。FX 合并阈值是 0～100，通常数值越小，合并对象越小，融合效果越不明显。实际操作时通过调整滑块阈值，对比不同尺度情况进行合并。图 28-5 为分割尺度为 20 时合并尺度为 30(左)和 70(右)的图像分割效果，经对比，合并尺度为 70 时，边缘分割的效果更好。

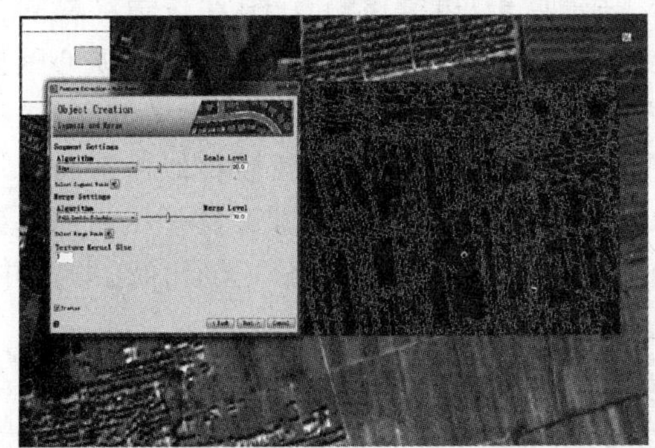

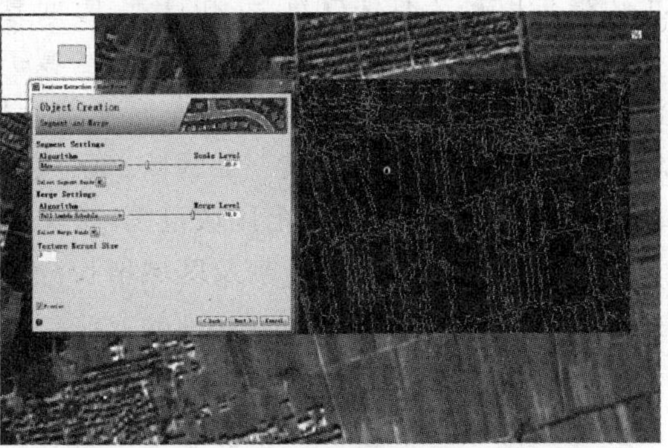

图 28-5 分割尺度 20 时合并尺度 30(左)和 70(右)的图像分割效果

(四)设置纹理参数

纹理参数是指纹理内核范围(“Texture Kernal Size”),通常 FX 内核范围是 3～19。如果数据区域较大而纹理差异较小,可以把这个参数设置得大一点,有利于对象生成。

(五)确定阈值

经过多次尺度参数调节,勾选“Preview”选项预览分割合并结果,最终选择分割和合并参数为 30 和 89,纹理内核设置为 3,分割合并结果如图 28-6 所示。

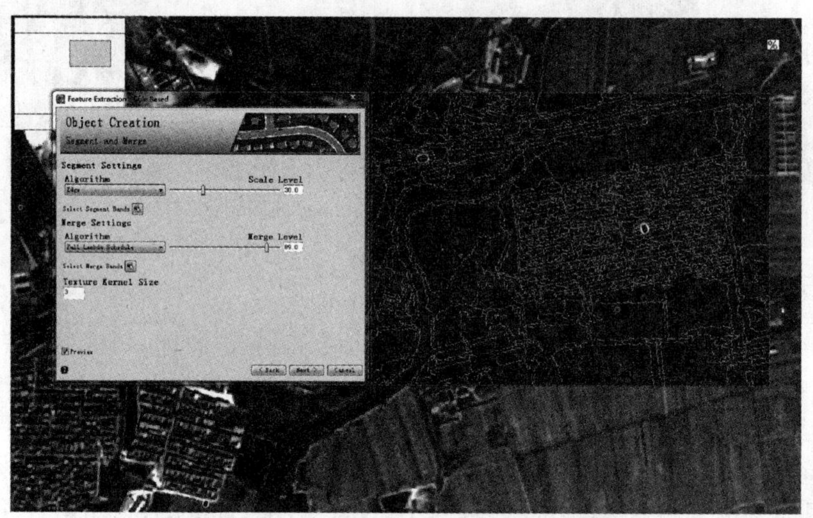

图 28-6　参数设置后的图像分割合并结果

四、知识拓展

为了有效分割多样的图像,人们提出很多分割算法,依据分割途径不同,可以分为基于边缘提取分割、区域增长分割、区域分割、分裂合并分割等。

所谓基于边缘提取分割,就是先提取区域的边界,后确定边缘限定的区域。目前,常用的基于边缘提取算法有梯度算子、和算子、方向算子、马尔算子、边缘检测算子、沈俊边缘检测方法和曲面拟合法等。区域增长分割也称区域扩展法,包括简单区域扩展法(单一型)、质心型扩展法和混合型扩展法三种,其原理都是从像元出发,根据后续目标任务选择有意义的属性,将属性相似的连通像元合并成一个区域。区域分割首先从图像出发,依据属性相似性来确定每个像元所属的区域,形成一个区域范围,根据图像复杂程度,区域分割的方法也不尽相同。分裂合并分割就是综合区域分割及区域增长分割的方法,既存在图像的划分,又有像元的合并,它是一种基于四叉树思想进行分割的方法。

面向对象分类的易康软件常用的算法有棋盘分割、四叉树分割、多尺度分割、光谱差异分割。多尺度分割是易康软件中较为常用的一种分割算法,它是一种自下而上(bottom-up)的方法,通过合并相邻的像元或小的分割对象,在保证对象与对象之间平均异质性最小、对象内部像元之间同质性最大的前提下,基于区域合并技术实现图像分割。

实验二十九　面向对象的规则确立

一、目的与要求

理解面向对象图像规则分类的光谱特征、纹理特征、空间特征的属性及意义，掌握遥感图像对象规则分类影响因素及技术流程。练习遥感图像建立分类规则的步骤，以及设立属性的方法。

二、规则建立

每条规则由若干个属性来描述。根据规则设置分类界面，每一个分类由若干个规则(Rule)组成，每一个规则由若干个属性表达式来描述，如对水的规则包含三条属性：面积大于500像元、延长线小于0.5、NDVI小于0.25。

例如，提取道路，可能需要用到“Elongation”“Length”和“Area”三个空间属性，如图29-1所示。

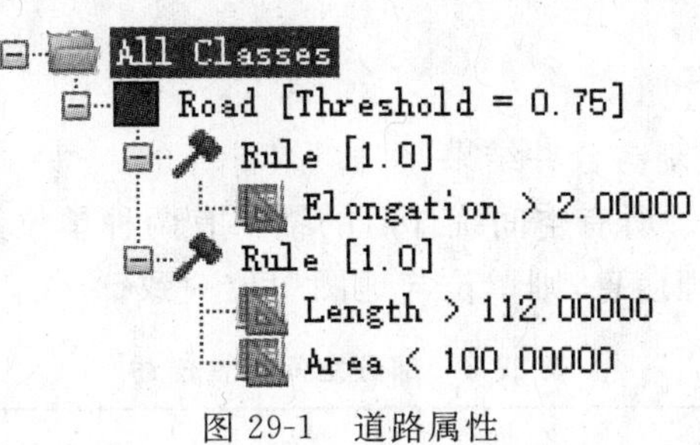

图29-1　道路属性

上面规则的逻辑关系为(Elongation>2) OR [(Length>112) AND (Area<100)]，即满足两个规则中的一个，即归为“Road”类别。而第二条规则中必须同时满足两个条件才能成立。归纳如下：同一类别下，不同规则之间是“与”(OR)的关系，而同一规则下的条件之间是“并”(AND)的关系。

三、属　性

ENVI FX提供了三种类型的对象属性，分别为光谱(“Spectral”)、纹理(“Texture”)和空间(“Spatial”)。每一种类型包括若干个属性。

(一)光谱属性

光谱属性是针对输入图像的每一个波段进行计算的，计算在图像分割与合并的结果中具有相同标签值的对象属性，如均值、标准差等，所有属性如表 29-1 所示。

表 29-1 光谱属性描述

序号	属性	描述	窗口
1	Spectral Mean	所选波段的平均灰度值	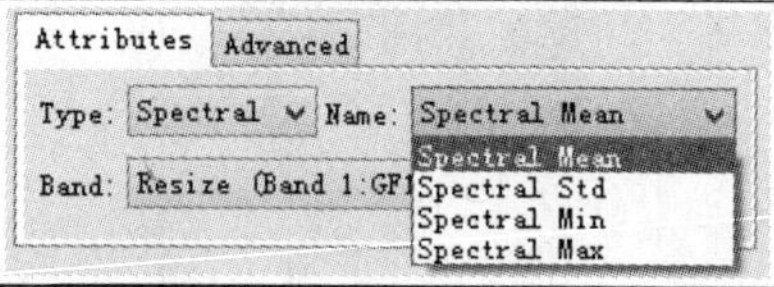
2	Spectral Max	所选波段的最大灰度值	
3	Spectral Min	所选波段的最小灰度值	
4	Spectral Std	所选波段的灰度值标准差	

(二)纹理属性

纹理属性同样是针对输入图像的每一个波段进行计算的，分为两个步骤：首先，应用之前设定的纹理核大小进行卷积运算，使用得到的属性值替换窗口中心像元的值；然后，将图像分割结果中具有相同标签值的属性值进行平均。纹理属性如表 29-2 所示。

表 29-2 纹理属性描述

序号	属性	描述	窗口
1	Texture Range	卷积核范围内的平均灰度值范围	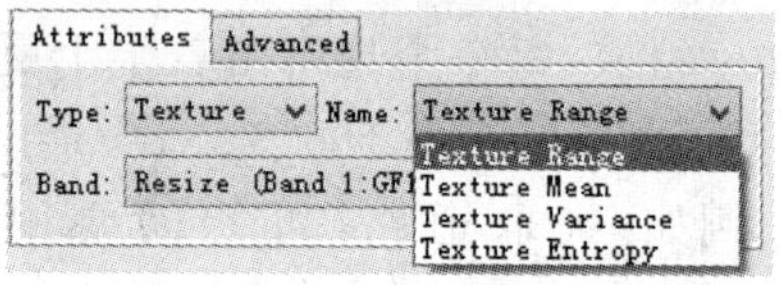
2	Texture Mean	卷积核范围内的平均灰度值	
3	Texture Variance	卷积核范围内的平均方差	
4	Texture Entropy	卷积核范围内的平均灰度值信息熵	

(三)空间属性

空间属性是根据图像分割与合并结果(多边形)计算的。每一种空间属性都有自身的计算公式和方法，如表 29-3 所示。所有空间统计后的结果有两种单位，如果图像没有地理信息，单位为像元；如果图像具有地理信息，则单位与地图单位一致。

表 29-3 部分空间属性描述

序号	属性名	描述	窗口
1	Area	多边形的面积(不包括中间的洞)	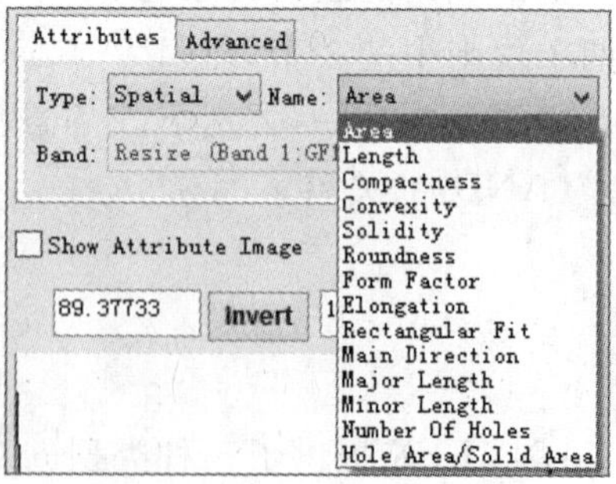
2	Length	多边形外边框周长，包括洞的边框周长	
3	Compactness	紧密型，描述多边形紧密型的度量	
4	Convexity	凸出的状态，Convexity＝凸包长度/周长	
5	Solidity	坚固性，Solidity＝多边形面积/凸包面积	
6	Roundness	描述多边形的圆特征，Roundness＝4 * (面积)/(π * 最大直径^2)	
7	Elongation	延伸性，Elongation＝最大直径/最小直径	

四、面向对象规则建立流程

在了解 ENVI FX 提供的属性后，下面以提取建筑屋顶类别为例说明规则分类的操作过程。

(一)类的设置

在“Rule Based Classification”步骤中，如图 29-2 所示，单击“+”可以添加类别。在右侧的“Class Properties”表格中设置了以下属性：

(1)类名(“Class Name”)：屋顶。

(2)类颜色(“Class Color”)：默认红色即可。

(3)类阈值(“Class Threshold”)：默认值为 0.5。根据类下面的规则和属性权重计算得到。

(二)建立规则

使用键盘中“Rule[1.0]”，可以看到右侧“Rule Properties”表格中显示“Rule Weight”为 1.0。目前“建筑屋顶”类别下只有一个“Rule”，如图 29-2 所示；如果有 N 个“Rule”，则“Rule Weight”默认为(1.0/N)。可以手动设置，值越大，则“Rule”作用越大。

(三)添加属性 1

在规则下面添加第一条属性描述：划分植被与非植被区。使用鼠标选中“Spectral Mean (BLUE…)”，在右侧有两个选项卡和其他设置项可以使用。

1. Attributes 选项卡

(1)属性类型(“Type”)：有三种属性类型，这里选择“Spectral”。

(2)属性名称(“Name”)：选择“Spectral Mean”。

(3)输入波段(“Band”)：选择“Normalized Difference”。

2. Advanced 选项卡

(1)属性权重(“Weight”)：当只有一条属性时，默认值为 1；当添加了 N 条属性后，每条属性的权重默认为(1.0/N)。

(2)算法(“Algorithm”)：可选有三种，分别为二值化(“Binary”)、线性(“Linear”)和二次方程式(“Quadratic”)。

(3)容差值(“Tolerance”)：当算法选择线性(“Linear”)和二次方程式(“Quadratic”)时，需要设置此值，默认为 5.00(即 5%)。设置的值越大，表示容错程度越高，提取得到的对象越多。

3. 预览属性 1 结果图

单击 ENVI 工具栏中的“Cursor Value”图标，查看感兴趣地物的属性值，在“Cursor Value”面板中显示了归一化植被指数的值，勾选“Show Attribute Image”(显示属性窗口)，如图 29-2 所示。可以使用“Preview”选项预览属性图像，调整归一化植被指数，发现归一化植被指数数值小于 0.3 的是非植被，通过预览，右侧区域显示的是非植被信息，如图 29-3 所示。

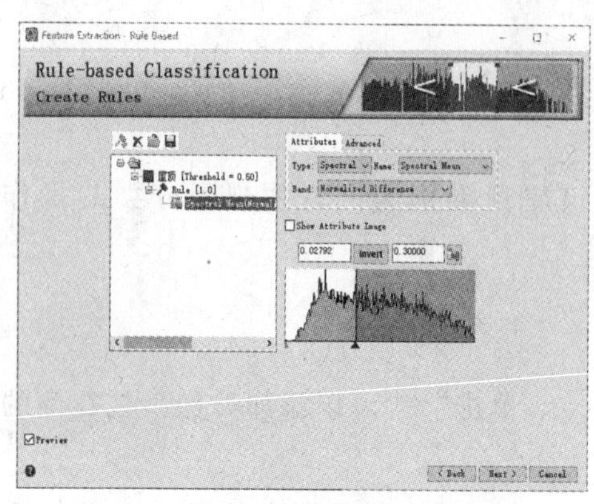

图 29-2 属性窗口

图 29-3 预览属性图像示意

4. 设置属性 1 范围

在图 29-2 属性窗口下方的直方图中可以设置属性范围，在“Invert”按钮前后的文本框中可以手动输入最小阈值和最大阈值，或使用鼠标拖拽直方图中绿色和蓝色的竖线实现阈值设置。单击“Invert”可以反转阈值范围。单击右侧按钮可以浮动显示直方图界面（“Attribute Histogram”）。这里设置的最大值为 0.3，按回车确认，勾选“Preview”选项预览结果，其中红色为最满足条件的对象（即 NDVI<0.3）。

（四）添加其他属性

添加第二条属性描述：剔除道路干扰。居住房屋和道路的最大区别在于房屋是近似矩形，可以设置 Rectangular fit 属性。

（1）在“Rule”上右键选择“Add Attibute”按钮，新建一个属性。

（2）在右侧“Type”中选择“Spatial”。

（3）在“Name”中选择“Rectangular fit”。

（4）设置值的范围是 0.5～1，其他参数为默认值。

提示：预览窗口默认是该属性的结果，单击“All Classes”选项，可预览几个属性共同作用的结果（图 29-4）。

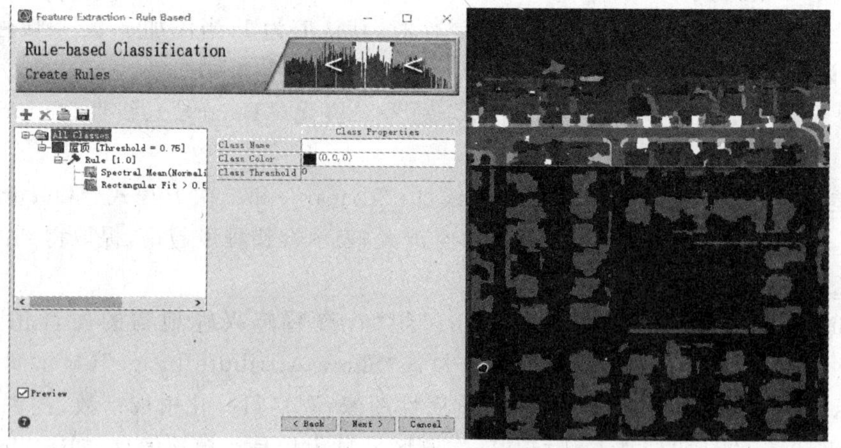

图 29-4 预览提取结果

另外，用同样的方法增加两条属性描述如下：

Type：Spatial；Area>45

Type：Spatial；Elongation<3.0

（五）运行规则的提取效果

单击“All Classes”选项，勾选“Preview”选项预览最终的“Rule”提取效果（图 29-5）。规则设置好后，单击“Next”，进入下一步。

提示：在“Create Rules”步骤中，可以单击图标将当前规则保存为本地文件（*.rul）。下次使用时可以单击图标加载已保存的规则文件。

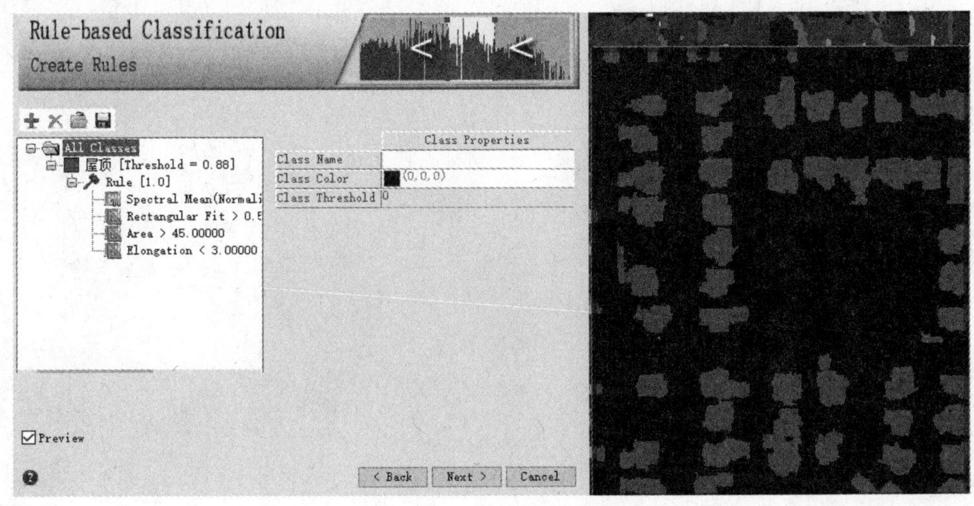

图 29-5　规则提取效果

五、知识拓展

交互式数据语言早在 1982 年美国国家航空航天局（National Aeronautics and Space Administration，NASA），火星飞越航空器的开发过程开始应用，科学家无须写传统程序就可直接研究数据。目前交互式数据语言还被广泛应用于地球科学、医学影像、图像处理、软件开发、大学教学、实验室研究、测试技术、天文、信号处理、防御工程、数学分析、统计等诸多领域。交互式数据语言是第四代科学计算可视化语言，集开放性、高维分析能力、科学计算能力、实用性和可视化分析为一体。图像处理常用的 ENVI 软件就是用交互式数据语言开发的经典软件。

（1）交互式数据语言是完全面向矩阵的，具有快速分析超大规模数据的能力，可以通过灵活方便的 I/O 功能分析任何数据，可以读取和输出任意有格式或者无格式的数据类型，支持通用文本及图形数据。

（2）交互式数据语言支持 OpenGL 软件或硬件加速，可以加速交互式的二维及三维数据分析、图像处理及可视化，可以实现曲面的旋转和飞行，用多光源进行阴影或照明处理，可观察实体内部复杂的细节；一旦创建对象后，可从各个不同的视角对对象进行可视分析。

(3)交互式数据语言可以在多种硬件平台上运行,可以方便地与C、C++连接,还支持数据库的开放数据库互联(open data base connectivity,ODBC)接口标准。交互式数据语言内置的数学库函数可以不加修改地在其他可以运行交互式数据语言的平台上运行,具有可移植性。

实验三十　基于样本的面向对象信息提取

一、目的与要求

了解基于样本的面向对象信息提取的光谱特征、纹理特征、空间特征的属性及意义。掌握基于样本的面向对象分类的影响因素及技术流程，以高分一号遥感图像为例，练习样本选取和分类训练的方法，对比不同方法的提取精度和效果。

二、技术流程

基于样本进行图像分类，即监督分类，是利用训练样本数据去识别其他未知对象，包括样本定义、分类方法选择和结果输出三个步骤。传统监督分类中的训练样本由许多像元组成，只能利用样本的光谱信息；而面向对象监督分类的样本由对象组成，除了利用光谱信息外，还可以利用空间信息和纹理信息。因此，面向对象监督分类能够更加精确地提取地物，流程如图 30-1 所示。

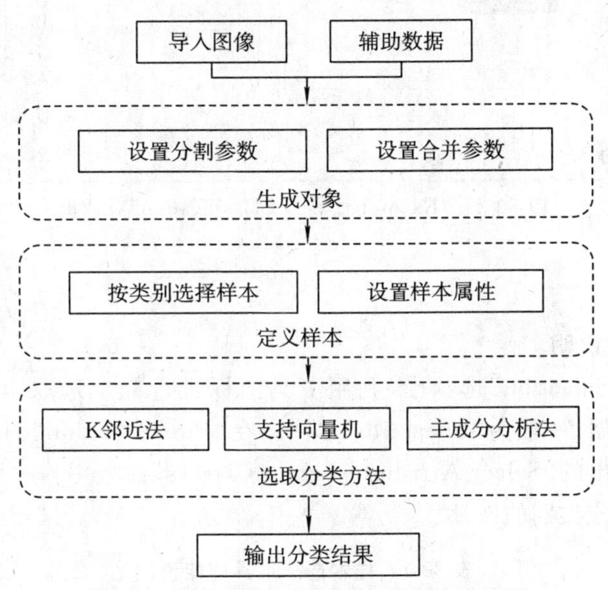

图 30-1　基于样本面向对象信息提取流程

三、图像处理流程

下面以提取农作物耕种信息的操作为例，介绍处理流程。

(一)生成对象

1. 启动应用程序

在“Toolbox”中，双击“Feature Extraction/Example Based Feature Extraction Workflow”工具，启动流程化工具。

2. 输入需要分类数据文件

在“Date Selection”步骤中，单击“Input Raster”选项卡，输入需要分类的数据文件。单击“Custom Bands”选项卡，勾选“Normalized Difference”和“Color Space”选项，波段选择按照默认即可，用来计算归一化植被指数和进行颜色交换。单击“Next”，进入“Object Creation”步骤。

3. 发现对象

在“Layer Manager”设置显示波段；在“Segment Settings”设置分割尺度（“Scale Level”）；在“Merge Settings”设置合并尺度（“Merge Level”）。单击“Next”，进入“Example-Based Classification”步骤，如图 30-2 所示。

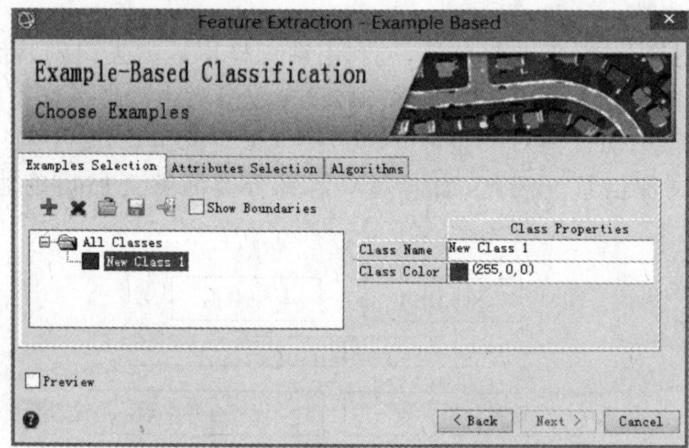

图 30-2 “Example-Based Classification”对话框

(二)选择样本

1. 样本选取功能说明

选择“Examples Selection”选项卡，利用工具图标进行样本选取，具体功能如表 30-1 所示。导入地面真实数据，一般为“Shapefile”文件。在“File Selection”面板中选择地面真实数据，单击“OK”。在弹出的“Select Attribute Group Classes”面板中，在“Select Attribute”右侧的下拉列表中选择区分类别的属性。

表 30-1 样本选择工具功能说明

序号	符号(截取图标)	功能
1		添加新的类别
2		删除当前类别
3		打开已经保存的样本文件(＊.shp)
4		保存当前样本到本地文件(＊.shp)
5		导入地面真实数据，一般为“Shapefile”文件

提示：在样本列表中同样支持右键菜单，如删除所有类别、添加类别、删除类别和删除类别样本等。

2. **设置样本参数**

对默认的第一个类别，在右侧的"Class Properties"中修改类别名称、类别颜色、显示形状等参数。此次实验中设置类别名称（"Class Name"）为生长作物，类别颜色（"Class Color"）为红色(255,0,0)。

3. **选择样本**

在分割图像上选择一些样本，为了方便样本的选择，可以在左侧图层管理（"Layer Manager"）中不显示"Region Means"图层，只显示原图。选择一定数量的样本，如果错选样本，可以在这个样本上再次单击左键删除。

在选择样本的过程中，可以勾选"Show Boundaries"显示分割边界，方便进行样本选择。也可以随时勾选"Preview"预览分类结果。

4. **保存样本文件**

完成一个类别的样本选择之后，新增类别，并用同样的方法修改类别属性和选择样本。在所有样本选择结束后，可以把样本保存为 *. shp 文件以备下次使用。如图 30-3 所示，实验中建立五种类别，即生长作物、休耕地、早期或晚期作物、非耕地和水体，分别选择了一定数量的样本。

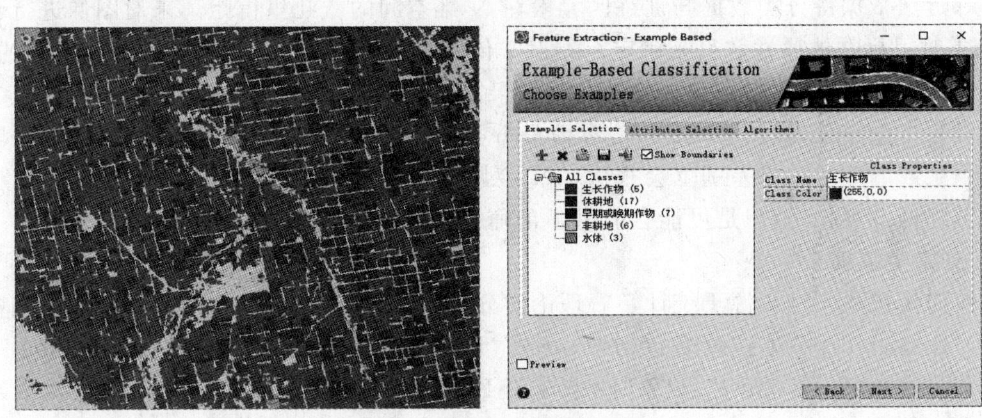

图 30-3　选择样本与结果预览

（三）设置样本属性

单击"Attributes Selection"选项卡，默认设置为所有的属性都被选择，这些被选择样本的属性将被用于后面的监督分类。可以根据提取的实际地物特征选择一定的属性，这里按照默认设置全选。如果需要修改，可以按照下面的说明进行操作。属性的详细描述可参考表 28-1、表 28-2、表 28-3 属性描述的相关内容。

(1)删除属性：在"Selected Attribute"列表中，选中需要删除的属性（支持 Ctrl 和 Shift 多选），然后单击面板中间的图标即可。

(2)添加属性：在"Available Attribute"列表中，选中需要添加的属性，单击"→"图标可以添加属性。

(3)自动选择属性：单击面板中间的图标，可以自动选择属性。

(四)选择分类算法

单击“Algorithms”选项卡(图 30-4),ENVI FX 提供了三种分类方法:K 邻近法(K nearest neighbor, KNN)、支持向量机(support vector machine,SVM)和主成分变换。本示例选择 K 邻近法,将“Threshold”设置为 5,取消“Allow Unclassified”选项勾选后获得分类结果。

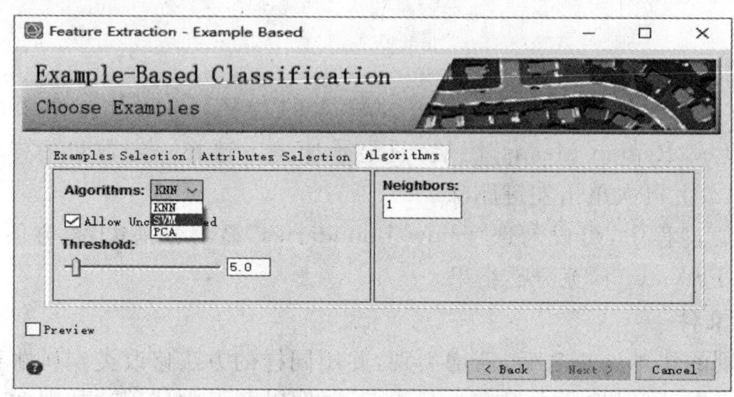

图 30-4 选择分类算法

1. K 邻近法

K 邻近法依据待分类数据与训练区元素在 N 维空间的欧几里得距离来对图像进行分类,N 由分类时目标物体属性数目来确定。相对于传统的最邻近方法,K 邻近法产生更小的敏感异常和噪声数据集,从而得到更准确的分类结果,它会自动确定像元最可能属于哪一类。在 K 参数里键入一个整数,默认值是 1。K 参数是分类时要考虑的邻近元素数目,是一个经验值,不同的值生成的分类结果差别也会很大。K 参数的设置依赖于数据组及选择的样本。值大一点能够降低分类噪声,但是可能会产生不正确的分类结果,一般值设为 3～7 比较好。

2. 支持向量机

支持向量机是一种来源于统计学习理论的分类方法。选择这一项,需要定义一系列参数。

(1)“Kernel Type”下拉列表包括“Linear”“Polynomial”“Radial Basis”和“Sigmoid”四种选项。如果选择“Polynomial”,设置“Degree of Kernel Polynomial”(核心多项式的次数)用于支持向量机计算,最小值是 1,最大值是 6。如果选择“Polynomial”或“Sigmoid”,使用支持向量机规则需要为“Kernel”指定“the Bias”参数,默认值是 1。如果选择“Polynomial”“Radial Basis”“Sigmoid”,需要设置“Gamma in Kernel Function”参数,这个值是一个大于 0 的浮点型数据,默认值是图像波段数的倒数。

(2)为支持向量机规则指定“the Penalty”参数,这个值是一个大于 0 的浮点型数据,控制了样本错误与分类刚性延伸之间的平衡,默认值是 100。

(3)“Allow Unclassified”选项默认允许有未分类这一个类别,将不满足条件的斑块分到该类。

(4)“Threshold”选项为分类设置概率阈值,如果计算一个像元得到所有规则的概率小于该值,该像元将不被分类,范围是 0～100,默认值是 5。

3. 主成分分析法

主成分分析法要比较主成分空间的每个分割对象和样本,将得分最高的归为这一类。其参数设置如图 30-5 所示。

(1)“Allow Unclassified”选项默认允许有未分类这一个类别,将不满足条件的斑块分到该类。

(2)“Threshold”选项为分类设置概率阈值,如果计算一个像元得到所有规则的概率小于该值,该像元将不被分类,范围是 0～100,默认值是 5。

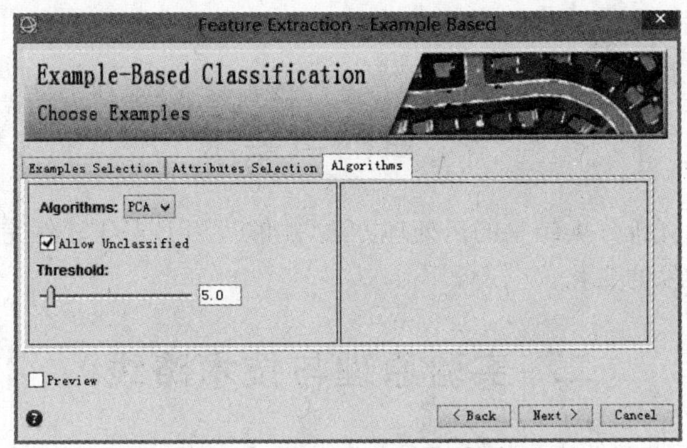

图 30-5　主成分分析法参数设置

四、知识拓展

(一)尺　度

尺度是认知地理对象和空间的基础,是观察事物特征变化的时间间隔和空间范围,是观测和描述空间实体、构架和过程的空间维数,是分析和把握地面空间复杂性的重要参数之一。从遥感的角度定义,尺度是从天空量测地球的空间范围(空间尺度)、时间间隔(时间尺度)与光谱宽度(光谱尺度)。随着遥感技术的不断发展,数据的空间分辨率不断提高,从而形成了多分辨率的数据层次结构。多尺度成为遥感信息的一个基本特征。

尺度效应是用尺度表示的限定效应,是客观存在的,具有尺度依赖性。在面向对象的多尺度图像分割下,某一尺度生成的图像具有同质性。通过改变不同的分割尺度,图像在不同分割尺度层次上表现出不同的空间结构差异。选择不同的分割尺度,图像多边形表现的空间结构差异很大。在一个尺度上结构要素表现为异质的,在大尺度上则可能表现为同质的。因此,在对遥感信息进行提取时,图像分割的质量直接影响后续的工作,图像分割的质量依赖于分割尺度,面向对象多尺度分割过程中尺度的选择至关重要。

(二)对象特征

图像对象特征是面向对象遥感信息提取的主要依据,是描述目标的重要属性信息。遥感图像经多尺度分割生成的多边形对象,不仅存在着内在特征,还具有关系特征。内在特征即图像对象的物理属性,如图像对象的光谱、形状和纹理特征;关系特征是指同层对象间、尺度层间、类别间等拓扑特征和描述对象间语义关系的上下文特征,是通过分析挖掘出来的间接特征。从遥感图像多尺度分割形成的网络层次结构来看,分割会产生父对象和子对象,从而衍生新的特征。从分割层次结构来看,这些特征可分为对象特征和类相关特征。对象特征主要包括图层值、几何、纹理、层次、专题属性等;类相关特征主要有与邻对象关系、与子对象关系、与父对象关系、隶属度及分类等。

实验三十一　遥感分类后处理及分类精度统计

一、目的与要求

掌握遥感图像计算机分类结果的后处理方法，能够运用ENVI软件完成相应分类后处理，对比处理前后分类结果的变化。

二、实验原理与技术路线

应用监督分类、非监督分类及决策树分类方法分类时，分类结果中不可避免地会产生面积很小的细碎图斑，这些小图斑会影响专题制图和实际应用，也会影响图像的美观，因此需要对这些小图斑进行剔除或重新归类(图31-1)。分类后处理主要包括主次分析("Majority/Minority")、聚类处理("Clump")和过滤处理("Sieve")等。

(1)主次分析可以实现对小图斑的处理。主要分析可以将较大类别中的虚假像元归类到该类中，是利用输入的变换核进行类似卷积滤波方法，用变换核中占主要地位像元的类别数代替中心像元的类别数。次要分析是用变换核中占次要地位像元的类别数代替中心像元的类别数。

(2)聚类处理是运用形态学算子将临近的类似分类区域聚类并合并。

(3)过滤处理可以解决分类图像中出现的孤岛问题，其使用斑点分组方法来消除这些被隔离的分类像元。

(4)去除分析是用于删除原始分类图像中的小图斑或"Clump"聚类图像中的小"Clump"类组。

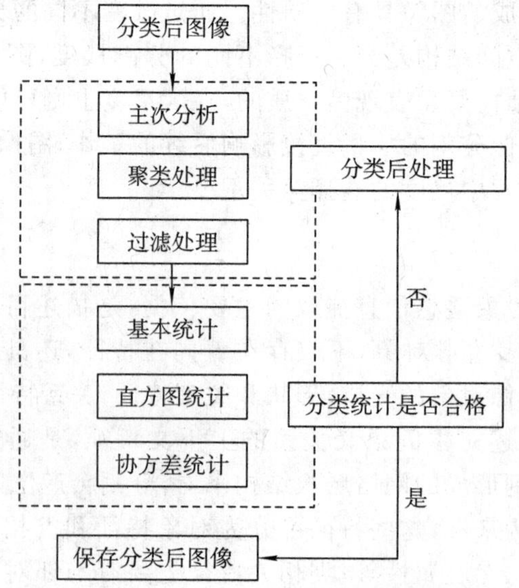

图31-1　遥感图像的分类后处理及精度评价

三、图像处理过程

(一)主次分析

在主菜单中,选择"Majority/Minority"采用类似于卷积滤波的方法将较大类别中的虚假像元归到该类中,定义一个变换和尺寸,用变换核中占重要地位(像元多)的像元类别代替中心像元的类别。如果使用次要分析("Minority Analysis"),将用变换核中占次要地位的像元类别代替中心像元的类别。

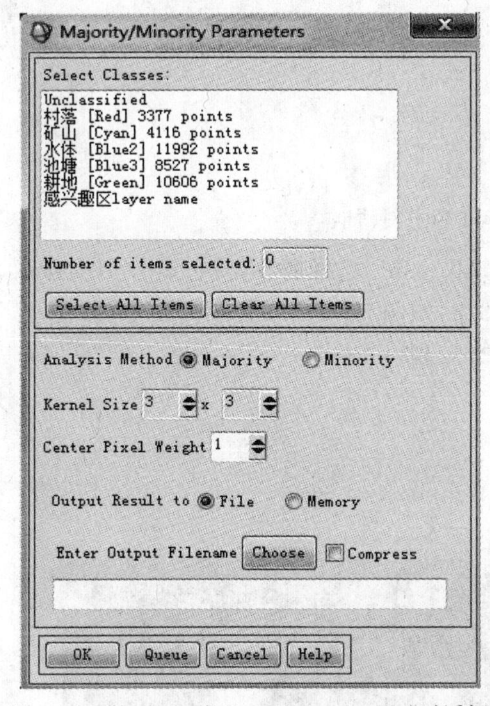

图 31-2　"Majority/Minority Parameters"对话框

在主菜单中,选用"Classification"→"Post Classification"→"Majority/Minority Analysis",在打开的对话框中,选择分类后图像,单击"OK",打开"Majority/Minority Parameters"对话框,如图 31-2 所示。

(1)选择分类类别("Select Classes"):单击"Select All Item",选择所有类别。

(2)选择分析方法("Analysis Method"):选择"Majority"。

(3)选择变换核("Kernel Size"):5×5。必须是奇数且不必为正方形,变换核越大,分类图形越平滑。

(4)中心像元权重("Center Pixel Weight"):1。在判定变换核中哪个类别占主体地位时,中心像元权重决定中心像元类别将被计算多少次。例如,如果输入的权重为 1,系统仅计算 1 次中心像元类别;如果输入 5,系统将计算 5 次中心像元类别。

(5)选择输出路径及文件名,单击"OK",执行"Majority"分析。

(6)"Majority"分析后分类结果如图 31-3 所示。

图 31-3　"Majority"分析后分类结果

(二)聚类处理

分类图像经常缺少空间连续性(分类区域中存在斑点或洞),低通滤波虽然可以用来平滑这些图像,但是类别信息常常会被临近类别的编码干扰,可以通过聚类处理解决该类问题。先将被选的分类用一个扩大操作合并到一起,然后在参数对话框中设置变换核大小,并对分类图像进行腐蚀操作。

在主菜单中,选择"Classification"→"Post Classification"→"Clump Class",在"Classification Input File"对话框中,选择一个分类图像文件,单击

"OK"，打开"Clump Parameters"对话框，如图 31-4 所示。

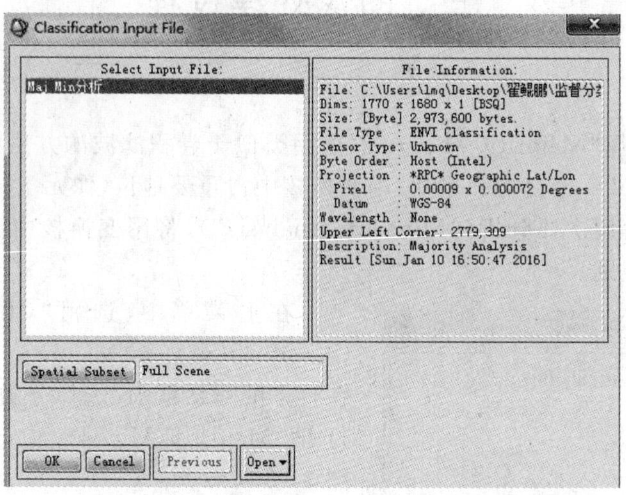

图 31-4 "Classification Input File"对话框

(1)选择分类类别("Select Classes")：单击"Select All Item"，选择所有类别，如图 31-5 所示。

(2)输入形态学算子大小("Rows"和"Cols")为 3、3，如图 31-5 所示。

(3)选择输入路径及文件名，单击"OK"，执行聚类处理。

(4)聚类分析成果如图 31-6 所示。

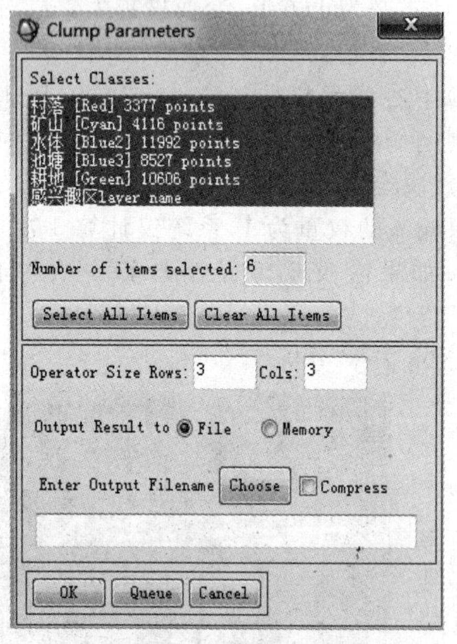

图 31-5 选择分类类别

图 31-6 聚类分析成果

(三)过滤处理

过滤处理解决分类处理中出现的孤岛问题，使用斑点分组方法来消除这些被隔离的分类像元。类别筛选方法通过分析周围的 4 个或 8 个像元，判定 1 个像元是否与周围的像元同组。如果一类中被分析的像元少于输入的阈值，这些像元就会被从该类中删除，删除的像元归为未分类像元。

在主菜单中，选择“Classification”→“Post Classification”→“Sieve Classes”，在“Classification Input File”对话框中选择一个分类图像文件，单击“OK”，打开“Sieve Parameters”对话框，如图 31-7 所示。

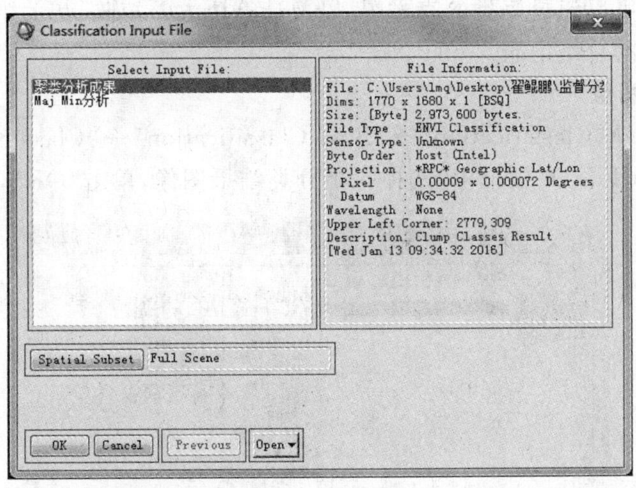

图 31-7 “Classification Input File”对话框

(1)选择分类的类别(“Select Classes”)：单击“Select All Item”，选择所有类别，如图 31-8 所示。

(2)输入过滤阈值(“Group Min Threshold”)：2。一组中小于该数值的像元将从相应类别中删除，如图 31-8 所示。

(3)确定聚类邻域的大小(“Number of Neighbors”)：8，如图 31-8 所示。

(4)选择输出路径及文件夹，单击“OK”，执行过滤处理。

(5)过滤处理成果，如图 31-9 所示。

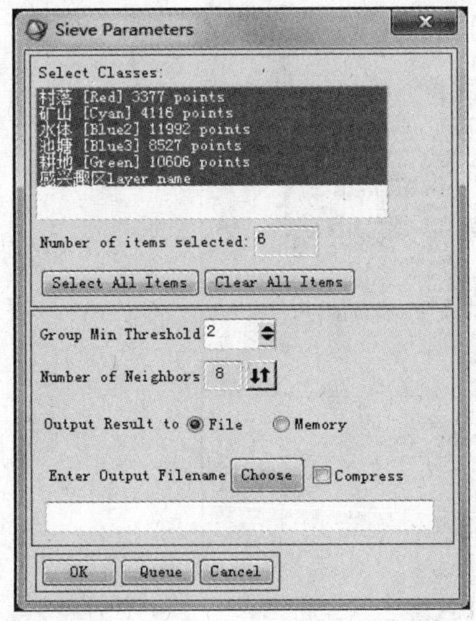

图 31-8 “Sieve Parameters”对话框

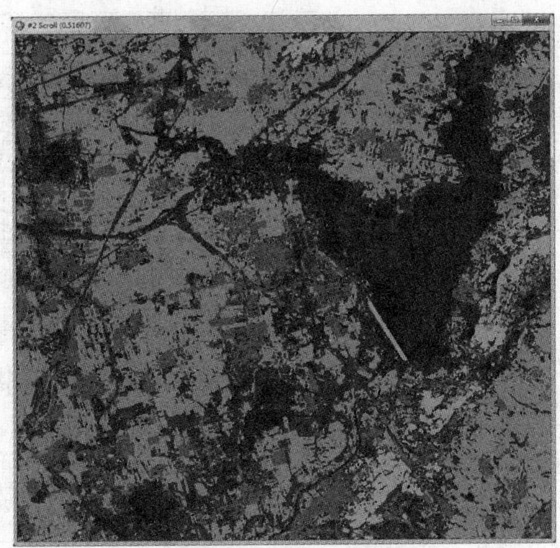

图 31-9 过滤处理成果

(四)分类统计(Class Statistics)

分类统计是基于分类结果计算相关输入文件的统计信息(基本统计包括类别中的像元数、最小值、最大值、平均值及类别中每个波段的标准差等)的,可以绘制每一类的最小值、最大值、平均值及标准差,还可以记录每类的直方图,以及计算协方差矩阵、相关矩阵、特征值和特征向量,并显示所有分类的总结记录。

1. 选择待分类图像

在主菜单中,选择“Classification”→“Post Classification”→“Class Statistics”,在打开的“Classification Input File”对话框中,选择一幅分类结果图像,单击“OK”,如图 31-10 所示。

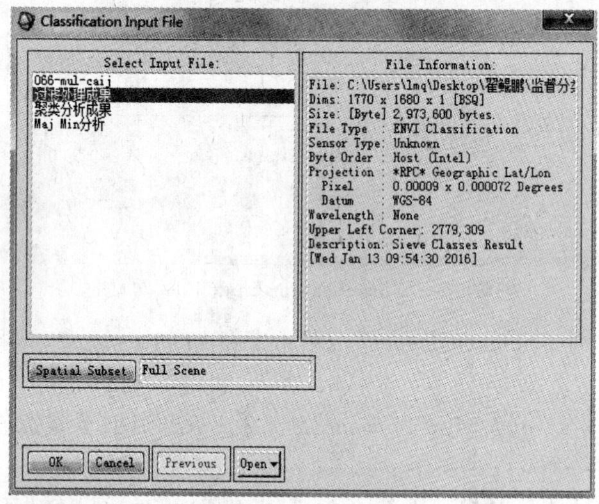

图 31-10 “Classification Input File”对话框

2. 确定“DN”值

在“Statistics Input File”对话框中,选择一个用于计算统计信息的输入文件,确定分类图像中各个类别对应的“DN”值,单击“OK”,如图 31-11 所示。

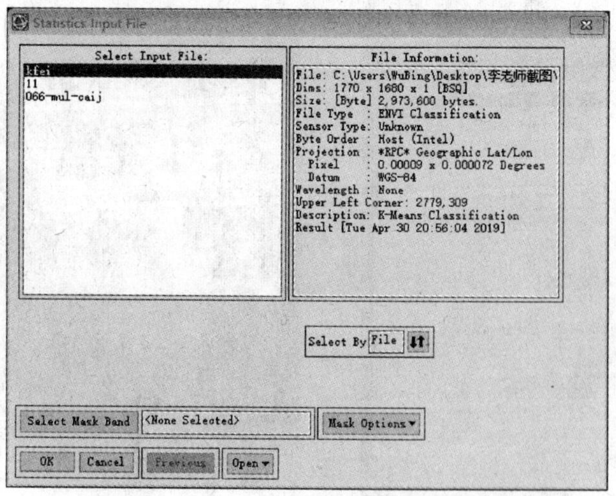

图 31-11 “Statistics Input File”对话框

3. 统计分类

在“Class Selection”对话框中，单击列表中类别名称，选择要计算统计的分类，单击“OK”，如图 31-12 所示。在“Compute Statistics Parameters”对话框的复选框中，选择需要的统计项，包括以下三种统计类型：

(1)基本统计(“Basic Stats”)。基本统计信息包括所有波段的最小值、最大值、均值和标准差，若该文件是多波段的，还包括特征值。

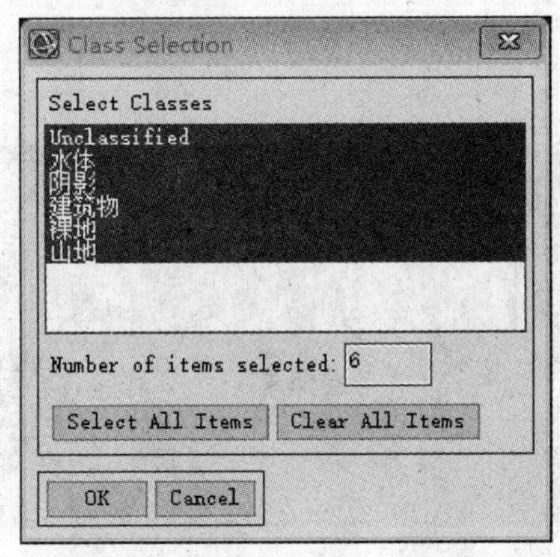

图 31-12 “Class Selection”对话框

(2)直方图统计(“Histograms”)。生成一个关于频率分布的统计直方图，列出图像直方图(如果直方图的灰度小于或等于 256)中每个“DN”值的点的数量(“Npts”)、累积点数量(“Total”)、每个灰度值的百分比(“Pct”)和累积百分比(“Acc Pct”)。

(3)协方差统计(“Covariance”)。协方差统计信息包括协方差矩阵、相关关系系数矩阵及特征值和特征向量，当选择这一项时，还可以将协方差结果输出为图像(“Covariance Image”)。

本例将三种类型都选上，如图 31-13 所示。

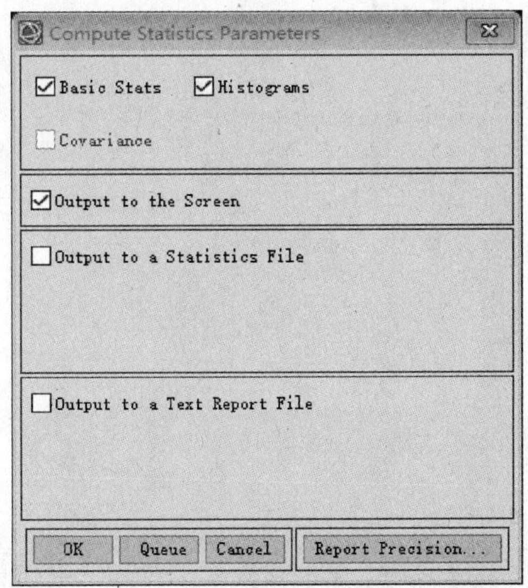

图 31-13 “Compute Statistics Parameters”对话框

4. 统计结果输出

输出结果的方式包括三种:输出到屏幕显示、生成一个统计文件(*.sta)和生成一个文本文件。其中,生成的统计文件可以通过"Bastic Tools"→"Statistics"→"View Statistics File"命令打开。本例将三种输出结果的方式都选上,单击"OK",执行统计,统计结果如图 31-14 所示。

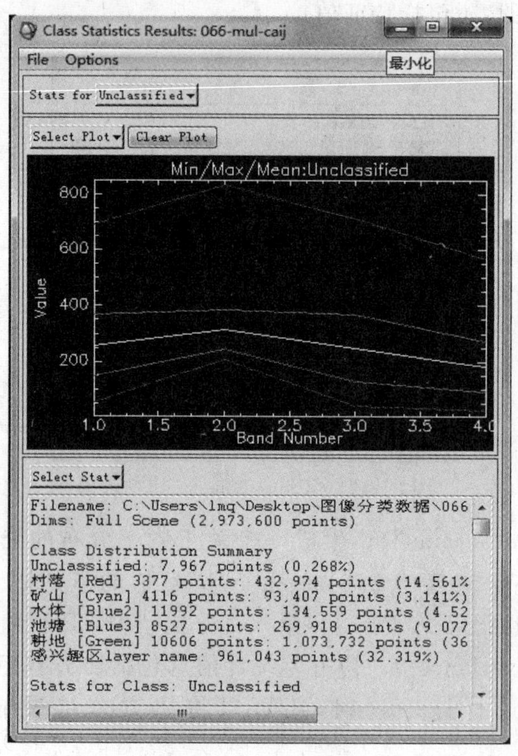

图 31-14 统计结果

第三部分　遥感专题实习

实习三十二　遥感图像快速制图

一、目的与要求

了解遥感分类后快速制图流程和方法。练习并掌握遥感图像制图步骤，以及加注基本地图要素方式、专题制图的布局，观察高分数据用ENVI软件快速制图的效果。

二、实习技术方法

ENVI的地图制图功能使得用户能够方便快捷地、交互式地添加图例等要素，将一幅图像绘制成地图。制图过程一般为：首先使用ENVI软件快速制图(Quick Map)功能生成基本模板(或恢复原保存的模板)，然后使用ENVI软件的注记功能或其他图像叠合功能按需要进行交互式制图。快速制图允许用户设定地图比例尺、输出页的大小及方位，能够选择用于制图的图像空间子集，还可以方便地添加基本地图要素，如地图公里网、比例尺、地图标题、标识、地图投影信息和其他基本地图注记，如图32-1所示。

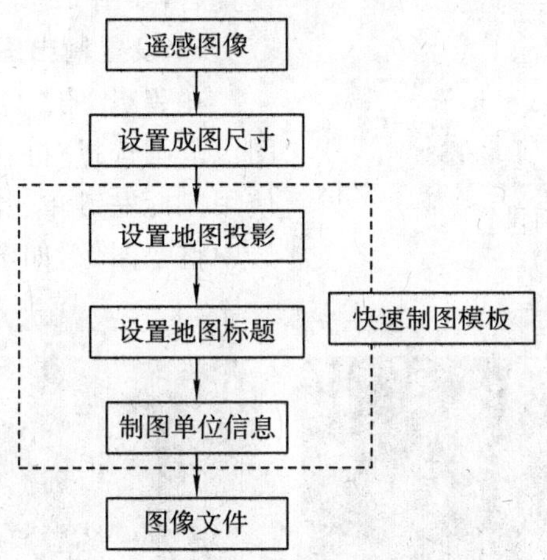

图32-1　遥感图像快速制图流程

三、实习过程

(一)数据准备

在经典版ENVI主菜单中，选择“File”→“Open Image File”，选择多光谱GF-1-mul.img文件，单击“Open”。相应的文件和波段会列在可用波段列表中，将图像在主图像窗口打开。

(二)生成快速制图模版

1. 设置输出尺寸

(1)设置"Input Display Pixel Size"对话框。从"Display"主图像显示窗口菜单中，选择"File"→"Quick Map"→"New Quick Map"，打开"Input Display Pixel Size"对话框。在这个窗口中设置制图页面大小、页面方位及地图比例。页面长和宽的计算公式为

$$\text{Width}=\frac{\text{图像实际宽度}}{\text{比例尺分母}}+\text{系数} \tag{32-1}$$

$$\text{Length}=\frac{\text{图像实际长度}}{\text{比例尺分母}}+\text{系数} \tag{32-2}$$

增加一个系数表示图框外的区域大小，一般默认为100像素，本次实习采用的为GF-1卫星图像，其空间分辨率为8 m，头文件中Samples=1 119、Lines=1 172，则图像实际大小为

1 119×8=8 952(m)(东西宽)

1 172×8=9 316(m)(南北长)

比例尺为1∶10 000，对应的框大小分别为0. 895 2 m和0. 931 6 cm，加上图框外100像素，实际页面大小应设置为0. 975 2 m×1. 011 6 m。完成"Input Display Pixel Size"对话框设置后，如图32-2左图，单击"OK"。弹出"QuickMap Default Layout"对话框。

(2)设置"Quick Map Default Layout"对话框。完成"QuickMap Default Layout"对话框设置后，如图32-2右图，单击"OK"。

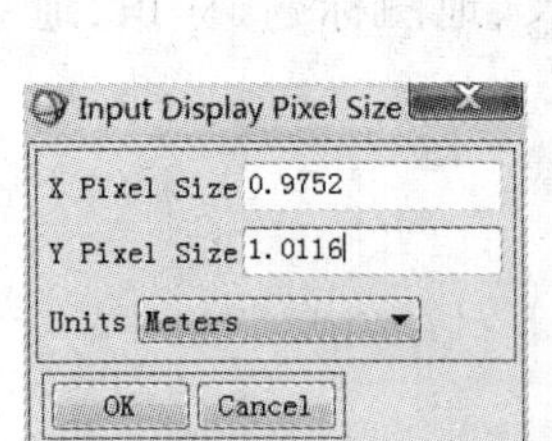

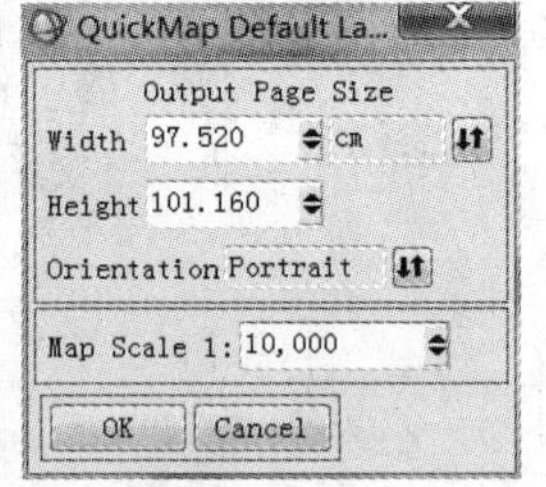

图 32-2 制图页面设置

2. 设置输出图像范围

在弹出的"QuickMap Image Selection"图像范围选择对话框中，选择图像的制图区域。使用鼠标左键单击方框的左下角并拖动方框，选中整幅图像，如图32-3所示，单击"OK"。

图 32-3 快速制图的输出结果

3. 图幅整饰

在弹出的“QuickMap Parameters”对话框中，进行参数设置，如图 32-4 所示。

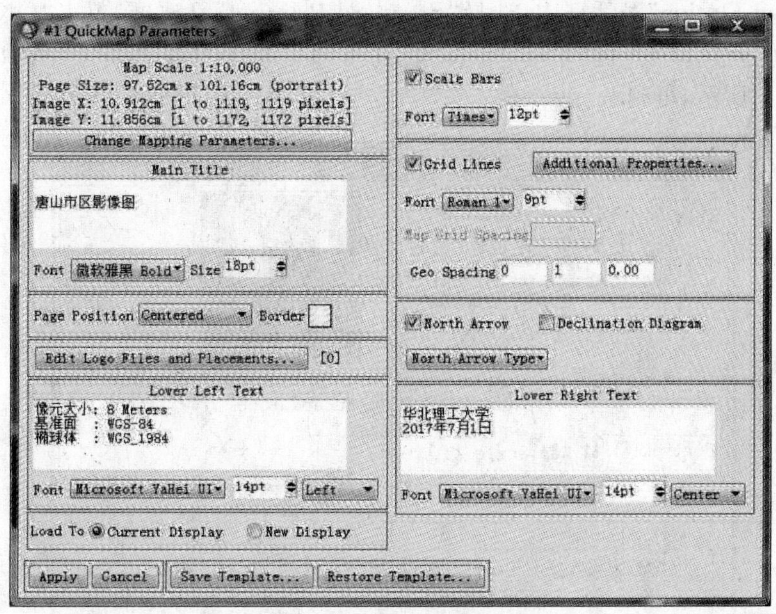

图 32-4　快速制图参数设置

(1)“Main Title”：在对话框中单击“Main Title”文本框，输入“唐山市区影像图”，“Font”选择“True Type441-460”中的“微软雅黑 Bold”，“Size”设置为“18 pt”。

(2)“Lower Left Text”：在对话框中右击“Lower Left Text”文本框，在弹出的菜单中选择“Load Projection Info”，从 ENVI 头文件中加载图像的投影信息。对投影信息进行更改，字体“Font”设置为“True Type421-440”中的“Microsoft YaHei UI”。字体大小设置为“14 pt”。

(3)“Scale Bars”：将复选框选中，字体“Font”设置为“Times”，字体大小设置为“12 pt”。

(4)“Grid Lines”：将复选框选中，字体“Font”设置为“Hershey Fonts”中的“Roman1”，字体大小设置为“9 pt”。

(5)“Lower Right Text”：输入和版权信息。本图输入制图信息“华北理工大学、2017 年 7 月 1 日”，字体“Font”设置为“True Type421-440”中的“Microsoft YaHei UI”，字体大小设置为“14 pt”。

(6)其他参数设置如图 32-4 所示，需注意，如果有中文字符要选择中文输入法。

(7)单击“Apply”，查看制图效果。如果需要，可以修改“QuickMap Parameters”对话框中的设置，然后单击“Apply”，更新显示结果。

(三)输出制图结果

1. 保存为快速制图模板

在“QuickMap Parameter”对话框中单击“Save Template”，选择输出文件路径及文件名，单击“OK”，将快速制图的结果保存为快速制图模板文件，以备下次使用。同时，这个模板可以在处理相同像元大小的图像时调用，只需显示所需图像，并选择“File”→“QuickMap”→“From Previous Template”打开已经保存的快速制图模板。

2. 设置输出路径

在主图像窗口中，选择“File”→“Save Image As”→“Postscript File”，在弹出的“ENVI Quick Map Print Option”对话框中，选择“Standard Printing”复选框，单击“OK”后弹出“Out Display to Postscript File”，将“Map Scale”设置为“1∶10 000”，选择文件输出路径后单击“OK”，如图 32-5 所示，得到 *.ps 文件。

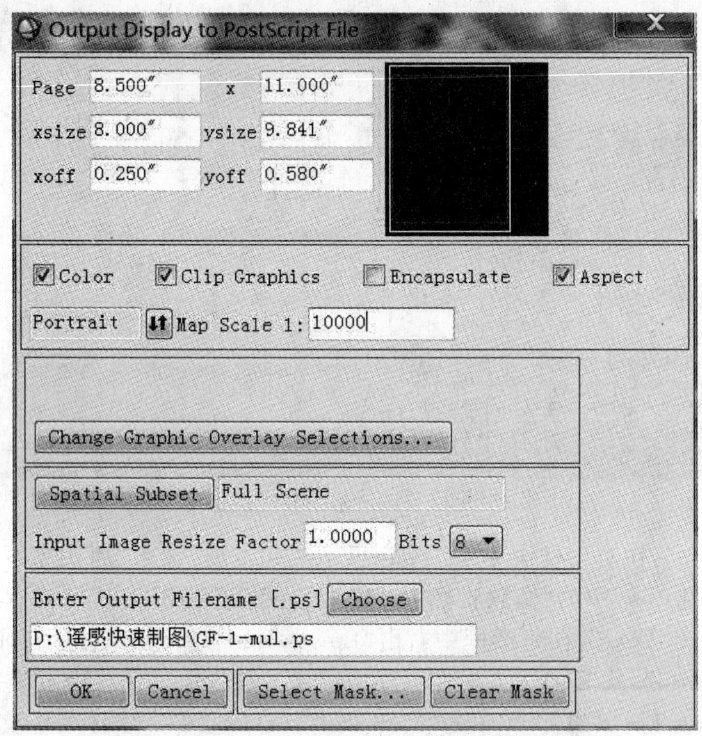

图 32-5 “Out Display to Postscript File”对话框

3. 数据格式转换

在 Photoshop 软件中打开 GF-1-mul-standard printing. ps 文件，在弹出的栅格化通用 EPS 格式窗口将分辨率设置为 720 像素/英寸，单击“确定”，如图 32-6 所示。

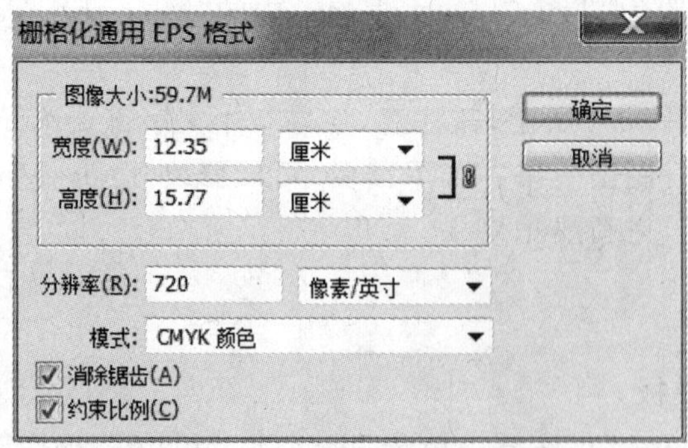

图 32-6 栅格化通用 EPS 格式窗口

在 Photoshop 软件中将该图像存储为 *.jpg 文件，以便出图及查看，如图 32-7 所示。利用该方法制作的曹妃甸区 Landsat8 遥感影像图可参考附录 F。

图 32-7　快速制图成果

四、知识拓展

(一)遥感图像地图

遥感制图是指通过对遥感图像进行目视解译或利用图像处理系统对各种遥感信息进行增强与几何校正并加以识别、分类和制图的过程。遥感图像有航空遥感图像和卫星遥感图像，制图方式有计算机制图与常规制图，其制作要求(部分参考附录 B)。目前应用最多的是多波段卫星图像，其具有信息量丰富、现势性强、编图周期短等优点。图 32-8 为利用 Landsat8 数据制作的曹妃甸区遥感影像图。

遥感图像地图是以遥感图像和一定的地图符号来表示制图对象地理空间分布和环境状况的地图。在遥感图像地图中，图面内容由图像构成，配以一定地图符号来表示或说明制图对象。与普通地图相比，图像地图具有丰富的地面信息，内容层次分明，图面清晰易读，充分表现出图像与地图的双重优势。这些图像地图标有比例尺、地理坐标等，采用线划符号表示制图对象、地名注记和说明注记等，大比例尺普通图像还标有等高线和高程注记。

图像地图按表现内容分为普通图像地图和专题图像地图。普通图像地图是在遥感图像中综合、全面地反映一定制图区域内的自然要素和社会经济内容，包含等高线、水系、地貌、植被、居民点、交通网、境界线等制图对象。专题图像地图是在遥感图像中突出并较完备地表示一种或几种自然要素或社会经济要素，如土地利用专题图、植被类型图等。

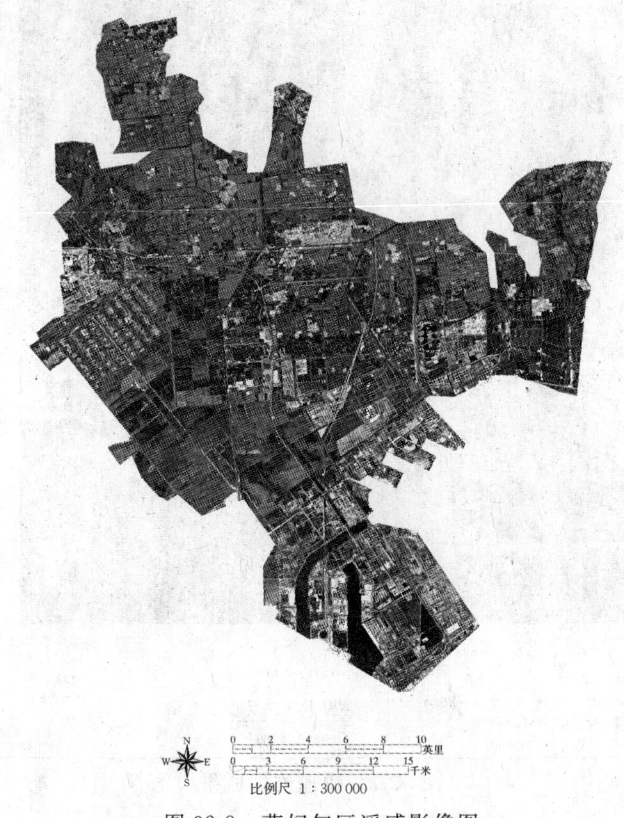

图 32-8 曹妃甸区遥感影像图

(二)遥感图像地图特征

目前，不少国家利用航空像片生产了 1：500、1：1 000 和 1：2 000 的超大比例尺正射影像图，以满足城市发展和工程建设的需要；利用卫星遥感图像制作了 1：1 000 000 或 1：4 000 000 卫星遥感图像地图，以反映国家所处的地理环境；有些区域和部门利用卫星图像制作彩色图像地图，以了解区域发展和地理环境特征。遥感图像地图一般具有以下主要特征：

(1)丰富的信息。彩色图像地图的信息量远远超过线划地图，没有信息空白区域。利用遥感图像地图可以解译大量制图对象的信息。

(2)直观形象。遥感图像是制图区域地理环境与制图对象进行“自然概括”后的构像，通过正射投影校正和几何校正等处理后，能直观形象地反映地势的起伏、河流蜿蜒曲折的形态，比普通地图更具可读性。

(3)准确精密。经过投影校正和几何校正处理后的遥感图像，每个像元点都具有自己的坐标位置，按地图比例尺与坐标网可以进行量测。

(4)现势性强。遥感图像获取地面信息快，成图周期短，能够反映制图区域当前的状况，具有很强的现势性。人迹罕至地区，如沼泽地、沙漠、崇山峻岭，更显示出遥感图像地图的优越性。

实习三十三　利用 ArcGIS 制作遥感专题图

一、目的与要求

了解地图设计中各种地图元素添加方法，掌握 ArcGIS 软件制作遥感专题地图流程，学会 ArcGIS 软件加载遥感图像文件的转换方法。练习利用 ArcGIS 制作一张小区域的遥感专题图。

二、实习准备

(一)数据准备

实习数据包括：研究区遥感图像（以 2015 年 10 月唐山市主城区 Landsat8 遥感图像为例）、研究区边界（＊.shp 文件）。

(二)软件准备

确认计算机已安装 ArcGIS(10.0 及以上版本)和 ENVI 软件。

三、实习内容与关键步骤

(一)遥感底图的加工与准备

1. 制图区遥感图像的裁剪和预处理(在 ENVI 软件中)

本次实习数据为 Landsat8 OLI_TIRS 传感器数据（包括 15 m 分辨率的全色波段和 30 m 分辨率的多光谱数据），处理流程如图 33-1 所示。

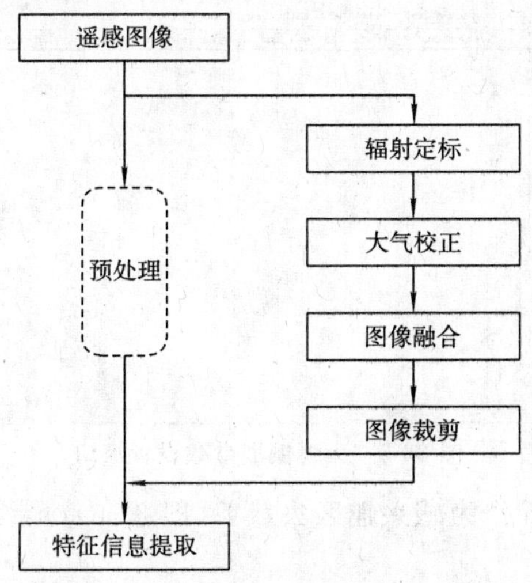

图 33-1　Landsat8 数据预处理流程

具体操作如下：

(1)辐射定标，选择图 33-2 中辐射校正命令下的“Radiometric Calibration”命令。

(2)大气校正，选择图 33-2 中辐射校正命令下的“FLAASH Atmosphere Correction”命令。

(3)融合，将处理结果进行融合，选择图 33-3 中“Gram-Schmidt Pan Sharpening”命令。

(4)镶嵌，对融合后的图像进行镶嵌，选择“Mosaicking”→“Seamless Mosaic”，如图 33-4、图 33-5 所示。

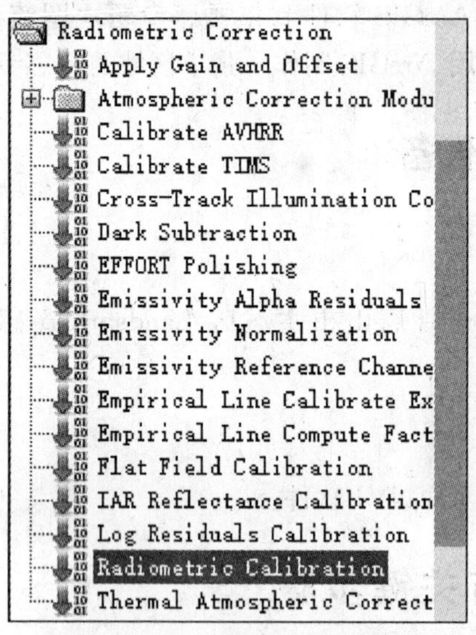

图 33-2 ENVI 辐射校正命令模块

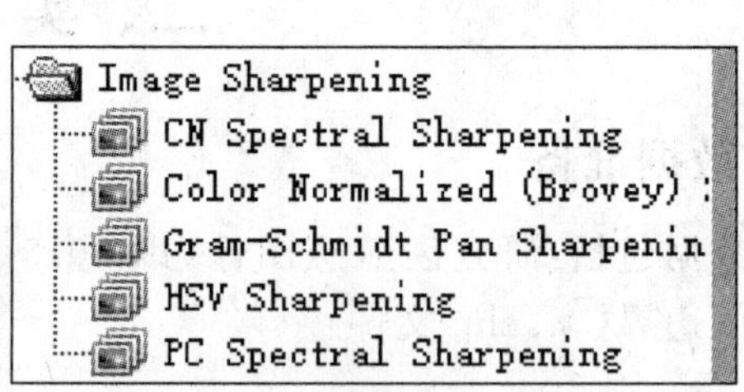

图 33-3 图像融合命令模块

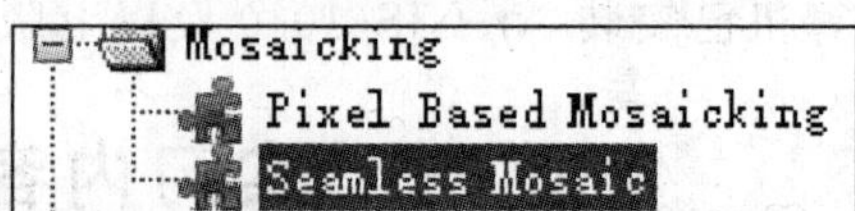

图 33-4 图像镶嵌命令模块

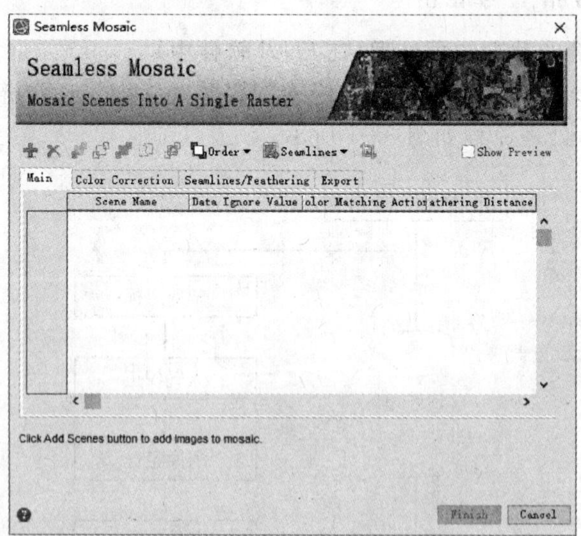

图 33-5 无缝镶嵌参数设置窗口

(5)裁剪，用研究区边界作为感兴趣区去裁剪(图 33-6)，最终得到研究区域的高分辨率图像(图 33-7)。

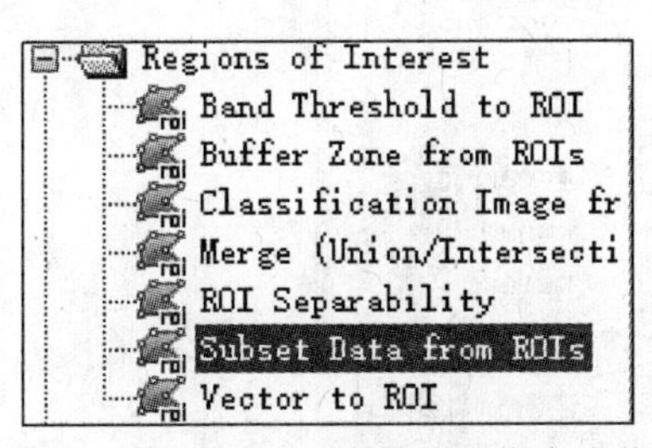

图 33-6　基于关注区域裁剪图像命令模块

图 33-7　预处理结果

2. 将遥感图像另存为 TIFF 格式

由于 ENVI 软件处理后得到的图像格式在 ArcGIS 中不能直接打开，所以需要在 ENVI 软件中对输出格式进行转换。单击“File”→“Save As”，在弹出的“Save File As Parameters”窗口中，选择输出格式为 TIFF，如图 33-8 所示，确定输出文件路径后，单击“OK”。

3. 将提取的研究区特征信息(以水体为例)转换为矢量格式

在 ENVI 5.1 中将分类结果保存成 SHP 格式(矢量格式)需要两步转换，即将分类结果转换成 EVF 格式，然后再将 EVF 格式转换成 SHP 格式。具体操作：①单击“Toolbox”→“Vector”→“Raster to Vector”→选择分类结果→保存成 EVF 格式(图 33-9)；②将保存的 EVF 格式图像导入主界面中→“Toolbox”→“Vector”→“Classic EVF to Shapefile”→选择保存位置进行保存。

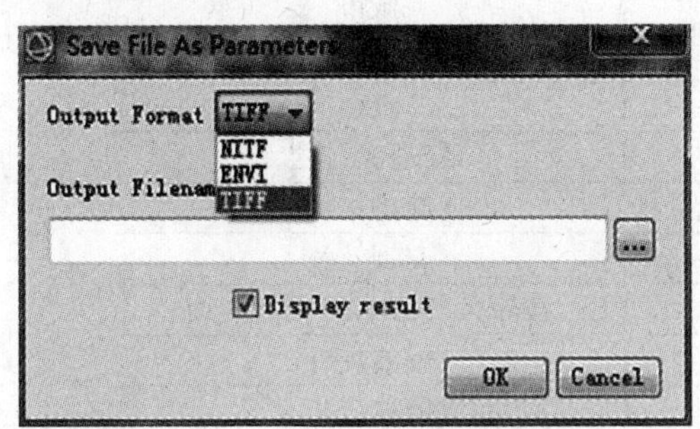

图 33-8　遥感图像格式转换窗口

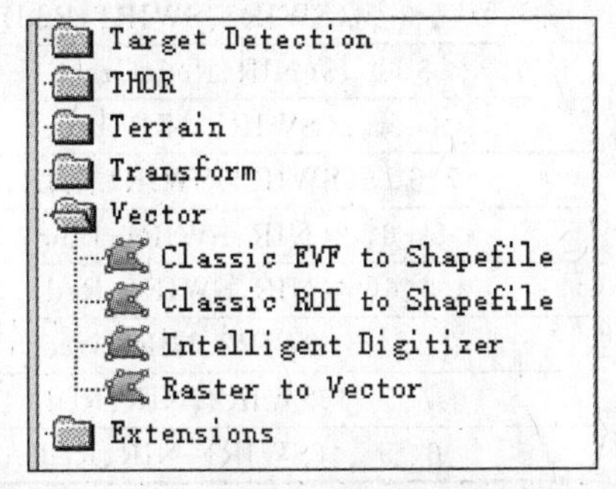

图 33-9　遥感特征信息格式转换命令模块

4. 在 ArcMAP 中加载制图区遥感图像

打开 ArcMAP，单击“✦·”，添加遥感图像、遥感提取的矢量水系数据、研究区边界，结果如图 33-10 所示。

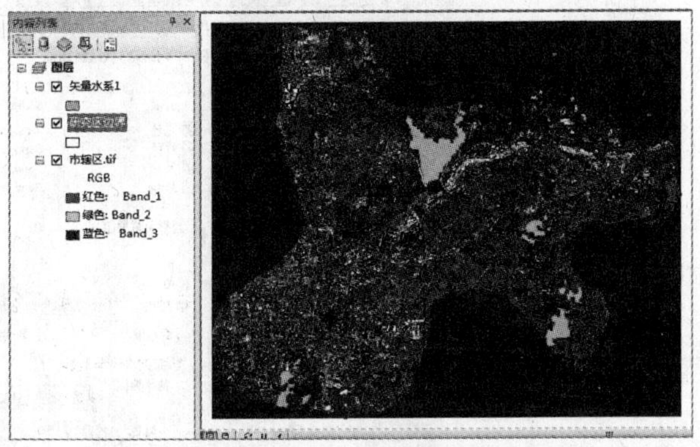

图 33-10　ArcMAP 中数据加载结果

(二)专题图制作

1. 清晰显示制图区遥感图像

单击研究区边界图层的符号，在弹出的符号选择器菜单中，设置填充颜色(空白)、轮廓线宽、轮廓颜色，如图 33-11 所示。用同样的方法设置矢量水系图层的显示参数。

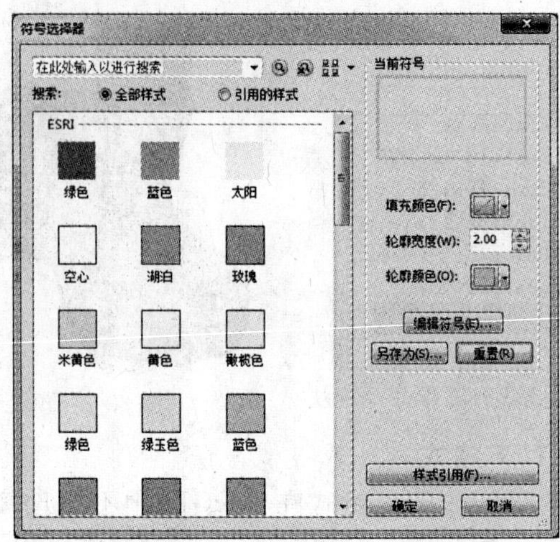

图 33-11 符号选择器窗口

双击遥感图像图层的 R、G、B,在弹出的图层属性窗口中的符号系统中,设置 R、G、B 合成的显示波段(各波段组合用途如表 33-1 所示,本例选取 4、3、2 波段组合)和背景值(建议设为 0→白色),如图 33-12 所示,其结果如图 33-13 所示。

表 33-1 Landsat8 OLI 波段合成用途

波段组合方式	主要用途
4、3 、2(Red、Green、Blue)	自然真彩色
7、6 、4(SWIR2、SWIR1、Red)	城市
5、4 、3(NIR、Red、Green)	标准假彩色图像,植被
6、5 、2(SWIR1、NIR、Blue)	农业
7、6、5(SWIR2、SWIR1、NIR)	穿透大气层
5、6、2(NIR、SWIR1、Blue)	健康植被
5、6、4(NIR、SWIR1、Red)	陆地/水
7、5 、3(SWIR2、NIR、Green)	移除大气影响的自然表面
7、5 、4(SWIR2、NIR、Red)	短波红外
6、5 、4(SWIR1、NIR、Red)	植被分析

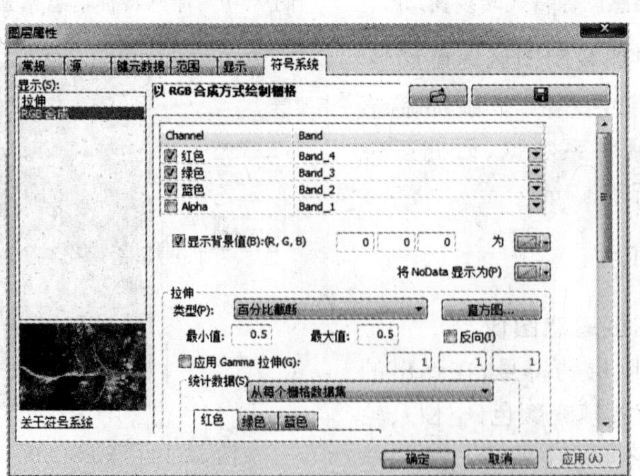

图 33-12 遥感图像 R、G、B 合成属性窗口

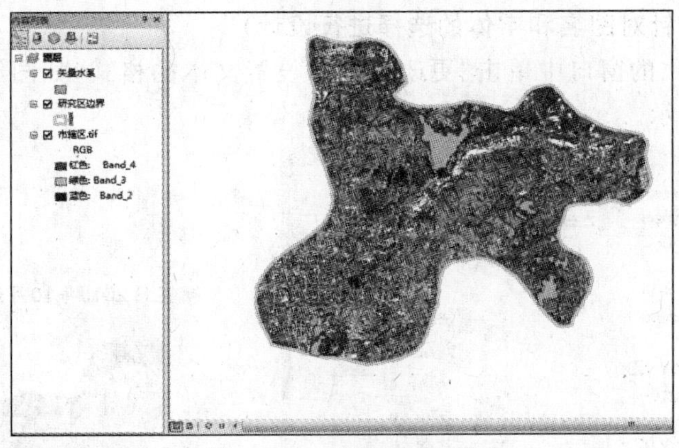

图 33-13　数据窗口视图

2. 设置专题图制版

在页面布局窗口，对专题图的布局风格进行初步设计，如图 33-14 所示。

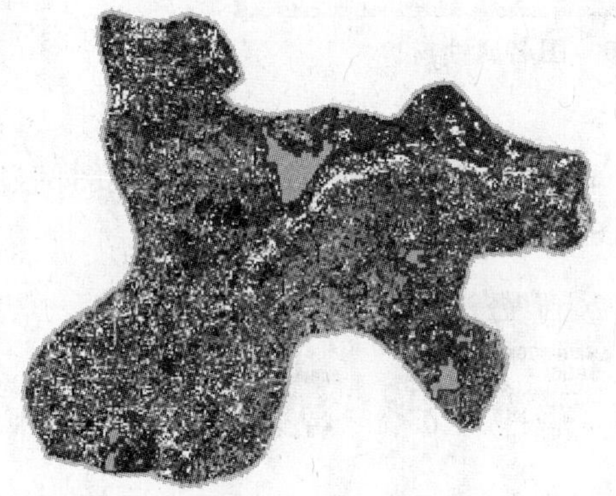

图 33-14　制图窗口

(三)专题图的整饰与再设计

在布局视图窗口，单击主菜单的“插入”下拉菜单，添加内图廓线、标题、图例、指北针、比例尺等，如图 33-15 所示。

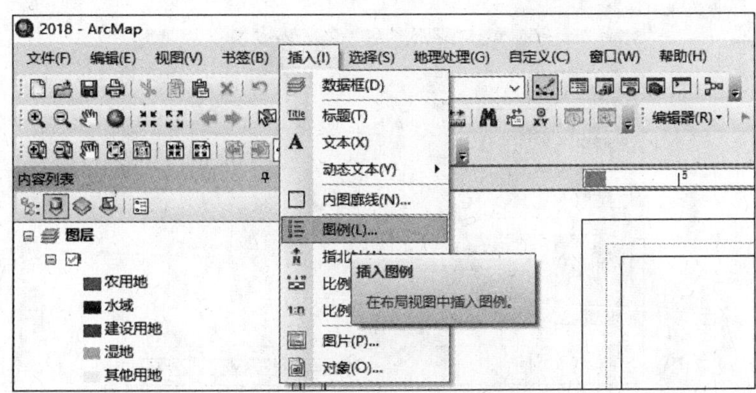

图 33-15　插入命令位置

1. 图名的整饰(针对图名和字体的选择进行设计)

双击题名,在弹出的窗口中单击“更改符号”,设置文本的格式,如图 33-16 所示。图名添加结果如图 33-17 所示。

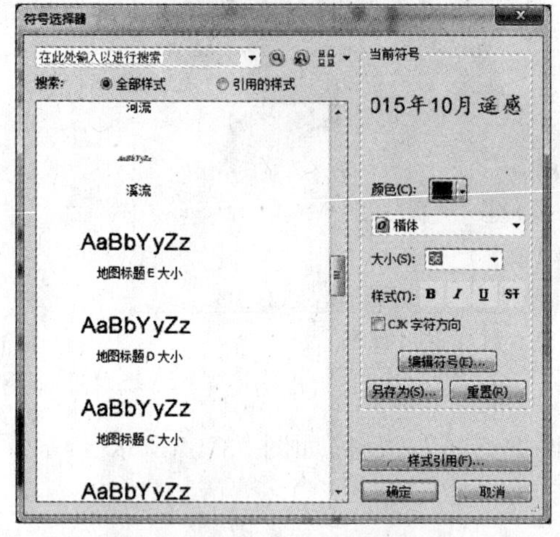

图 33-16 图名属性窗口

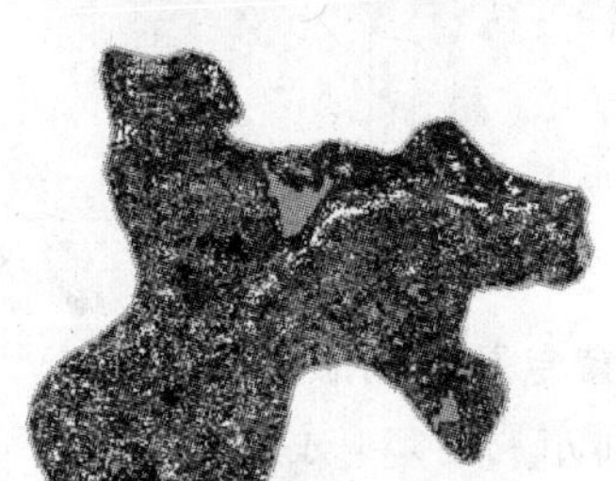

图 33-17 图名添加结果

2. 图例的整饰

添加图例时,通过图 33-18 中的增删、升降序控件,调整图例显示内容,设置图例框架属性(图 33-19)。添加后结果如图 33-20 所示。

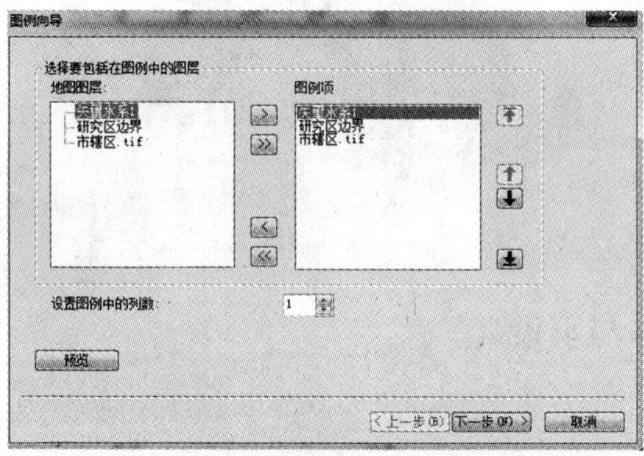

图 33-18 图例内容增删窗口

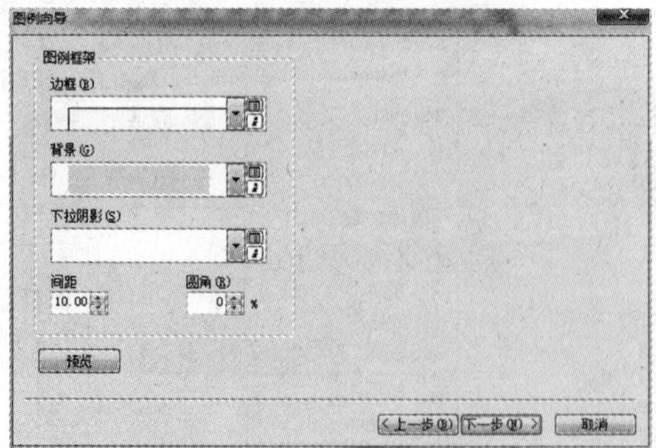

图 33-19 图例框架属性窗口

3. **比例尺、指北针和图框的整饰**

添加比例尺后，双击比例尺图标，在弹出的窗口中设置比例尺的属性。添加比例尺结果如图 33-21 所示。

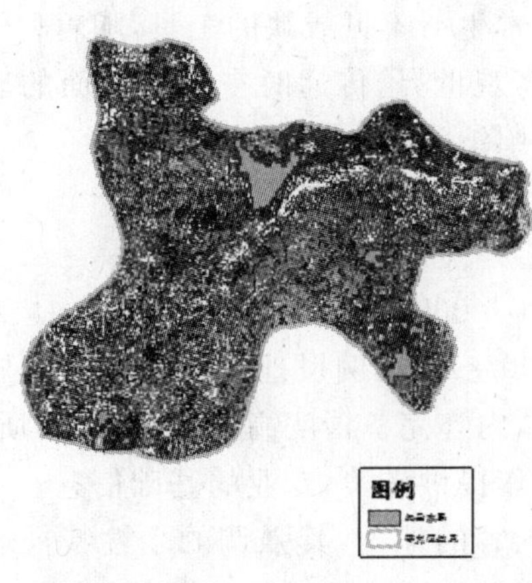

图 33-20　图例添加结果

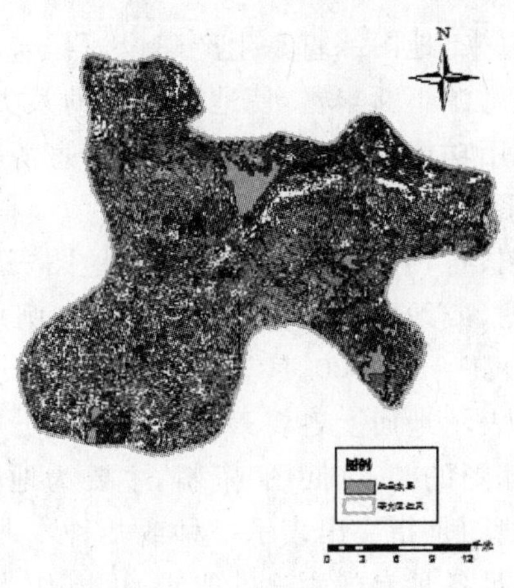

图 33-21　比例尺添加结果

选中图框，右键选择属性，在图 33-22 中，设置框架显示参数。最终结果如图 33-23 所示。

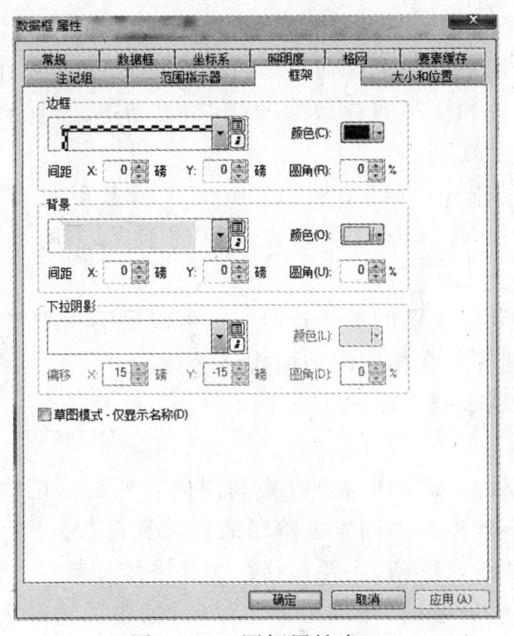

图 33-22　图框属性窗口

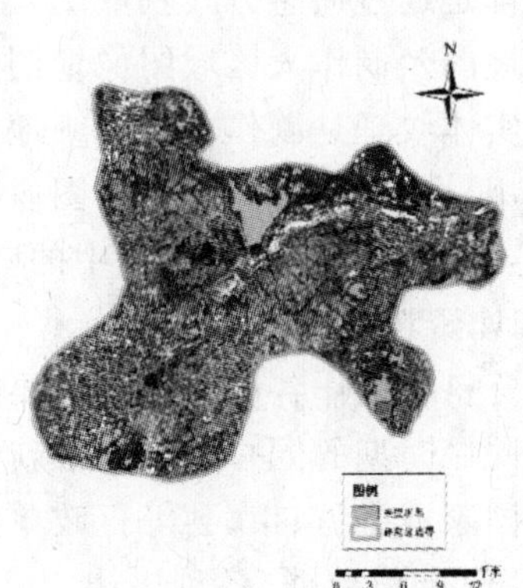

图 33-23　研究区遥感专题图

4. **图像输出与保存**

输出路径自行选择，但最终输出图的尺寸要根据纸张大小调整，且像素要保证在 300 kb 以上，避免出现成图图像不清的状况。

四、知识拓展

(一)地图的信息源

长期以来,地图一直是生产建设、科学实验、日常生活不可或缺的工具,随着科学技术的进步,地图信息源不断丰富,使地图在帮助人类认识客观世界、传递时空信息方面的表现形式更加多样,应用功能不断扩大。地图的信息源一般可归纳为四大类。

1. 地图资料

地形图、各种专题地图等都属于地图资料。

地形图(或地形图矢量数据)是指比例尺为 1∶5 000、1∶10 000、1∶25 000、1∶50 000、1∶100 000、1∶250 000、1∶500 000 和 1∶1 000 000 系列比例尺地图。这种地图属于普通地图,它综合表示地面上各要素特征和空间分布特点,内容完备精度高,是新编地图质量的保障,一般用作编图的基本(底图)资料,主要为地图的制作提供详实、专业的基础信息。

专题地图是指突出表示一种或几种专题要素内容的地图,其强调的个性特征表达详细而真实,能满足各种专门用途的要求,可以作为编制同类专题地图的参考底图和编制普通地图时表达专题要素的依据。

2. 图像资料

航空像片、卫星图像、地面实体纹理等都属于图像资料。

航空像片的特点是比例尺都较大,分辨率从几十米到几米的都有,一般用于制作各种城市规划图、城区图、土地利用图,以及重点经济和军事目标数据的获取、更新等。但受气候、飞机飞行姿态影响较大,需要对其进行各种校正处理。

卫星图像相对于航空像片来说比例尺较小,分辨率从 100 m 到 1 m 甚至厘米级的都有。卫星图像都是通过遥感方式获取的,速度快,覆盖面积大,不受气候的干扰,多用于快速获取、更新各种地图及制作大区域图像地图。

地面实体纹理是制作各种三维地图、专题地图的重要资料。它可以是实物或照片,直接在地图上使用,也可以将地图纹理、图像纹理等贴在相应的地面物体上。

目前,图像资料在地图制作中的应用越来越广泛。

3. 统计资料

统计资料是制作各种地图的重要数据源。编图时,要收集制图内容所需要的整个地区及各部分的同一时期的同一指标的最新资料数据和不同发展阶段的各种资料数据。统计资料一般存放于国家或各省、市、县等行政单位的统计部门,主要包括社会经济统计数据、人口统计数据、工农商业产值数据、各种进出口产品数量数据、环境污染监测数据、各种物理现象的观测值、海洋和陆地水文要素的观测数据等。

4. 文字资料

与地图制作有关的各种专著、论文、调查报告、访问记录、地图生产技术档案、地图调查资料及地理文献等,都可以作为编图的文字资料。它是进行区域分析资料选择和各要素内容分类分级的重要参考资料。通过文字资料,还可以研究各种制图资料的可靠程度和内容的完整性。

(二)遥感图像色彩在地物表达中的作用

不同波段合成的遥感图像不仅色彩不同,图像所能表达的主题信息也有区别,所以在制作遥感专题图前,要根据制图目的,在遥感软件(如 ENVI)中对制图区遥感图像进行必要的预处理,以达到较好地表达地表现状的目的。

对于 TM 数据而言,其波段组合用途如表 33-2 所示,本实习意在通过遥感图像表达地表覆盖状况,故选用了 4、3、2 的波段组合。

表 33-2　Landsat TM 波段合成总结说明

波段组合方式	类型	特点
4、3、2	真彩色图像	用于各种地类识别,特点是图像平淡、色调灰暗、彩色不饱和、信息量相对减少
5、4、3	标准假彩色图像	地物图像丰富,层次分明,尤其是植被和水体特征明显,可用于植被分类和水体识别
7、4、3	模拟真彩色图像	用于居民地、水体识别
7、5、4	非标准假彩色图像	画面偏蓝色,用于特殊的地质构造调查
5、4、1	非标准假彩色图像	植物类型较丰富,用于研究植物分类
4、5、3	非标准假彩色图像	(1)利用了一个红光波段、两个红外波段,因此凡是与水有关的地物在图像中都会比较清楚; (2)强调显示水体,特别是水体边界很清晰,益于区分河渠与道路; (3)由于采用的都是红光波段或红外波段,对其他地物的清晰显示不够,但对海岸及其滩涂的调查比较适合; (4)具备标准假彩色图像的某些点,但色彩不会很饱和,图像看上去不够明亮; (5)容易区分水浇地与旱地,居民地的外围边界虽不十分清晰,但内部的街区结构特征清楚; (6)植物会有较好的显示,但是植物类型的细分会有困难
3、4、5	非标准接近于真色的假彩色图像	对水系、居民点及其市容街道、公园水体、林地的图像解译是比较有利的

(三)专题图布局与设计注意事项

专题图布局与设计应注意以下问题:

(1)整个图面不能太满。

(2)图名、图例、指北针、比例尺的摆放位置要合理、美观。

(3)颜色的选择要注意区分主题和背景。

(4)要注意文本颜色与字体字号的选择。

另外,详细专题图制作要求参考附录 A。

实习三十四　基于多波段遥感的水体信息提取

一、目的与要求

根据多波段遥感图像水体自身的特点和光谱特征，对水体遥感特征进行实验分析，掌握水体遥感信息提取的阈值确定方法，掌握用多波段遥感数据提取水体的技术流程及提取特种地物(建筑物、植被、水体、土地)遥感信息的基本方法和操作要点。

二、实习算法模型

(一)单波段阈值法

为了突出水体的遥感信息，快速地提取相应图斑，可以参考遥感图像波段之间比值和差值运算突出地物对比这一特点。5 波段为短波红外波段，水体在这一波段吸收最强，反射率几乎为零，因此在该波段的图像上通过选择一定的阈值 T，小于该阈值的为水体，大于该阈值的为其他地物。水体的提取模型为水体增强指数模型，运用这一模型可以将水体从图像中增强突出，即

$$\mathrm{TM5} < T \quad (T = 350) \tag{34-1}$$

式中，$T = 350$ 通过反复实验得来，效果上，轮廓与真实地物最相似。

(二)基于阈值的多波段谱间关系法

对于 TM 图像，通过分析水体及其他地物的光谱特性曲线，发现只有水体具有波段 2 灰度值加波段 3 灰度值大于波段 4 灰度值加波段 5 灰度值的谱间特征，而其他地物都不具有此特征，因此利用此特征可以很好地将水体提取出来。但实验证明，单独利用谱间关系法的提取效果不好，因此采用基于阈值的多波段谱间关系的方法，即通过选取一定的阈值 T，满足式(34-2)的为水体，不满足的即为其他地物，即

$$(\mathrm{TM2} + \mathrm{TM3}) - (\mathrm{TM4} + \mathrm{TM5}) > T \quad (T = 0) \tag{34-2}$$

三、实习技术路线

水体遥感信息提取主要需要完成图像预处理、遥感图像特征提取、阈值参数确定、纹理阈值参数确定和图层叠加分析等步骤，如图 34-1 所示。

对图像完成研究区域的图像裁剪、几何校正、图像增强等预处理之后，需要对研究区图像进行水体的光谱特征、纹理特征的特征提取，从而确立阈值运算中是水体信息分割阈值及纹理滤波处理的临界值。对原始图像分别进行波段运算、纹理运算，对生成的图像进行叠加分析，

完成水体图斑提取。

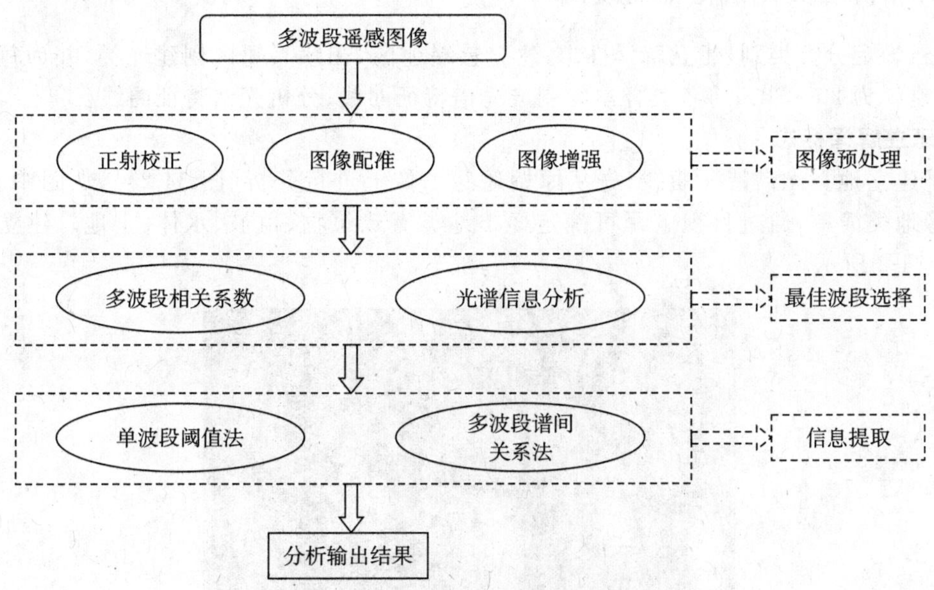

图 34-1　水体遥感信息提取技术流程

四、最佳波段选择

(一)统计波段间相关系数

对多波段文件进行信息统计，如表 34-1 所示。具体操作为"Toolbox"→"Statistics"→"Sum Data Bands"。

表 34-1　波段间相关系数统计

Correlation	Band1	Band2	Band3	Band4	Band5	Band6	Band7
Band1	1	—	—	—	—	—	—
Band2	0.996	1	—	—	—	—	—
Band3	0.971	0.978	1	—	—	—	—
Band4	0.959	0.966	0.982	1	—	—	—
Band5	0.326	0.304	0.297	0.320	1	—	—
Band6	0.560	0.592	0.559	0.622	0.828	1	—
Band7	0.685	0.687	0.640	0.714	0.672	0.960	1

从表 34-1 看，波段 1、2、3、4 之间，波段 6、7 之间，相关系数均高于 0.9，具有较高的相关性，信息表达冗余，不可同时选择。将波段分为三类：波段 1、2、3、4 归为一类；波段 5 为一类；波段 6、7 为一类。为了确保各波段间相关系数小、独立性高，且避免信息干扰，每类各选其一，由此确定，波段 5 必选。此外，波段 3 与其他波段相比，相关系数最小，冗余度最低，独立性最好，故波段 3 必选。为了确定波段 6、7 中哪个波段更适合选择，下面将建立地类光谱特征曲线并对之进行分析。

(二)分析地类光谱特征曲线图

思路:确定分类类别,建立解译标志;建立感兴趣区,在感兴趣区创建地类,并为每一类选取样本(建议为 20～30);将各类样本绘制成光谱特征曲线;分析光谱特征曲线。

1. 建立解译标志

为了建立地类光谱特征曲线,先从原始遥感图像上进行分析(图 34-2)。从图中看,原始遥感图像地类简单,通过目视解译可确定样本地类有建筑物、植被、水体、土地。建立解译标志,如表 34-2 所示。

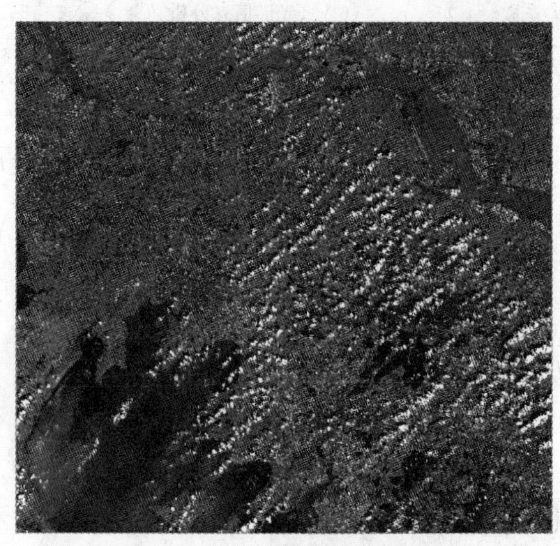

图 34-2 原始遥感图像(B5-4-3)

表 34-2 解译标志的建立

地类	颜色显示	空间位置分布	图像特征描述		
			形态	色调	纹理
建筑物		城区、沿河两边	多呈格状,且被道路等线状物切割得较破碎	灰色、灰白色	较粗糙、呈格状、斑点
植被		沿河两边、平坦区域	格状或条带状,地块有大有小	红色、浅红色	较平滑、细腻
水体		无规则分布	形状不规则、河流呈线状	蓝色、蓝绿色	平滑细腻、色差不大
土壤		零星分布	不规则的片状、面状	棕色、浅棕色	较粗糙

2. 感兴趣区采样

训练样区指图像上已知类别属性、可以用来统计类别参数的区域。类别的数字特性都是从训练样区获得的,所以训练样区的选择一定要保证类别的代表性,而且数量要够(这里各选择 30 个)。样本选取在 ENVI 软件中是通过感兴趣区来确定的,也可以将矢量文件转化为感兴趣区文件来获得。本例中使用感兴趣区方法,打开分类图像,选择“Display”→“Overlay”→“Region of Interest”,默认感兴趣区为多边形,按照默认设置在图像上定义训练样本。设置好颜色和类别名称(支持中文名称),如图 34-3 所示;选好训练样本后,保存成 TXT 格式。

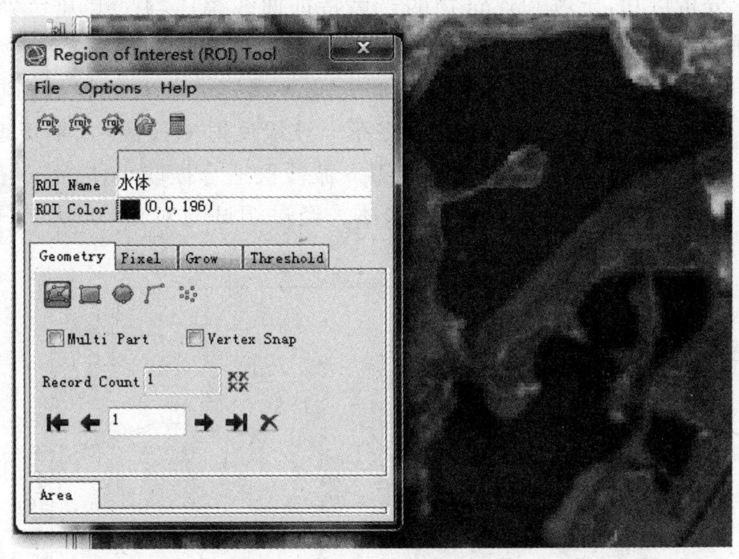

图 34-3　分类训练样本选取

3. 将各地类样本绘制成光谱特征曲线

在主页面选择"Display"→"Spectral Library Viewer"→"Import",分别引入保存好的地类样本,然后整合、修饰各样本光谱特征曲线(图 34-4)。

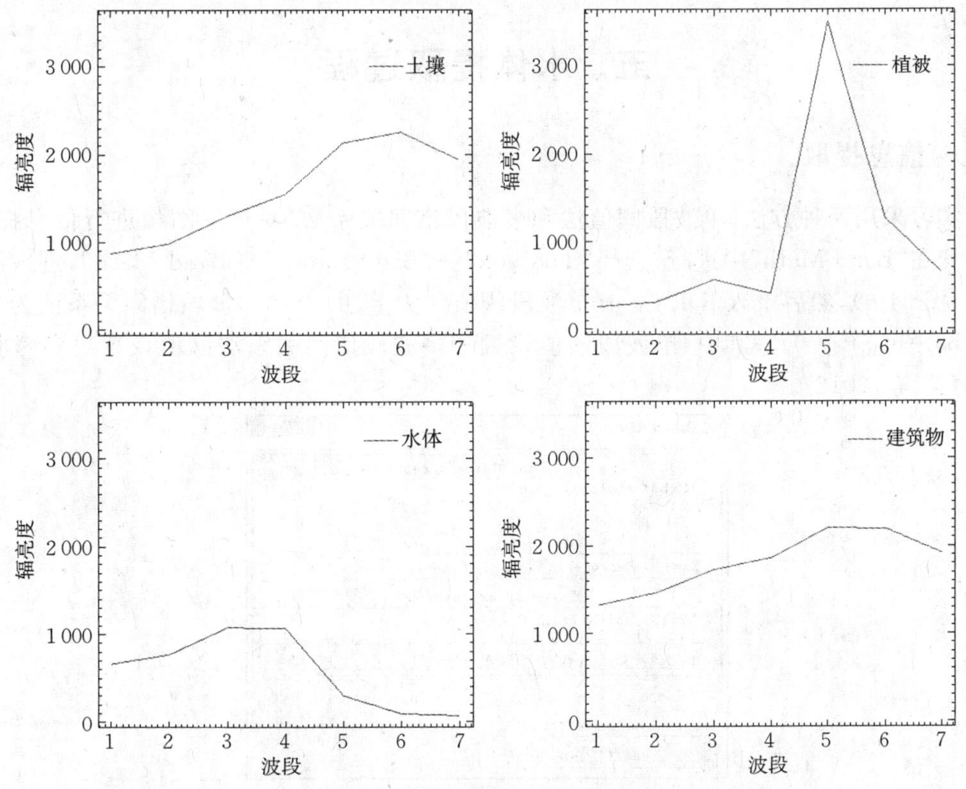

图 34-4　样本地类光谱特征曲线

4. 分析各类光谱特征曲线

结合图 34-5 分析可知，土壤和建筑物的光谱特征曲线整体均呈上升趋势，且两者曲线特征很相似，但土壤的光谱特征曲线的纵坐标起点低于 1 000，而建筑物的高于 1 000，且土壤在第 6 波段的反射率最高，而建筑物在第 5 波段的反射率最高。植被的光谱特征曲线从第 4 波段开始直线上升，在第 5 波段出现波峰；水体在第 6 波段反射率极低，几乎接近 0，而其他地类虽有下降趋势但反射率依然在 1 000 以上，故第 6 波段最适合提取水体。

综合以上分析，波段 3、5、6 最适合提取水体。经过调试与对比，确认 B6-5-3 为最佳提取水体波段。

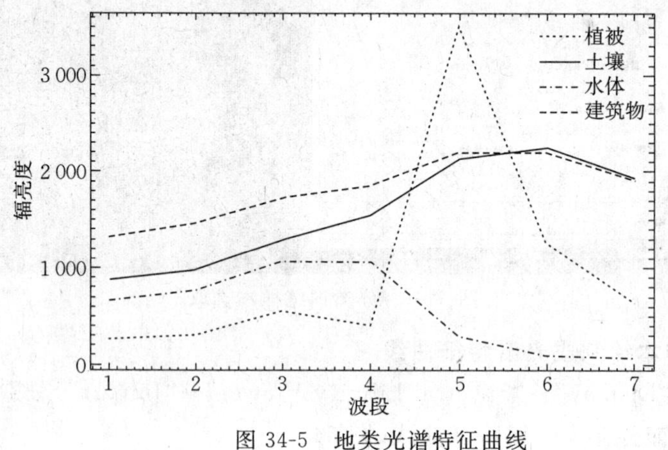

图 34-5 地类光谱特征曲线

五、水体提取过程

(一)信息提取

本实习采用两种方法(单波段阈值法和多波段谱间关系法)对遥感图像进行信息提取，两种方法均在“Band Math”中进行，选择“Toolbox”→“Band Ratio”→“Band Math”，进入波段比值界面(图 34-6)，然后录入 IDL 语句(单波段阈值法为 B5 lt 350，多波段谱间关系法为((b2＋b3)－(b4＋b5)) gt 0)。其中，单波段阈值设置和多波段谱间关系法阈值设置可参考相关文献(毕海芸 等，2012)。

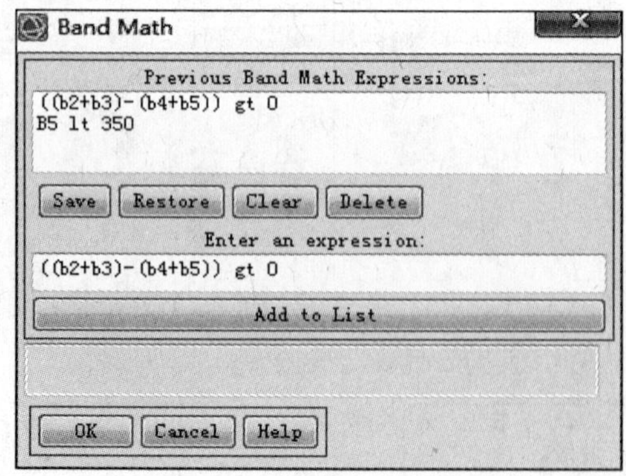

图 34-6 波段比值界面

(二)提取结果

单波段阈值法提取结果如图 34-7(a)所示,多波段谱间关系法提取结果如图 34-7(b)所示。

从图 34-7 上看,两幅图像中主要河流的轮廓明显,但是分类结果还是有所差异,图 34-7(a)碎部较多,错分较多;图 34-7(b)相比较图 34-7(a),碎部较少,精度明显提高。

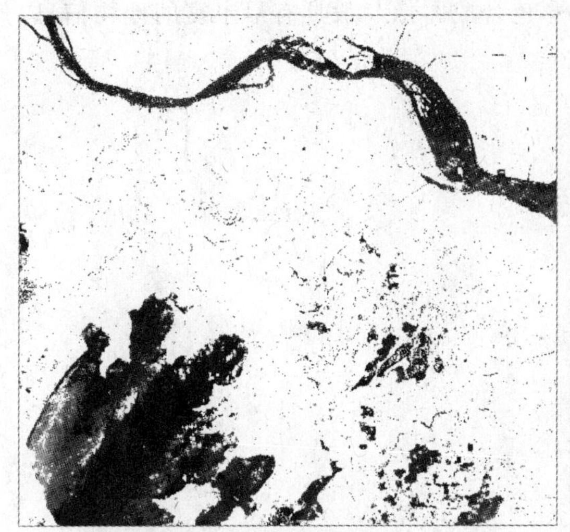

(a)单波段阈值法提取结果(黑色表示水体)　　(b)多波段谱间关系法提取结果(白色表示水体)

图 34-7　遥感信息提取结果

六、知识扩展

(一)水体光谱特征

水体的光谱特征主要是由水本身的物质组成决定,同时又受到各种水状态的影响。地表较纯洁的自然水体对 0.4～2.5 μm 波段的电磁波吸收明显高于绝大多数其他地物。在光谱的可见光波段内,水体中的能量—物质相互作用比较复杂,光谱反射特征概括起来有:①光谱反射可能包括来自三方面的贡献,即水的表面反射、水体底部物质的反射和水中悬浮物质的反射;②光谱吸收和透射特性不仅与水体本身的性质有关,而且还明显受到水中各种类型和大小的物质——有机物和无机物的影响;③在光谱的近红外和中红外波段,水几乎吸收了其全部的能量,即纯净的自然水体在近红外波段更近似于一个"黑体",因此在 1.1～2.5 μm 波段,较纯净的自然水体的反射率很低,几乎趋近于零。

(二)TM 遥感图像 3、4、5 波段组合的特点

提取水体的最佳波段除了用统计数据确定外,还可以参考其他学者常用的 B5-4-3 波段组合。选用 5、4、3 波段组合配以红、绿、蓝三种颜色生成假彩色合成图像,这个组合的合成图像不仅类似于自然色,较符合人们的视觉习惯,而且信息量丰富,能充分显示各种地物光谱特征

的差别，便于训练场地的选取，可以保证训练场地的准确性。对于计算机自动识别分类，采用主成分分析法(K-L 变换)进行数据压缩，形成三个组分的图像数据，用于自动识别分类。

在 TM 的 7 个波段的光谱图像中，一般第 5 个波段包含的地物信息最丰富。3 个可见光波段(第 1、2、3 波段)之间，2 个中红外波段(第 4、7 波段)之间相关性很高，表明这些波段的信息中有相当大的重复性或者冗余性。第 4、6 波段较特殊，尤其是第 4 波段与其他波段的相关性都很低，表明这个波段信息有很大的独立性。计算多种组合的熵值的结果表明，由 1 个可见光波段、1 个中红外波段及第 4 波段组合而成的彩色合成图像一般具有最丰富的地物信息，其中又常以 4、5、3 或 4、5、1 波段的组合为最佳。

实习三十五　高分遥感的尾矿信息增强与分割

一、目的与要求

根据高分辨率遥感图像尾矿自身特点和光谱特征，进行铁尾矿高分辨率遥感特征的实验分析，掌握确定铁尾矿遥感信息 RTI 提取的阈值确定方法。练习使用高分一号遥感数据进行尾矿遥感信息增强和提取技术流程，掌握特种地物遥感信息增强的基本方法和操作要点。

二、实习算法模型

为了突出尾矿及固体废弃物的遥感信息，快速提取相应图斑，可以参考遥感图像波段之间比值和差值运算突出地物对比这一特点，构建尾矿遥感增强指数(remote tailings index，RTI)模型，该指数为归一化差异指数，运用该指数进行波段运算可以将尾矿和固体废弃物从图像中增强突出。模型为

$$RTI=\frac{(b_2-b_4)}{(b_2+b_4)},\quad \theta_1<RTI<\theta_2 \tag{35-1}$$

式中，b_2 为绿色波段，b_4 为近红外波段，θ_1、θ_2 是尾矿信息分割阈值。遥感增强指数的数值范围为 $-1\sim1$，无量纲。θ_1、θ_2 取值大小需要根据实际样本计算求得。当 θ_1 大于 0 时，图像色调斑块主要以尾矿、排土场和固体废弃物为主，同时还存在部分水体及少量混凝土构建物等。

三、实习技术路线

铁尾矿遥感信息提取主要需要完成图像预处理、遥感图像特征提取、RTI 阈值参数确定、纹理阈值参数确定和图层叠加分析等步骤，如图 35-1 所示。

对矿区高分辨率图像完成研究区域的图像裁剪、几何校正、图像增强等预处理之后，需要对研究区图像进行铁尾矿的光谱特征、纹理特征的特征提取，从而确立 RTI 运算中用的是尾矿信息分割阈值及纹理滤波处理的临界值。对原始图像分别进行 RTI 波段运算和纹理运算，将生成的图像进行叠加分析，完成铁尾矿图斑提取。

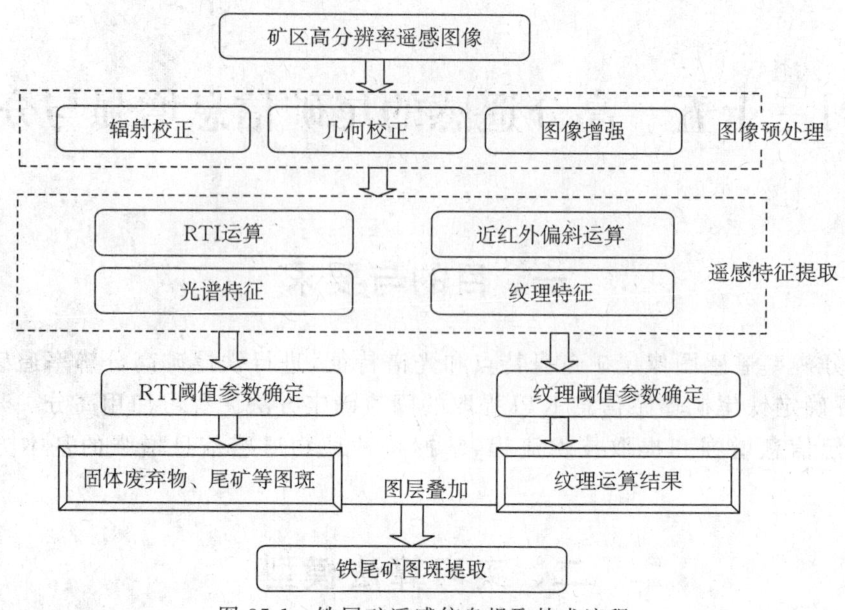

图 35-1 铁尾矿遥感信息提取技术流程

四、图像处理过程

(一)图像预处理

选取马兰庄镇及其周围的尾矿区域为研究对象(图 35-2),数据为 QuickBird 的高分辨率图像。马兰庄镇矿产资源丰富,包含许多矿区和尾矿库,研究区选取 4 个符合实验分析要求的矿区进行实验。对图像进行辐射校正后,通过采用卫星导航定位连续运行基准站(continuously operating reference station,CORS)网模式在研究区均匀获取 8 个控制点坐标,完成基于控制点的图像校正,用 3 次卷积内插法进行图像的重采样。

图 35-2 马兰庄镇周围矿山高分辨率遥感图像

(二)感兴趣区采样

1. 确定感兴趣的类别数

为了突出尾矿，需要统计分析研究区周围的典型地物的光谱值或地物的先验知识，确定阈值。在矿区的高分辨率图像上有建筑物、道路、植被、水体等常见地物类型，还有矿山露天矿、排土场、尾矿及选矿厂等特殊地物。图 35-2 是马兰庄镇周围矿区的高分辨率遥感图像，选取植被、裸地、居民地、阴影、山体、尾矿、露天矿等类型地物进行分析。

2. 选择训练样区

操作方法与实习三十四相同。如图 35-3 所示，设置好颜色和类别名称(支持中文名称)。本实习可以选取 8 个典型地物进行光谱值统计，每种地物选取 6 处感兴趣区进行样本光谱值统计。

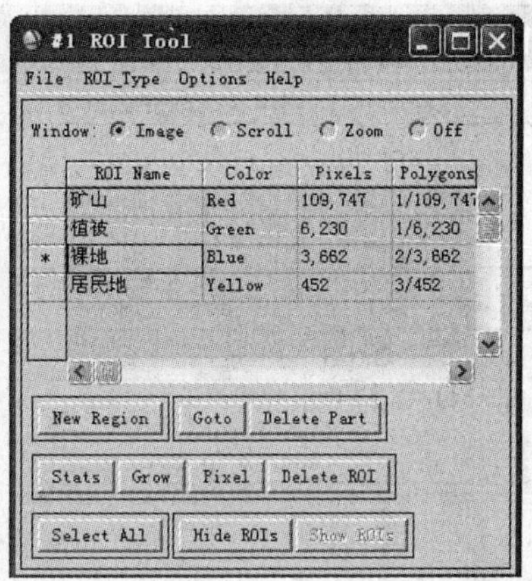

图 35-3　分类训练样本选取

(三)分割阈值确定

将各个类别不同波段统计结果汇总成表，如表 35-1 所示。在地物的光谱统计表里需要填写每类样本均值及方差 σ 。

表 35-1　光谱均值统计

地类			植被	裸地	水体	建筑物	露天矿	山体	尾矿	阴影
光谱均值	Blue	σ_B								
	Green	σ_G								
	Red	σ_R								
	NIR	σ_N								

根据表 35-1 中统计结果，按照式(35-1)计算 RTI 指数。阈值 θ_1、θ_2 为

$$\left.\begin{aligned}\theta_1 &= \theta - m\sigma \\ \theta_2 &= \theta + m\sigma\end{aligned}\right\} \quad (m \in [1,2]) \tag{35-2}$$

式中，m 是中误差调节常数，其数值为 1 至 2 中的一个数。

由于尾矿是一种特殊的地物类型，不同区域尾矿的浓度范围不确定，有些区域是大部分尾矿在水体之下，有些区域会出现大量堆积的固体废弃物和少量水体，如果固定中误差调节常数 m，会增大提取结果的误差甚至导致提取失败。因此，必须根据实际图像地物复杂度的情况选取 m。

（四）图斑分割实验

单击主菜单“Basic Tool”→“Band Math”命令，在波段比值窗口输入相应命令行为“(b2－b4)/(b2＋b4)”，如图 35-4 所示。在相应窗口输入命令行，在对应窗口选取相应波段名称。在运行 RTI 比值运算后的图像 A 上，按照阈值分割方法，设立 $\theta_1 < A < \theta_2$ 的取值范围，则生成图像中主要是尾矿与固体废弃物了。

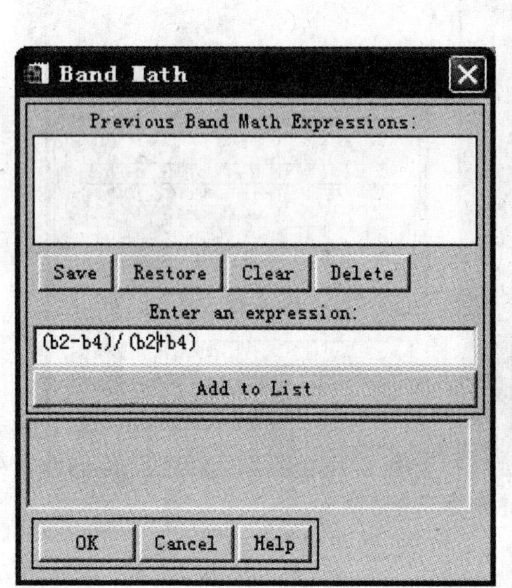

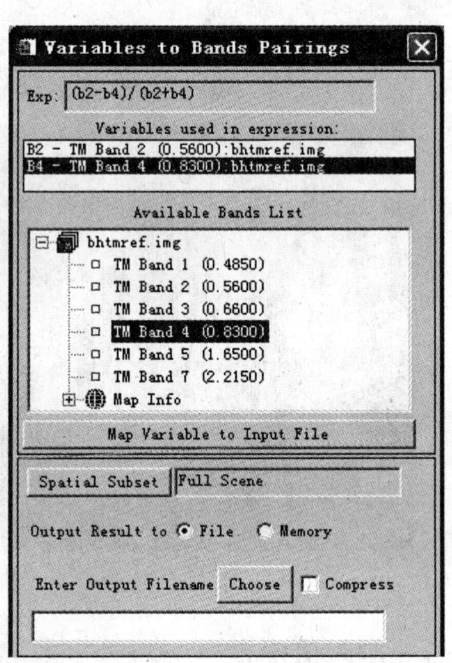

图 35-4　图像比值分割实验

五、知识拓展

（一）尾矿特点

尾矿库一般位于山谷或山沟中，其周围建有拦截尾矿的坝体，尾矿坝在卫星遥感图像上形状比较规则。尾矿周围有排砂管，排砂管大多数位于尾矿地势较高的地方，尾砂是由地势较高的位置向地势较低的位置流动。尾矿库在遥感图像上一般有以下特点：

(1)坝体周围一般连接道路。

(2)尾矿的排出点在尾矿库中有较高的地势，排出口矿物质浓度高，沿坝体呈扇形分布。

(3)尾矿库的地势较低的区域矿物浓度较低，在用的尾矿库伴有水体。

(4)地势位于中间的矿物由于离排出口较远并且受蒸发作用，水分较少，地物在遥感图像上呈现高亮状态。

尾矿库在遥感图像上有分带的纹理特征，颜色随着尾矿库的地势而变化。距尾矿坝体较近、尾矿地势较高的位置色调显得非常亮；距尾矿坝体较远、尾矿地势较低的位置色调显得有些暗。尾矿库的颜色随地势的高低由白色变为蓝黑色。

(二)尾矿光谱特点

尾矿与植被、建筑物在光谱上差异明显，反射率相差较大；尾矿因浓度不同，反射率不同，高浓度尾矿的反射率大于低浓度尾矿的反射率；尾矿与水体的反射率在红、绿、蓝三个波段变化趋势相近，在近红外波段相差较大，不同样本的反射率差距明显，其中水体的反射率与尾矿低浓度区域反射率变化趋势及光反射率较为接近。根据图 35-5 的光谱曲线，除建筑物样本外，各个样本反射峰值均出现在绿光波段，最小值位于红光波段、近红外波段；植被和建筑物与尾矿和水体，从光谱趋势到反射率差距明显；低浓度尾矿的光谱曲线位于高浓度尾矿与水体之间。

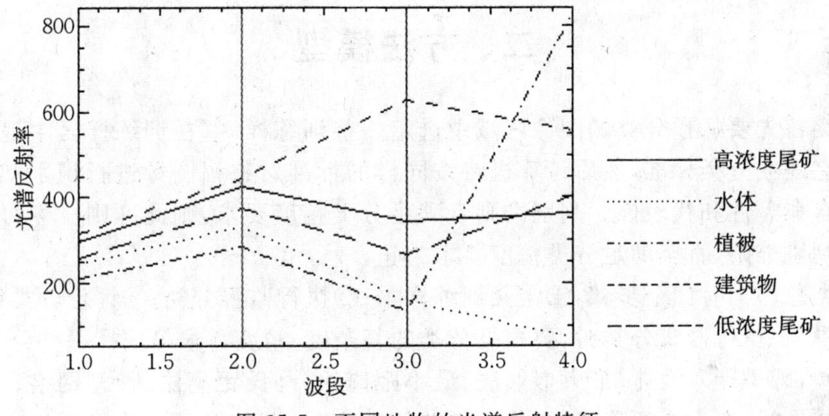

图 35-5　不同地物的光谱反射特征

实习三十六　基于中分遥感图像的土地覆被/利用类型提取

一、目的与要求

根据 Landsat8 TM 遥感图像土地覆被各自的特点和光谱特征，将 ENVI 操作和 ArcGIS 操作相结合，选择监督分类对研究区（以唐山市路南路北中心城区为例）土地覆被/利用信息进行提取。通过实习操作，掌握遥感图像监督分类的基本方法和步骤，掌握覆被类型提取的思路和步骤，掌握利用 ENVI 和 ArcGIS 制作遥感图像专题图的操作步骤。

二、方法模型

监督分类首先要从预分类的图像区域中选定一些训练样区（在训练样区中地物的类别是已知的），用它建立分类标准，然后计算机将按同样的标准对整幅图像进行识别和分类。要求训练区域具有典型性和代表性。判别准则若满足分类精度要求，则此准则成立；反之，需重新建立分类的判别准则，直至满足分类精度要求为止。

监督分类总体上有四个步骤：①定义训练样本；②执行监督分类；③评价分类结果；④分类后处理。其中，在执行监督分类时，要根据分类的复杂度、精度需求等选择一种分类器，常用的分类器有六种，即平行六面体、最大似然法、最小距离法、马氏距离法、神经网络、支持向量机；在评价分类结果时，有六个评价指标，分别是总体精度（被正确分类的像元精度）、Kappa 系数（把所有地表真实分类中的像元总数乘以混淆矩阵对角线的和，再减去某一类地表真实像元总数与被误分成该类像元总数之积对所有类别求和的结果，再除以总像元数的平方减去某一类中地表真实像元总数与该类中被误分成该类像元总数之积对所有类别求和的结果即可获得）、漏分误差（指本身属于真实地表分类，但却没有被分到相应类别的比率）、制图精度（指整幅图像的像元正确分为某类的像元数与该类真实参考总数）、错分误差（指本是某一类但却被错分成另一类像元数量的比率）、用户精度（指被正确分到某类的像元数与整幅图像被分到该类的像元总数的比率）。

三、实习技术路线

土地覆被/利用类型提取主要经过图像预处理、特征提取、分类结果评价三个步骤，如图 36-1 所示。

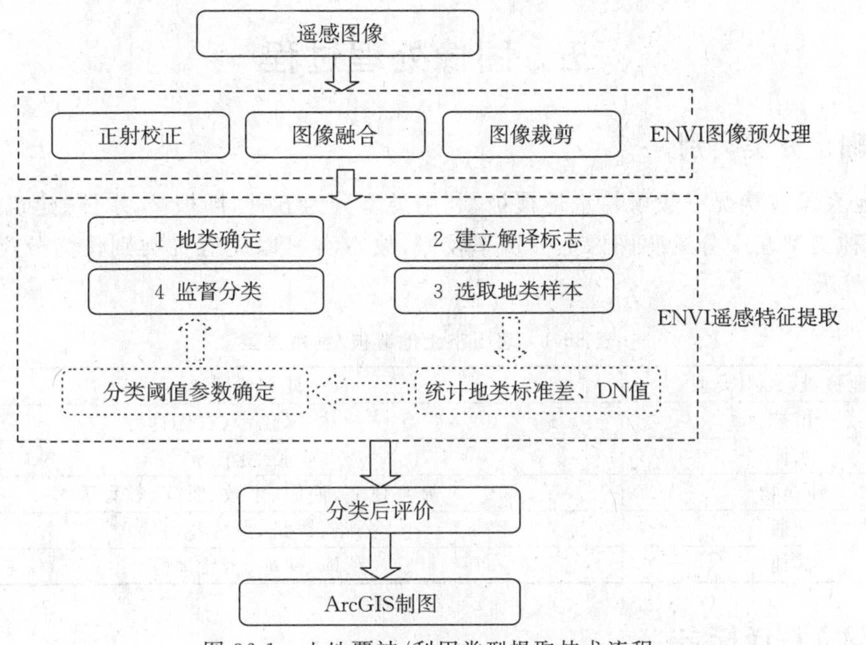

图 36-1　土地覆被/利用类型提取技术流程

四、数据源介绍

采用的遥感图像为美国 Landsat8 的 TM 图像，轨道号为 122/32，接收日期为 2014 年 7 月 27 日，有 9 个波段(本实习只用前 7 个波段)，分辨率为 15 m，投影为通用横轴墨卡托投影(universal transverse mercator，UTM)，Zone 50N，基准面为 WGS-84。原始图像(经过正射校正、图像融合、图像裁剪预处理)如图 36-2 所示。不同波段组合遥感图像参考附录 F。

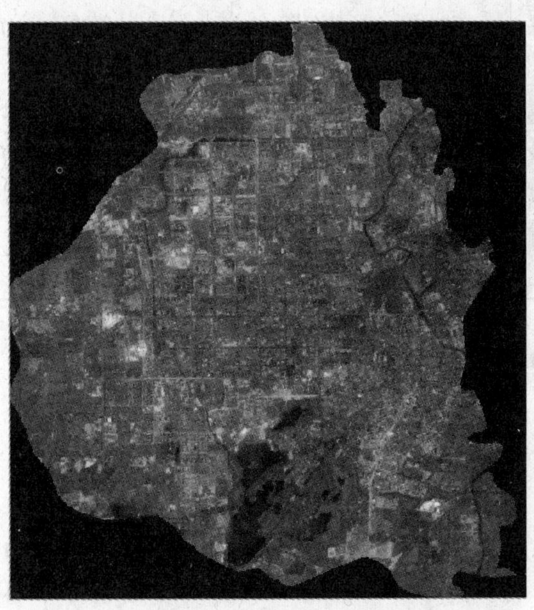

图 36-2　唐山路南路北市区遥感图像(B5-4-3)

五、图像处理过程

(一)确定分类类别

根据地表覆被状况一般可将土地覆被/利用类型分为五种，即植被、水体、建筑物、交通、其他，且此五种类型在中分遥感图像上分辨率较好，故本实习以此五种类别作为分类类别，具体如表 36-1 所示。

表 36-1 唐山市土地覆被/利用类型

土地覆被/利用类型	详细说明
植被	防护林、绿化带、农作物等
水体	河流、湖泊等
建筑物	城乡住宅、商服、市政、医疗、教育等
交通	公路、铁路、街区巷道等
其他	荒地、裸地、闲置地等

(二)建立解译标志

根据各覆被类型在遥感图像中的特点，建立如表 36-2 所示解译标志。

表 36-2 土地覆被/利用类型解译标志

地类	颜色显示	空间位置分布	图像特征描述(B5-4-3)		
			形态	色调	纹理
植被		绿化带、公园内	面状或片状、形状不规则	深、浅红色	平滑细腻、色差不大
水域		公园内、环城水系	片状，有明显的边界	蓝绿色、深蓝色	较平滑，色差不大
建筑物		公路两旁、平坦地区	格状，地块有大有小	灰绿色、灰白色、浅绿色	较平滑、细腻，色差稍大
交通		整个区域都存在	条状，大多相互交叉	灰色、暗灰色、灰白色、浅红色	较粗糙，色差不大
其他		零星分布	不规则的片状、面状	亮白色、白色	较粗糙，斑点，色差不大

(三)定义训练样本

Regions of Interest
水体
交通
建筑物
其他
植被

图 36-3 样本分类结果

选取训练样本，建立感兴趣区(在“Layer Manager”中选择数据源，右击选择“Regions of Interest”)，每类样本一定要均匀分布，数量根据实际情况而定(地形复杂多选，图像清晰则选择点类型地标)。样本设置如图 36-3 所示。

选好样本后，统计各地类类别(在“Regions of Interest (ROI) Tool”界面保存后关闭，在“Layer Manager”中找到“Regions of Interest”图层，右击

"Statistics for All ROIS"),并汇总成表,如表 36-3 所示。

表 36-3　土地利用各地类统计数值

土地类型	最大标准差(Max SD)	最大灰度值(Max DN)
植被	1 584. 920 462	24 130
水体	1 059. 312 951	18 440
建筑物	1 207. 378 229	20 647
交通	1 499. 566 556	20 851
其他	2 797. 428 102	24 535

对土地覆被/利用类型进行特征提取,训练样本的选取很重要,分类样本精确与否直接关系到分类器阈值的确定及最终的分类精度;实际操作时应该精选样本,反复实验,争取精度提高;或者尝试采用其他分类方法对中分遥感图像进行分类与特征提取,反复比较,总结各自优缺点,直到找到提取精度最高的分类方法。

(四)执行监督分类

1. 阈值设置

本实习选择最小距离法进行监督分类,阈值根据表 36-3 进行录入。

在进入如图 36-4 所示界面时,需要输入两个阈值,分别是"Set Max Stdev from Mean"(设置标准差,录入的数值为标准差最大值,意思是不能超过该数值就是该类)和"Set Max Distance Error"(设置最大距离,录入的数值为 DN 最大值,意思是不能超过该数值就是该类)。需要补充说明的是,两个阈值都有三个选择,"None"为不设置标准差/DN 阈值,"Single Value"为所有类别设置一个标准差/DN 阈值,"Multiple Value"是设置多个标准差/DN 阈值。本实习中,两类阈值设置均选择"Multiple Value",各类阈值根据表 36-3 进行输入。

操作步骤为选择"Toolbox"→"Classification"→"Supervised"→"Minimum Distance Classification"。

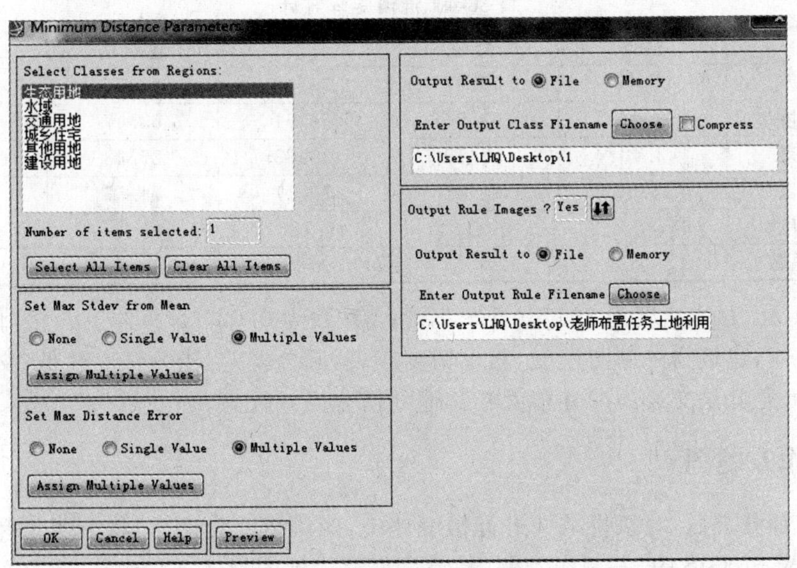

图 36-4　最小距离法监督分类界面

2. 分类结果

监督分类结果如图 36-5 所示。

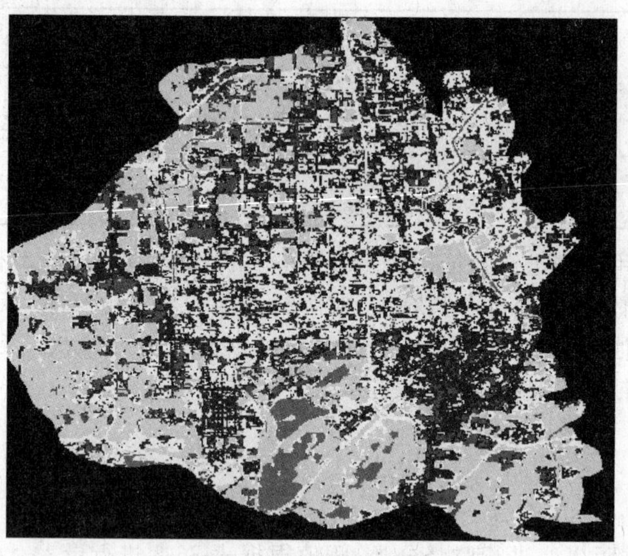

图 36-5 监督分类结果

(五)分类后评价

利用混淆矩阵(地表真实感兴趣区)进行分类后评价。

地表真实感兴趣区利用高分辨率图像进行目视解译,获取各个分类的真实地表感兴趣区,操作步骤与分类样本一样。

分类后评价操作步骤为选择"Toolbox"→"Classification"→"Post Classification"→"Confusion Matrix Using Ground Truth ROIs"工具。评价结果如表 36-4 所示。

表 36-4 混淆矩阵统计 单位:%

类别	植被	交通	水体	建筑物	其他
漏分误差	25.07	48.47	33.49	26.53	43.63
制图精度	74.93	51.53	66.51	63.47	56.37
错分误差	3.48	58.19	20.83	25.43	48.35
用户精度	96.52	41.81	79.17	74.57	51.65
总体精度	69.789 5				
Kappa 系数	0.625 3				

从表 36-4 看,总体精度为 69.789 5%,Kappa 系数为 0.625 3,总体上合格,但是分类精度不高;植被、水体、建筑物的制图精度、用户精度较高,漏分误差、错分精度较低;交通、其他两种覆被精度较差,尤其是交通的漏分精度和其他的错分误差较高。

(六)制作专题图

执行完监督分类后,对执行结果进行精度评价,确认精度合格后,将分类结果保存成 SHP 格式,然后导入 ArcGIS 中,并制作专题图,最后保存为地图格式。

在 ENVI 5.1 中将分类结果保存为 SHP 格式需要一步转换,即将分类结果转换成 EVF

格式，然后再将 EVF 格式转换成 SHP 格式。具体操作：①“Toolbox”→“Vector”→“Raster to Vector”→选择分类结果→将各覆被地类结构分别保存成 EVF 格式；②将各覆被地类的 EVF 格式图像导入主界面中→“Toolbox”→“Vector”→“Classic EVF to Shapefile”→选择保存位置进行保存。

将五种 SHP 格式覆被提取结果导入 ArcGIS 中，然后对各图层进行修饰，最后制作专题图，结果如图 36-6 所示，其彩图参考附录 F。

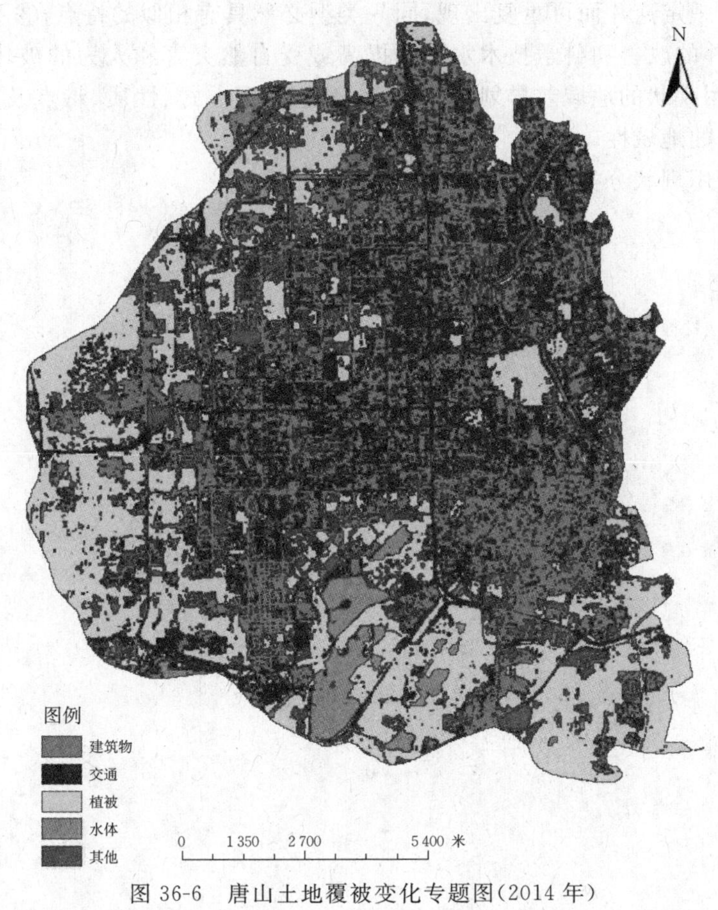

图 36-6　唐山土地覆被变化专题图(2014 年)

六、知识拓展

(一)土地利用类型

土地利用分类是区分土地利用空间地域组成单元的过程。这种空间地域单元是土地利用的地域组合单位，表现人类对土地利用、改造的方式和成果，反映土地的利用形式和用途(功能)。它与土地类型不同。土地类型是一个地域各种自然要素相互作用的自然综合体，反映土地的自然状态特点的差异性。土地利用类型的划定不是单纯为了认识土地利用现状的地域差异，更主要的是为了评定土地的生产力，可分为耕地、林地、草地、建筑用地等。

研究和划分土地利用类型主要是为了查清各类用地的数量及其地区分布，评价土地的质量和发展潜力，评价土地利用结构的合理性，揭示土地利用存在问题，为合理利用土地资源、调整土地利用结构和确定土地利用方向提供依据。

(二)土地利用类型特点

土地利用类型反映了土地的经济状态，是土地利用分类的地域单元。通常具有以下特点：①是一定的自然、社会经济、技术等各种因素综合作用的产物；②在空间分布上具有一定的地域分布规律，但不一定连片而可重复出现，同一类型必然具有相似的特点；③不是一成不变的，随着社会经济条件的改善和科学技术水平的提高或受自然灾害和人为的破坏而呈动态变化；④是根据土地利用现状的地域差异划分的，反映土地利用方式、性质、特点及其分布的基本地域单元，具有明显的地域性。

另外，土地利用现状分类标准参考附录 E。

实习三十七　遥感地质蚀变异常提取

一、目的与要求

通过学习矿化蚀变异常信息提取的流程，了解利用主成分分析法提取矿化蚀变异常信息提取的原理。利用遥感数据进行遥感地质蚀变异常的提取，练习专题地图制作和表达。

二、实习技术方法

(一)实习流程

遥感异常提取包含遥感图像处理、干扰去除、异常提取和提取后处理等步骤，如图 37-1 所示。其中，最主要环节是异常提取和提取后处理。蚀变异常信息提取采用比值法、主成分分析法来强化铁染信息，然后进行提取。

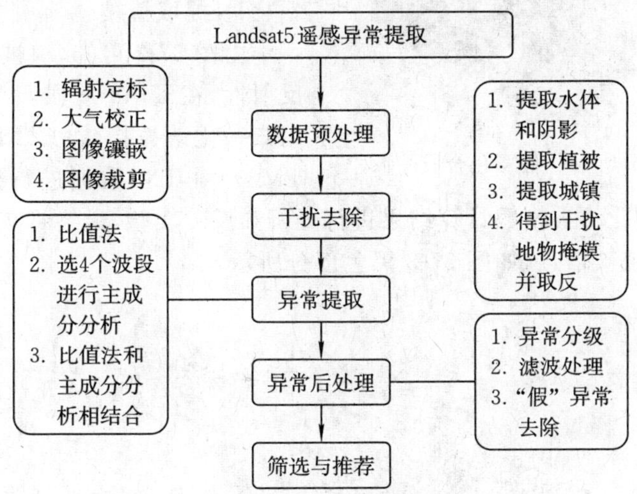

图 37-1　遥感异常提取流程

(二)实习准备

实习应用软件为 ENVI 和 ArcGIS 软件。实习数据为遵化市 Landsat5 遥感图像。

遵化市地处半山区，境内平原、丘陵、山地均分。北部地势较高，海拔在 300 m 以上；南部为丘陵地区，海拔一般在 200～300 m。遵化市境内已探明的矿藏有 30 余种，主要以铁矿(储量 1.5 亿吨)与金矿(储量 140 万吨)为主。

三、图像处理过程

(一)数据预处理

对图像进行辐射校正、大气校正后,利用全国县级行政区划图对图像进行裁剪,得到遵化市遥感图像。经过波段分析,蚀变矿物在波段1具有吸收性,对差异化蚀变矿物有益,因此在波段2与波段1中选择波段1;波段5与波段7标准差与均值都差不多,波段5较大,但波段7是提取羟基蚀变的重要指导波段,因此得到提取蚀变信息最佳的波段组合为TM7、TM4、TM1,如图37-2所示。

图37-2 TM7、TM4、TM1假彩色合成图像

(二)干扰地物的提取方法

此次研究区位于遵化市,该区地物组成复杂,存在较多干扰地物,蚀变异常信息属于该图像中的弱信息。选用的数据为2009年4月8日的TM数据,处理平台为ENVI,本数据研究区无云覆盖,主要的干扰因素为冰雪、水体、阴影、植被、城镇和农田等。

1. 提取植被

由图37-2可知,植被在TM4波段具有高反射性,在TM3波段具有高吸收性,因此利用归一化植被指数((TM4－TM3)/(TM4＋TM3))对TM数据进行处理,通过ENVI自带的统计工具对归一化植被指数计算结果进行分析和反复实验,最终将灰度值0.22定为密度分割的阈值,提取出植被信息,如图37-3黑色部分所示。

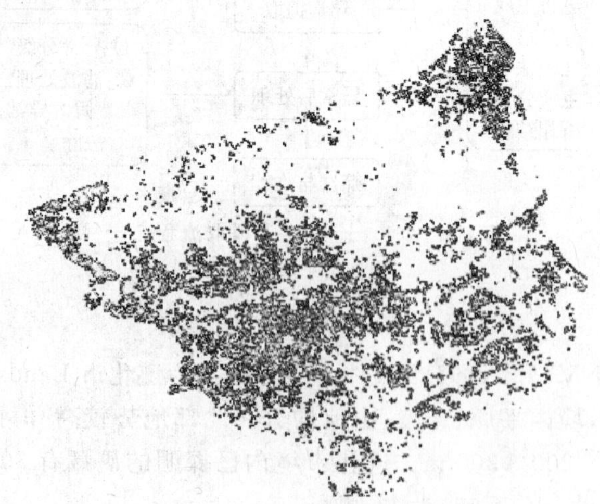

图37-3 植被提取结果

2. **提取水体和阴影**

水体与阴影的光谱曲线在 TM1、TM2、TM3 波段反射率较高，在 TM4、TM5、TM7 波段反射率较低。本实习采用归一化差异水体指数((TM2－TM5)/(TM2＋TM5))以阈值－0.21 来提取水体和阴影信息，如图 37-4 黑色部分。

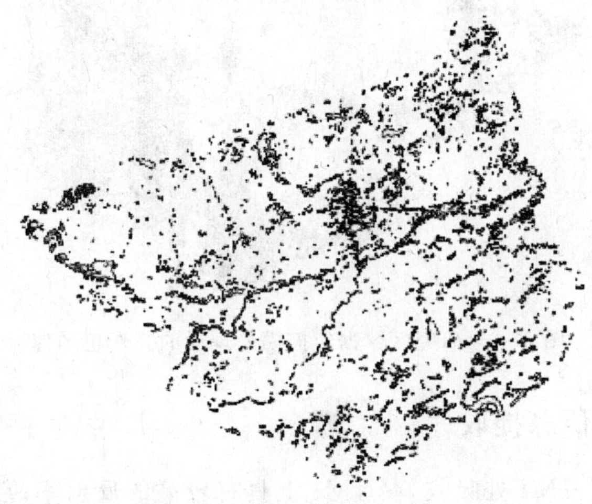

图 37-4　水体和阴影提取结果

3. **提取城镇**

观察光谱曲线可以发现，在 TM1、TM2、TM3 波段，裸地与山体灰度值的平均值比居民地与道路的平均值更小，由于掩模处理对提取精度要求不高，本书采用 TM1、TM2、TM3 波段相加的方法来突出城镇与其北边山区和东南部丘陵裸地的区别，通过“band1＋band2＋band3”的波段计算方法对图像进行处理，最后以 0.4 为阈值对城镇进行提取，提出的部分包括冰雪信息，如图 37-5 黑色部分。

图 37-5　城镇等地物提取结果

4. **掩模**

将提取出来的干扰因素合并，值为 0 的地方为图像处理时忽略区域，对原始图像进行掩模处理，得到掩模后图像，如图 37-6 所示。

图 37-6 研究区数据经掩模处理后的真彩色图像

(三)研究区蚀变信息提取

铁染蚀变岩在 TM1、TM4 处吸收,在 TM3 上具有较高的反射率;羟基蚀变岩在 TM7 波段具有强吸收性,在 TM5 处反射。根据蚀变矿物的光谱特征,一般采用以下方法提取蚀变信息。

1. 比值法

主菜单选择"Basic Tools"→"Band Math",输入公式"float(b3)/float(b1)",由于铁染异常在第 3 波段反射,在第 1 波段吸收,结果显示为铁染信息高亮,如图 37-7 所示。

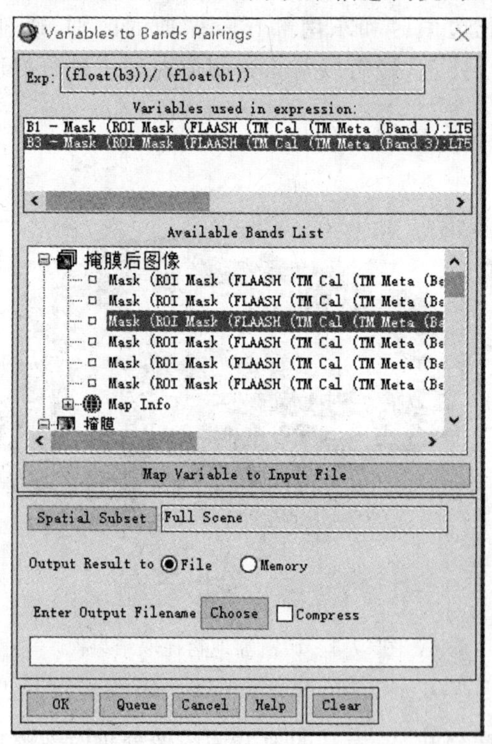

图 37-7 比值法提取研究区铁染蚀变信息

2. 主成分分析法

主成分分析法是一种多维正交线性变换，能在保持原始数据的特征和属性的情况下降低变量的空间维数，去除波段间的相关性。相关波段经过变换后，各主成分中分别集中不同的信息，以达到增强目标信息的作用。

通过前文的分析，采用 TM1、TM3、TM4、TM5 四个波段进行主成分分析提取铁染蚀变信息。特征向量如表 37-1 所示。

表 37-1 主成分分析铁染特征向量

Eigenvector	波段 1	波段 3	波段 4	波段 5
PC1	0.185 815	0.355 624	0.528 089	0.748 416
PC2	0.473 813	0.319 193	0.519 193	−0.635 654
PC3	−0.495 615	−0.542 565	0.671 795	−0.093 165
PC4	−0.703 804	−0.690 848	0.015 878	−0.164 734

从表 37-1 可以看出，第四主成分中主要包含了波段 1、3 的地物信息，观察发现波段 3 与波段 1、4 具有相反的贡献标志，符合铁染蚀变信息的特征，故认为第四主成分含铁染异常信息。由于在第四主成分中波段 3 贡献值为负，故在遥感图像上表现为灰黑色。对第四主成分进行灰度值取反，使铁染信息高亮显示。

采用均值与 $N\sigma$ 相加的方法进行阈值分割，其中 σ 为标准差，在这里取值为 0.001 699，$N=2$、2.5、3。分割阈值和分割结果如表 37-2 所示。

表 37-2 铁染阈值分割结果

强度分级	灰度值	颜色	异常程度
一级异常	0.005 1～0.018 108	红色	认为是铁矿
二级异常	0.004 2～0.005 1	黄色	可能是铁矿
三级异常	0.003 4～0.004 2	绿色	铁矿可能性低
非铁染异常	−0.012 398～0.003 4	黑色	不是铁矿

(四)蚀变信息筛选及提取结果分析总结

纵观两种提取方法可以发现：比值法在一定程度上可以展示铁染异常的大致分布，优点是操作便捷，可作为后续处理的一个指示；选择主成分分析法的提取结果较好，蚀变异常信息增强结果突出且相对富集，对远景靶区的选定有很好的指导意义，结合已知信息制作专题图，并圈出 12 个铁染异常远景靶区，分辨率为 1∶400 000，如图 37-8 所示。

四、知识拓展

(一)遥感地质

遥感地质，地质学分支学科，又称地质遥感，是综合应用现代遥感技术研究地质规律、进行地质调查和资源勘察的一种方法。它从宏观的角度，着眼于由空中取得的地质信息，即以各种地质体对电磁辐射的反应作为基本依据，结合其他各种地质资料及遥感资料，以分析、判断一定地区内的地质构造情况。

遥感地质利用电子光学机械设备，结合遥感数字图像处理软件系统，对某种目标进行的定性定量的解译，如图 37-8 所示。利用图像的自动识别与分类技术进行岩类识别，利用波段比值图像处理技术找矿，在断裂构造调查、矿产普查、油气田发现、区域地质和水文地质调查方面都取得良好效果。

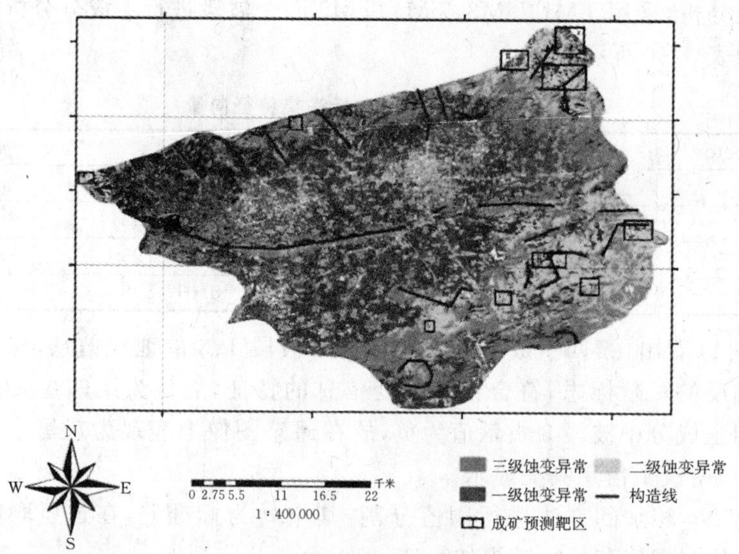

图 37-8 主成分分析法铁染异常叠加专题图

(二)遥感地质解译

遥感图像的地质解译包括对经过处理后的图像的地质解释，是指应用遥感原理、地学理论和相关学科知识，揭示遥感图像中的地质信息。遥感图像地质解译的基本内容如下：

(1)岩性和地层解译。解译的标本有色调、地貌、水系、植被与土地利用特点等。

(2)构造解译。在遥感图像上识别、勾绘和研究各种地质构造形迹的形态、产状、分布规律、组合关系及其成因联系等。

(3)矿产解译和成矿远景分析。利用遥感图像解译矿产已成为一种重要的找矿手段。大多数情况下是利用多波段遥感图像(尤其是红外航空遥感图像)解译与成矿相关的岩石、地层、构造及围岩蚀变带等地质体。运用遥感图像处理技术提取矿产信息，从而圈定成矿远景区，提出预测区和勘探靶区。

参考文献

毕海芸,王思远,曾江源,等,2012.基于TM影像的几种常用水体提取方法的比较和分析[J].遥感信息(5):77-82.

陈阳,赵俊三,陈应跃,2015.基于ENVI的高分辨率遥感影像城市绿地信息提取研究[J].测绘工程(4):33-36.

程滔,刘若梅,周旭,2014.基于高分辨率遥感影像的地理国情普查水体信息提取方法[J].测绘通报(7):86-89.

邓书斌,2014.ENVI遥感图像处理方法[M].北京:高等教育出版社.

付佳,黄海军,杨曦光,2014.基于ENVI的唐山湾三岛土地利用遥感分类方法的比较分析[J].海洋科学,38(1):20-26.

付业平,李奎,李建,2018.基于多时相国产高分数据的尾矿库环境变化监测[J].测绘与空间地理信息(5):102-104.

胡德勇,赵文吉,邓磊,等,2014.遥感图像处理原理和方法实习教程[M].北京:首都师范大学出版社.

刘文兰,张微,2012.遥感构造蚀变异常信息提取及找矿预测——以老挝为例[J].国土资源遥感,24(2):68-74.

吕凤军,邢立新,范继璋,等,2006.基于蚀变信息场的遥感蚀变信息提取[J].地质与勘探,42(2):65-68.

秦臻,2011.基于ENVI的决策树方法在土地利用分类中的应用[J].金属矿山(2):133-135.

王冬梅,潘洁晨,唐红梅,2015.遥感技术与制图[M].武汉:武汉大学出版社.

王昊,齐泽荣,聂洪峰,等,2013.尾矿库遥感影像与矿物成分的对应性研究[J].有色金属(矿山部分),65(5):81-85.

汪金花,白洋,刘雨青,2015.高分辨率铁尾矿遥感光谱特征分析与信息提取[J].国土资源科技管理,32(1):79-85.

汪金花,张永彬,宋利杰,2015.遥感原理与应用[M].北京:测绘出版社.

许丽杰,田峰,刘建军,2016.基于ENVI的遥感图像分类方法研究比较[J].世界有色金属(12):18-20.

闫利,2015.遥感图像处理实验教程[M].武汉:武汉大学出版社.

闫琰,董秀兰,李燕,2011.基于ENVI的遥感图像监督分类方法比较研究[J].北京测绘(3):14-16.

杨树文,董玉森,罗小波,等,2015.遥感数字图像处理与分析[M].北京:电子工业出版社.

张瑞丝,2009.遥感找矿异常信息提取方法改进与应用[D].北京:中国地质大学.

附录 A (遥感)专题地图制图基础

A.1 普通地图和专题地图

普通地图是表示地表自然和社会人文要素一般特征的地图，主要包括地形图和地理图两类。其中，地形图是指比例尺大于或等于 1：100 万，按统一的数学基础、图式、图例，以及测量和编绘规范，经实测或编绘而成的一种普通地图（国家有严格统一的测量、制图规范）；地理图概括程度较高，是用以反映地理环境要素基本分布规律的普通地图。

专题地图是为适应某种专门需要而着重显示制图区域内某一种或某几种自然现象或社会经济现象的地图，主要由地理底图和专题内容构成（由于专题图内容多样、表达灵活，故目前国家没有统一的制图规范）。

目前，借助遥感软件和地理信息系统软件，利用遥感图像制作大范围的空间分布专题地图将是遥感应用最广泛的领域。

在专题地图的绘制过程中，经常将普通地图作为工作底图。

A.2 专题地图制作过程

专题信息无论是否具有空间特征，都必须以地图符号的形式落实到具有地图基本特征的地理底图上，这样才能制成专题地图。因此，专题地图的表示内容可以分为两层：一层是地理基础底图要素（内容和表达设计可参照地形图制图），另一层是专题要素。其中，地理基础底图要素表达的关键是底图内容的综合取舍；专题要素表达的关键是专题数据处理、专题内容转绘和专题地图符号设计。专题地图制作过程如图 A.1 所示。

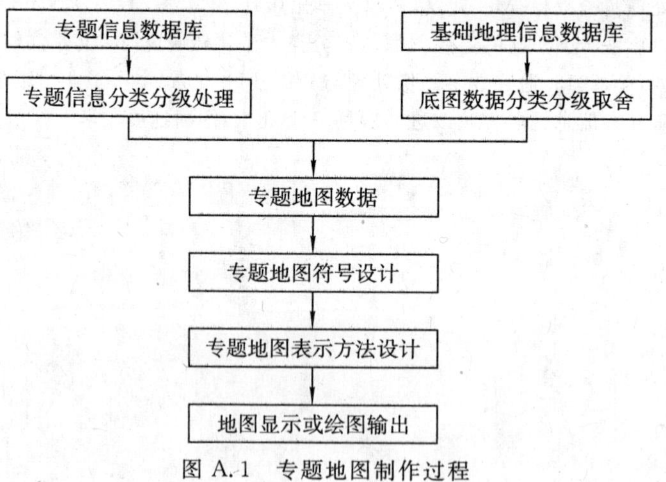

图 A.1 专题地图制作过程

A.3 专题地图制作内容

(1)地理底图的编制。地理底图是专题地图的地理基础，专题信息的存储、表达、传递、提取都必须通过底图才能实现。地理底图有工作底图和出版底图两种类型。其中，工作底图内容详细，有利于专题内容转绘，国家基本比例尺地形图常作为工作底图；出版底图内容简略，主要体现专题内容与有关地理要素的相互关系，对处于地图第一层面的专题要素起控制和说明作用，如我国的全国出版底图主要对重要和关键的权属界线、地物、地名注记进行统一控制。

(2)专题数据分类分级处理。制图需要尽可能多而详细的专题数据，这样才能提高制图表达的准确性。专题数据种类多（如遥感数据、统计数据、文本数据、地图数据等）、数据格式各异，必须对它们进行地图投影、坐标系、数据格式的转换及专题数据的分类分级处理。地图投影转换可利用相关制图平台中的投影变换功能，将其转换为地理底图所需投影；坐标系的转换可利用制图软件进行坐标平移、图幅拼接等；数据格式转换可以利用多种图形图像处理软件进行。

(3)专题内容转绘。转绘是利用经纬网和一定的控制点，将专题内容利用计算机或人工的方法转绘到地理底图上，形成具有统一数学基础的专题地图编绘底图。专题内容转绘时，对于定位精度要求较高的专题信息要进行准确定位，对于定位精度要求不太高的专题信息要注意处理其与地理底图上其他要素的相互关系。

(4)专题符号设计。专题地图中的符号与普通地图的符号相比，具有很大的灵活性，采用了各种统计图表符号、象形符号及组合符号。设计点状符号时，主要用点状符号的形状和色彩表示专题要素质量特征；设计线状符号时，主要用线状符号的形状和色彩表示线状分布的专题要素质量特征，如线状符号由粗到细再到虚线的变化可以体现专题要素类型由高级到低级的变化；设计面状符号时，主要用面状符号的色彩和图案体现专题要素类型，面状符号用明度、纯度的变化体现，数量差异可用图案纹理的疏密体现。

(5)图例设计。图例是地图上所使用全部地图符号的说明。图例对地图信息传递全过程具有重要意义。图例设计要求具有完备性、一致性、系统性。图 A.2 和图 A.3 分别是表达定性和定量差异的图例范式。

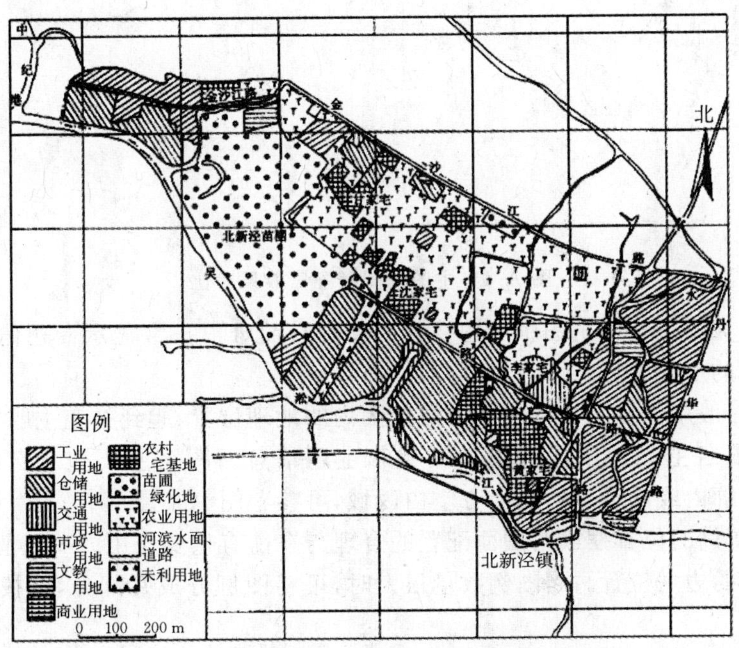

图 A.2 土地利用类型图例

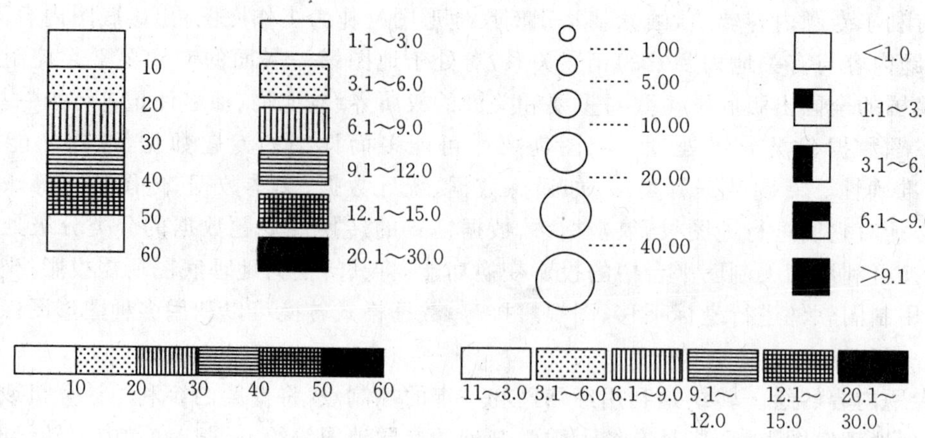

图 A.3 表达定量差异的图例

A.4 专题地图的图面配置

(1)主图。在区域空间上，应突出主区与邻区的图形与背景关系，增强主图区域的视觉对比度。主图的定向一般应按惯例定为上北下南，但有时候根据制图表达的需要，可以适当调整，如图 A.4 所示，图(b)在方向上进行了适当调整，使得整个图面上图形和背景的关系更匀称，视觉中心基本与图面中心一致，视觉平衡效果更好。

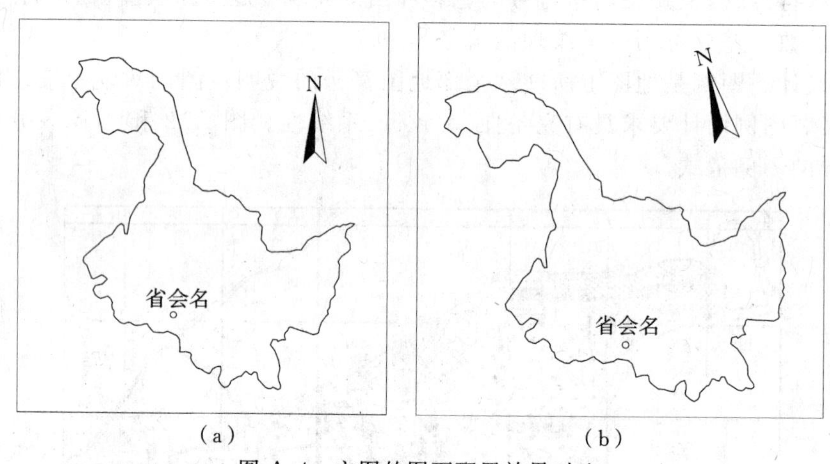

图 A.4 主图的图面配置效果对比

重要地区扩大图是指对主图中专题要素密度过高而难以正常显示专题信息的重要区域，适当采取扩大图的形式处理。

(2)副图。一般用以显示主图在大区域范围内的地理位置，起到补充主题内容的作用。

(3)图名。图名主要为读图者提供区域和主题信息。图名主要包含区域、主题、时间。图名通常位于图廓内或图廓外的北上方空白区域，可参考图 A.5。

(4)图例。图例的位置摆放对图面配置的合理与平衡有重要作用。一般情况下，图例放置在图幅中不显著的边角位置。当图例数量很大时，可将图例分成几部分，并按读图习惯，从左到右有序排列。

(5)比例尺。一般情况下，比例尺多采用数字与直线比例尺，放置在图名或图例下方。

(6)统计图表与文字说明。用于概括与补充主题，充实地图主题，活跃版面，增强视觉平衡。配置统计图表与文字说明时，应注意数量不宜过多，且占幅面不宜太大。

(7)图廓。单幅地图一般都以图框作为制图的区域范围。专题地图的图面配置，更多由编图者根据需要自行设计。

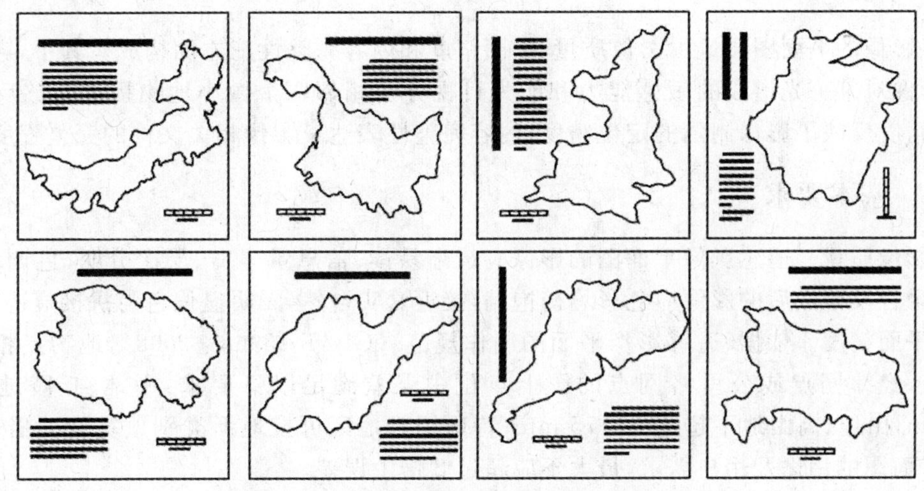

图 A.5 图名、图例、比例尺的位置

附录B 遥感影像平面图制作(部分)要求

遥感影像的平面图质量由影像质量、平面精度和内容完整性三方面构成。其中,影像质量反映了影像对某一光谱段的敏感能力和能为目视分辨相邻两个微小地物提供足够反差的能力;平面精度反映了影像制图的定位精度;内容完整性表达了影像相关文件的完整程度。

B.1 基本要求

(1)影像质量。遥感影像平面图的影像应清晰易读、信息量丰富、层次分明、色调均匀、反差适中;融合及镶嵌后的影像应色彩均衡饱满,接近真实自然,无明显偏色与拼接痕迹。

(2)平面精度。依据《遥感影像平面图制作规范》(GB/T 15968—2008),地物点相对于附近控制点、经纬网点或公里格网点的图上点位中误差满足以下要求:平地、丘陵地不超过±0.5 mm,山地、高山地不超过±0.75 mm;特殊困难地区可按地形类别放宽0.5倍;根据遥感影像平面图的用途及用户需求,最大不应超过2倍中误差。

(3)空间分辨率与制图比例尺之间的关系。可以根据遥感影像空间分辨率计算制图比例尺,确定遥感影像几何校正实地中误差或者几何校正系数后,根据遥感制图规范要求的最大图上中误差,就可以计算该分辨率遥感影像合理的制图比例尺,也可以得到对遥感影像进行校正的地形图应当选取的比例尺,为遥感制图提供参考,如表B.1所示。

表B.1 不同制图比例尺的实地中误差限

制图比例尺	实地中误差限/m	制图比例尺	实地中误差限/m
1∶500	0.1	1∶5万	10
1∶1 000	0.2	1∶10万	20
1∶2 000	0.4	1∶25万	50
1∶5 000	1	1∶50万	100
1∶1万	2	1∶100万	200
1∶2.5万	5	—	—

(4)图幅尺寸要求。图廓实际尺寸与理论尺寸之差的绝对值不应超过表B.2的规定。

表B.2 图廓尺寸精度要求　　单位:cm

项目	实际尺寸与理论尺寸最大误差	
	边长	对角线
展点图	±0.15	±0.20
遥感影像原图(镶嵌图)	±0.20	±0.30

B.2 规格

(1)数学基础。国家大地坐标系是测制国家基本比例尺地图的基础。遥感影像平面图的坐标系采用国家规定的统一坐标系,包括1980西安坐标系、1954北京坐标系及2000国家大地坐标系。遥感影像平面图的投影采用高斯-克吕格投影,而1∶100万遥感影像平面图的投影采用正轴等角圆锥投影。

(2)分幅与编号。遥感影像图制图的分幅和编号,执行《国家基本比例尺地形图分幅和编号》(GB/T 13989—2012)的规定,也可根据用户需要进行操作。

(3)颜色。遥感影像平面图的颜色分为单色和彩色。

B.3　准备工作

(1)影像的选择。用于制作遥感影像平面图的遥感影像应符合下列要求:镶嵌的相邻影像之间重叠度一般应大于影像宽度4%;要求所选遥感影像清晰,色调均匀,层次丰富,相邻影像获取时间相近,并且为倾角较小的全色或多光谱遥感影像;图像的地面分辨率与遥感影像地面分辨率应相匹配,符合要求;制作单色遥感影像平面图可选择全色影像或单波段影像,制作彩色遥感影像平面图一般选择多光谱影像。

(2)其他资料的收集。除了遥感影像,还可以收集一些其他资料,如地形图、数字线划图(DLG)、数字栅格地图(DRG)、地面控制点数据、相应的数字高程模型(DEM)、现势性强的专题图及其他文字资料。

B.4　遥感影像平面图作业流程

遥感影像平面图的制作一般包括图像去噪、辐射校正、正射校正、几何精校正(具体操作可以参阅实验十二、实验十四)等。需要对精校正后的影像进行后处理,然后按照快速成图基本要求,对其进行整饰,添加注记,如图B.1所示。其中,图廓整饰的主要内容有:图名、图号、图幅结合表、密级、内外图廓线及其经、纬度注记、公里网线及其注记、界端注记、结合图表、区域注记、图例、比例尺、图像获取时间、制作单位、坐标系、出版年代等。图廓外和图廓间整饰、注记的样式依照比例尺分别按照《国家基本比例尺地图图式　第3部分:1∶25 000 1∶50 000 1∶100 000地形图图式》(GB/T 20257.3—2017)和《国家基本比例尺地图图式　第4部分:1∶250 000 1∶500 000 1∶1 000 000地形图图式》(GB/T 20257.4—2017)的规定执行。

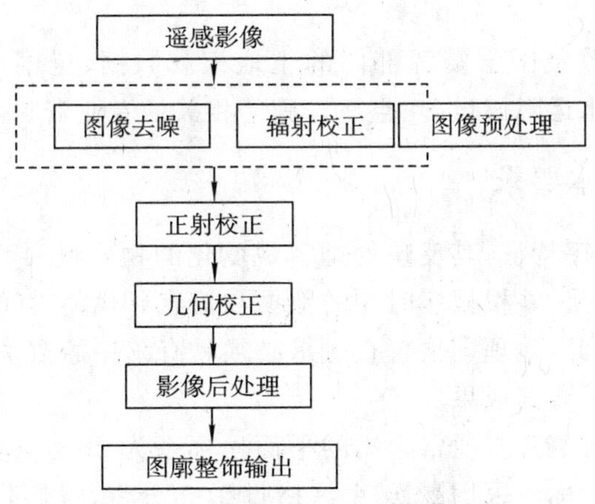

图B.1　遥感影像平面图制作流程

附录C　地理国情普查数据与成果要求(节选)

地理国情是国情的一部分。狭义来看,地理国情是指与地理空间紧密相连的自然环境、自然资源基本情况和特点的总和;广义来看,地理国情是指通过地理空间属性对包括自然环境与自然资源、科技教育状况、经济发展状况、政治状况、社会状况、文化传统、国际环境和国际关系等在内的各类国情进行关联与分析,从而得出能够深入揭示经济社会发展的时空演变和内在关系的综合国情。地理国情普查是一项重大的国情国力调查,是全面获取地理国情信息的重要手段,是掌握地表自然、生态及人类活动基本情况的基础性工作。

C.1　主要数据源

在开展地理国情普查时,外业调查主要利用遥感高分辨率影像数据或无人机航片进行调绘,再结合实地细部传统测绘来完成,因此外业调绘数据源必须准备充分。

(1)高分辨率影像。地理国情普查采用覆盖全国范围的遥感影像数据或航空摄影数据,影像的地面分辨率为1 m、2.5 m、5 m,时相为近几年的多光谱影像数据。高分辨率影像数据主要用于土地覆被分类、属性数据获取及各要素的更新。

(2)数字线划图数据或地形图。全国1∶1万数字线划图数据(地形图)是地理国情普查的一个重要信息源。将其应用于地理国情调查前,需要按照地理国情要素要求对其进行提取、整合。1∶5万数字线划图数据是目前覆盖全国的基础地理信息数据中比例尺最大的,是开展地理国情信息普查的重要数据源。1∶5万数字线划图数据与1∶1万基础数据资料结合可为相关区域要素的属性采集提供参考数据源。

(3)高精度数字高程模型数据。地理国情普查采用的高程数据包括LiDAR数据和高精度数字高程模型数据。

(4)专题数据资料。收集国土资源部门的土地权属数据、全国水利普查数据、各级别地图资料,以及铁路、道路、水运附属设施、空运设施等相关的专业资料。

C.2　普查成果基本要求

地理国情有明显的时序特征,其反映的是客观变化的物质世界和社会现实。这就要求必须及时采集和更新普查成果,并根据多时相的数据和信息寻找随时间变化的分布规律,进而对未来做出预测或预报。因此,地理国情普查成果必须具有统一的数学坐标系和高程系统,按照规定划分图幅,并提交统一数据成果。

(1)数学基础。地理国情普查通常采用的平面坐标系为2000国家大地坐标系,高程基准为1985国家高程基准。坐标系采用高斯-克吕格投影6°分带,投影带坐标原点为投影带的中央经线与赤道的交点向西平移500 km后的点位。数据坐标单位为m。

(2)分幅要求。地理国情普查数据要求按照1∶5万标准分幅进行数据采集及提交。影像分幅编号按照《国家基本比例尺地形图分幅和编号》(GB/T 13989—2012)执行。

(3)提交成果内容。根据任务区的要求,提交成果一般包括影像数据、精细化数字高程模型数据、地理国情普查数据和地理国情信息遥感解译样本数据。

(4)平面精度指标。在将地面分辨率高于1 m的正射影像数据作为数据源进行地理要素采集时,不同地形类别的地物点对附近野外控制点的平面位置中误差要求不一致,平地和丘陵地物点要求不大于5 m,山地和高山地要求不大于7.5 m。

在将地面分辨率优于2.5 m的正射影像数据作为数据源进行数据采集时,平地和丘陵地物点对附近野外控制点的平面位置中误差要求不大于25 m,山地和高山地地物点对附近野外控制点的平面位置中误差要求不大于37.5 m。

特殊困难地区和控制资料贫乏地区地物点对附近野外控制点的平面位置中误差按相应地形类别放宽0.5倍,以2倍中误差为最大误差。

附录D 卫星数据介绍

D.1 高分专项

2006年我国政府将高分辨率对地观测系统重大专项(简称“高分专项”)列入《国家中长期科学与技术发展规划纲要(2006—2020年)》,2009年实施方案经领导小组会议审议通过;2010年5月经国务院常务会审议批准,高分专项全面启动实施。高分专项的实施将全面提升我国自主获取高分辨率观测数据的能力,加快我国空间信息应用体系的建设,推动卫星及应用技术的发展,有力保障现代农业、防灾减灾、资源调查、环境保护和国家安全的重大战略需求,大力支撑国土调查与利用、地理测绘、海洋和气候气象观测、水利和林业资源监测、城市和交通精细化管理、卫生疫情监测、地球系统科学研究等重大领域应用需求,积极发挥区域示范应用,加快推动空间信息产业发展。

高分专项建设将为我国在对地观测领域开展国际交流与合作提供有力支撑,目前已成功发射高分一号(图D.1)、二号、三号、四号、五号、六号、七号、八号、九号、十一号卫星,为国土资源监察提供了有力支撑。

图D.1 高分一号卫星

1. 高分一号卫星

高分一号卫星(GF-1)是中国高分辨率对地观测系统的首发卫星,于2013年4月由长征二号丁运载火箭成功发射,开启了中国对地观测的新时代。高分一号卫星突破性技术包括:空间分辨率、多光谱与高时间分辨率结合的光学遥感技术,多载荷图像拼接融合技术,高精度、高稳定度姿态控制技术,高分辨率数据处理与应用等关键技术。这些技术对于推动我国卫星工程水平的提升,提高我国高分辨率数据自给率,具有重大战略意义。

高分一号卫星采用太阳同步轨道,有效载荷包括2台高分辨率相机、4台中分辨率相机及配套的高速数传系统,具备每天8轨成像、侧摆35°成像能力,最长成像时间为12分钟。高分一号卫星主要技术特点如表D.1所示。

表 D.1　高分一号卫星有效载荷技术指标

<table>
<tr><th>载荷</th><th>谱段号</th><th>谱段范围
/μm</th><th>空间分辨率
/m</th><th>幅宽
/km</th><th>侧摆能力</th><th>重访时间
/天</th></tr>
<tr><td rowspan="5">全色多光谱相机</td><td>1</td><td>0.45～0.9</td><td>2</td><td rowspan="5">60
(2台相机组合)</td><td rowspan="9">正负 35°</td><td rowspan="5">4</td></tr>
<tr><td>2</td><td>0.45～0.52</td><td rowspan="4">8</td></tr>
<tr><td>3</td><td>0.52～0.59</td></tr>
<tr><td>4</td><td>0.63～0.69</td></tr>
<tr><td>5</td><td>0.77～0.89</td></tr>
<tr><td rowspan="4">多光谱相机</td><td>6</td><td>0.45～0.52</td><td rowspan="4">16</td><td rowspan="4">—</td><td rowspan="4">2</td></tr>
<tr><td>7</td><td>0.52～0.59</td></tr>
<tr><td>8</td><td>0.63～0.69</td></tr>
<tr><td>9</td><td>0.77～0.89</td></tr>
</table>

2. 高分二号卫星

高分二号(GF-2)卫星是我国自主研制的首颗空间分辨率优于1 m的民用光学遥感卫星，具有亚米级空间分辨率、高定位精度和快速姿态机动能力等特点，有效地提升了卫星综合观测效能，达到了国际先进水平。高分二号卫星于2014年8月19日成功发射，8月21日首次开机成像并传输数据，星下点空间分辨率可达0.8 m。该卫星的发射成功标志着我国遥感卫星进入了亚米级“高分时代”。

高分二号卫星基于资源卫星CS-L3000A平台开发，重量为2 100 kg，设计寿命为5～8年，运行轨道高度为631 km、倾角为97.9°、降交点地方时为上午10:30，是太阳同步回归轨道，搭载了2台1 m全色和4 m多光谱相机，实现了拼幅成像，星下点分辨率为全色0.81 m、多光谱3.24 m，成像幅宽为45 km。设计具有180 s内侧摆35°能保持稳定的姿态机动能力，能每天成像14圈，每圈最长成像15分钟，能实现69天内对全球的观测覆盖，以及5天内对地球表面上任一区域的重复观测。其有效载荷技术指标如表D.2所示。

表 D.2　高分二号卫星有效载荷技术指标

<table>
<tr><th>载荷</th><th>谱段号</th><th>谱段范围
/μm</th><th>空间分辨率
/m</th><th>幅宽
/km</th><th>侧摆能力</th><th>重访时间
/天</th></tr>
<tr><td rowspan="5">全色多光谱相机</td><td>1</td><td>0.45～0.90</td><td>1</td><td rowspan="5">45
(2台相机组合)</td><td rowspan="5">正负 35°</td><td rowspan="5">5</td></tr>
<tr><td>2</td><td>0.45～0.52</td><td rowspan="4">4</td></tr>
<tr><td>3</td><td>0.52～0.59</td></tr>
<tr><td>4</td><td>0.63～0.69</td></tr>
<tr><td>5</td><td>0.77～0.89</td></tr>
</table>

3. 高分三号卫星

2016年8月，我国用长征四号丙运载火箭成功将高分三号卫星发射升空。这是中国首颗分辨率达到1 m的C频段多极化合成孔径雷达(SAR)成像卫星。高分三号卫星是世界上成像模式最多的合成孔径雷达卫星，具有12种成像模式。它不仅涵盖了传统的条带、扫描成像模式，而且可在聚束、条带、扫描、波浪、全球观测、高低入射角等多种成像模式下实现自由切换，既可以探地，又可以观海，达到“一星多用”的效果。

高分三号卫星可全天候、全天时监测全球海洋和陆地资源，通过左右姿态机动扩大观测范围、提升快速响应能力，将为自然资源部、民政部、水利部、中国气象局等用户提供高质量和高精度的稳定观测数据，有力支撑海洋权益维护、灾害风险预警预报、水资源评价与管理、灾害天气和气候变化预测和预报等应用，有效改变我国高分辨率合成孔径雷达图像依赖进口的现状，对海洋强国、“一带一路”建设具有重大意义。其有效载荷技术指标如表 D.3 所示。

表 D.3 高分三号卫星有效载荷技术指标

成像模式名称		分辨率/m	幅宽/km	极化方式
滑块聚束(SL)		1	10	单极化
条带成像模式	超精细条带(UFS)	3	30	单极化
	精细条带 1(FSⅠ)	5	50	双极化
	精细条带 2(FSⅡ)	10	100	双极化
	标准条带(SS)	25	130	双极化
	全极化条带 1(QPSⅠ)	8	30	全极化
	全极化条带 2(QPSⅡ)	25	40	全极化
扫描成像模式	窄幅扫描(NSC)	50	300	双极化
	宽幅扫描(WSC)	100	500	双极化
	全球观测成像模式(GLO)	500	650	双极化
波成像模式(WAV)		10	5	全极化
扩展入射角(EXT)	低入射角	25	130	双极化
	高入射角	25	80	双极化

D.2 美国陆地卫星 Landsat 系列

美国陆地卫星(Landsat)系列卫星由美国国家航空航天局(NASA)和美国地质调查局(USGS)共同管理。自 1972 年起，Landsat 系列卫星陆续发射，是美国用于探测地球资源与环境的系列地球观测卫星系统，曾称作地球资源技术卫星(ERTS)。中国科学院遥感与数字地球研究平台、地理空间数据云平台等可提供 Landsat 系列卫星数据下载。

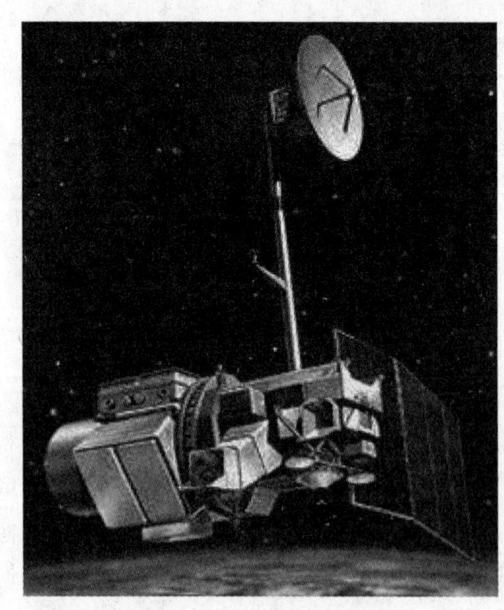

图 D.2 Landsat5 卫星

陆地卫星的主要任务是调查地下矿藏、海洋资源和地下水资源，监视和协助管理农、林、畜牧业和水利资源的合理使用，预报农作物的收成，研究自然植物的生长和地貌，考察和预报各种严重的自然灾害(如地震)和环境污染，拍摄各种目标的图像，以及绘制各种专题图(如地质图、地貌图、水文图)等。

(1)Landsat5 卫星(图 D.2)是美国陆地卫星系列中的第五颗。Landsat5 卫星于 1984 年 3 月发射升空，是一颗光学对地观测卫星，有效载荷为专题制图仪(TM)和多光谱成像仪(MSS)。Landsat5 卫星所获得的图像是迄今为止在全球应用最广泛、成效最显著的地球资源卫星遥感信息源，也是目前在轨运行时间最长的光学遥感卫星。其获得的图像如图 D.3 所示。

(2)Landsat7 卫星于 1999 年 4 月发射，装备有增强型专题制图仪(ETM+)，可被动感应地表反射的太阳辐射和散发的热辐射，有 8 个波段

图D.3　遵化市Landsat5假彩色合成图像(TM741)

的感应器,覆盖了从红外到可见光的不同波长范围。与Landsat5卫星的专题制图仪传感器相比,ETM+增加了15 m分辨率的一个波段,在红外波段的分辨率更高,因此有更高的准确性。2003年5月31起,Landsat7的扫描仪校正器出现异常,只能采用SLC-off模型对数据进行校正。

(3)Landsat8卫星(图D.4)于2013年2月发射,装备有陆地成像仪(OLI)和热红外传感器(TIRS)。陆地成像仪被动感应地表反射的太阳辐射和散发的热辐射,有9个波段的感应器,覆盖了从红外到可见光的不同波长范围。与Landsat7卫星的ETM+传感器相比,陆地成像仪增加了一个蓝色波段(0.433～0.453 μm)和一个短波红外波段(波段9:1.360～1.390 μm),蓝色波段主要用于海岸带观测,短波红外波段包括水汽强吸收特征,可用于云检测。热红外传感器技术先进、性能很好,收集地球热量流失,目标是了解所观测地带的水分消耗,特别是干旱地区的水分消耗。Landsat8获得的影像如图D.5所示。

图D.4　Landsat8卫星

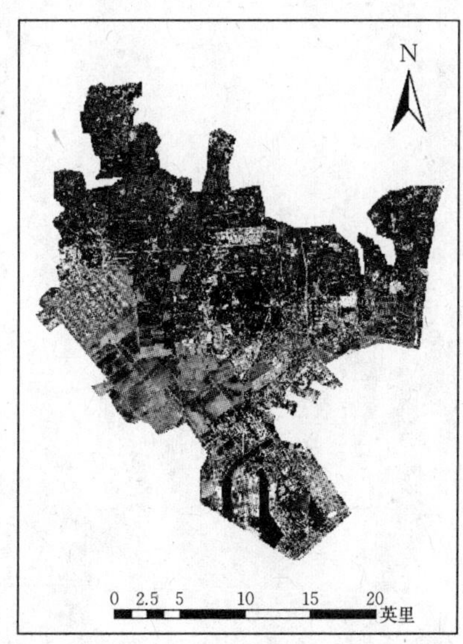

图D.5　曹妃甸区Landsat8遥感影像

D.3　日本ALOS卫星

ALOS卫星于2006年1月发射，是JERS-1与ADEOS的后继星，采用了先进的陆地观测技术，能够获取全球高分辨率陆地观测数据，主要应用目标为测绘、区域环境观测、灾害监测、资源调查等。ALOS卫星载有三种传感器(表D.4)：全色遥感立体测绘仪(PRISM)，主要用于数字高程测绘；先进的可见光与近红外辐射计-2(AVNIR-2)，用于精确陆地观测；相控阵型L波段合成孔径雷达(PALSAR)，用于全天时、全天候陆地观测。

表D.4　ALOS卫星有效载荷技术指标

传感器	波段数量				重访周期/天		分辨率/m		扫描幅宽/km
传感器	全色	可见光	近红外	雷达	最小	最大	最高	最低	垂直轨道方向
PRISM	1	—	—	—	1	2	2.5	2.5	70
AVNIR-2	—	3	1	—	—	—	10	10	70
PALSAR	—	—	—	1	—	—	10	100	60

(1)PRISM具有独立的3台观测相机，分别用于星下点、前视和后视观测，沿轨道方向获取立体影像，星下点空间分辨率为2.5 m。其数据主要用于建立高精度数字高程模型。

(2)AVNIR-2传感器比ADEOS卫星所携带的AVNIR具有更高的空间分辨率，主要用于陆地和沿海地区的观测，为区域环境监测提供土地覆盖图和土地利用分类图。为了满足灾害监测的需要，AVNIR-2提高了确定交轨方向的能力，侧摆角度为44°，能及时观测受灾地区。

(3)PALSAR是一种主动式微波传感器，它不受云层、天气和昼夜影响，可全天候对地观测，比JERS-1卫星所携带的合成孔径雷达传感器性能更优越。该传感器具有高分辨率、扫描式合成孔径雷达、极化三种观测模式，其中，高分辨率模式(幅度10 m)结合广域模式(幅度250～350 km)，使传感器能获取比普通合成孔径雷达更宽的地面幅宽，可以用来监测更大范围的细微的地表形变，更好地应用于灾害监测领域和地质监测领域。

附录 E　土地利用现状分类标准

2017 年 11 月 1 日，由国土资源部组织修订的国家标准《土地利用现状分类》(GB/T 21010—2017)，经国家质量监督检验检疫总局、国家标准化管理委员会批准发布并实施。该标准规定了土地利用现状的总则、分类和编码，适用于土地调查、规划、审批、供应、整治、执法、评价、统计、登记及信息化管理等工作。在使用本标准时，也可根据需要在本分类基础上续分土地利用类型。

《土地利用现状分类》采用一级、二级两个层次的分类体系，分为 12 个一级类、73 个二级类。

《土地利用现状分类》将土地利用现状分为耕地、园地、林地、草地、商服用地、工矿仓储用地、住宅用地、公共管理与公共服务用地、特殊用地、交通运输用地、水域及水利设施用地、其他土地共计 12 类，一级类和二级类如表 E.1 所示。

表 E.1　土地利用现状分类

<table>
<tr><th>一级类</th><th>二级类</th><th>一级类</th><th>二级类</th><th>一级类</th><th>二级类</th></tr>
<tr><td rowspan="3">耕地</td><td>水田</td><td rowspan="4">工矿仓储用地</td><td>工业用地</td><td rowspan="6">交通运输用地</td><td rowspan="2">交通服务场（站）用地</td></tr>
<tr><td>水浇地</td><td>采矿用地</td></tr>
<tr><td>旱地</td><td>盐田</td><td>农村道路</td></tr>
<tr><td rowspan="4">园地</td><td>果园</td><td>仓储用地</td><td>机场用地</td></tr>
<tr><td>茶园</td><td rowspan="2">住宅用地</td><td>城镇住宅用地</td><td>港口码头用地</td></tr>
<tr><td>橡胶园</td><td>农村宅基地</td><td>管道运输用地</td></tr>
<tr><td>其他园地</td><td rowspan="10">公共管理与公共服务用地</td><td>机关团体用地</td><td rowspan="10">水域及水利设施用地</td><td>河流水面</td></tr>
<tr><td rowspan="7">林地</td><td>乔木林地</td><td>新闻出版用地</td><td>湖泊水面</td></tr>
<tr><td>竹林地</td><td>教育用地</td><td>水库水面</td></tr>
<tr><td>红树林地</td><td>科研用地</td><td>坑塘水面</td></tr>
<tr><td>森林沼泽</td><td>医疗卫生用地</td><td>沿海滩涂</td></tr>
<tr><td>灌木林地</td><td>社会福利用地</td><td>内陆滩涂</td></tr>
<tr><td>灌丛沼泽</td><td>文化设施用地</td><td>沟渠</td></tr>
<tr><td>其他林地</td><td>体育用地</td><td>沼泽地</td></tr>
<tr><td rowspan="4">草地</td><td>天然牧草地</td><td>公共设施用地</td><td>水工建筑用地</td></tr>
<tr><td>沼泽草地</td><td>公园与绿地</td><td>冰川及永久积雪</td></tr>
<tr><td>人工牧草地</td><td rowspan="6">特殊用地</td><td>军事设施用地</td><td rowspan="9">其他土地</td><td>空闲地</td></tr>
<tr><td>其他草地</td><td>使领馆用地</td><td>设施农用地</td></tr>
<tr><td rowspan="7">商服用地</td><td>零售商业用地</td><td>监教场所用地</td><td>田坎</td></tr>
<tr><td>批发市场用地</td><td>宗教用地</td><td>盐碱地</td></tr>
<tr><td>餐饮用地</td><td>殡葬用地</td><td>沙地</td></tr>
<tr><td>旅馆用地</td><td>风景名胜设施用地</td><td>裸土地</td></tr>
<tr><td>商务金融用地</td><td rowspan="3">交通运输用地</td><td>轨道交通用地</td><td>裸岩石砾地</td></tr>
<tr><td>娱乐用地</td><td>公路绿地</td><td rowspan="2"></td></tr>
<tr><td>其他商服用地</td><td>城镇村道路用地</td></tr>
</table>

《中华人民共和国土地管理法》将土地分为农用地、建设用地、未利用地三大类,《土地利用现状分类》标准与其对照关系如表 E.2 所示。

表 E.2 《中华人民共和国土地管理法》与《土地利用现状分类》分类对照

三大类	土地利用现状分类		三大类	土地利用现状分类	
	一级	二级		一级	二级
农用地	耕地	水田	建设用地	公共管理与公共服务用地	机关团体用地
		水浇地			新闻出版用地
		旱地			教育用地
	园地	果园			科研用地
		茶园			医疗卫生用地
		橡胶园			社会福利用地
		其他园地			文化设施用地
	林地	乔木林地			体育用地
		竹林地			公共设施用地
		红树林地			公园与绿地
		森林沼泽		特殊用地	军事设施用地
		灌木林地			使领馆用地
		灌丛沼泽			监教场所用地
		其他林地			宗教用地
	草地	天然牧草地			殡葬用地
		沼泽草地			风景名胜设施用地
		人工牧草地		交通运输用地	轨道交通用地
	交通运输用地	农村道路			公路绿地
					城镇村道路用地
	水域及水利设施用地	水库水面			交通服务场(站)用地
		坑塘水面			机场用地
		沟渠			港口码头用地
	其他土地	设施农用地			管道运输用地
		田坎		水域及水利设施用地	水工建筑用地
建设用地	商服用地	零售商业用地			
		批发市场用地		其他土地	空闲地
		餐饮用地	未利用地	草地	其他草地
		旅馆用地		水域及水利设施用地	河流水面
		商务金融用地			湖泊水面
		娱乐用地			沿海滩涂
		其他商服用地			内陆滩涂
	工矿仓储用地	工业用地			沼泽地
		采矿用地			冰川及永久积雪
		盐田		其他土地	盐碱地
		仓储用地			沙地
	住宅用地	城镇住宅用地			裸土地
		农村宅基地			裸岩石砾地

附录F 参考图

本书实验和实习过程中涉及的彩图如图 F.1 至图 F.7 所示。

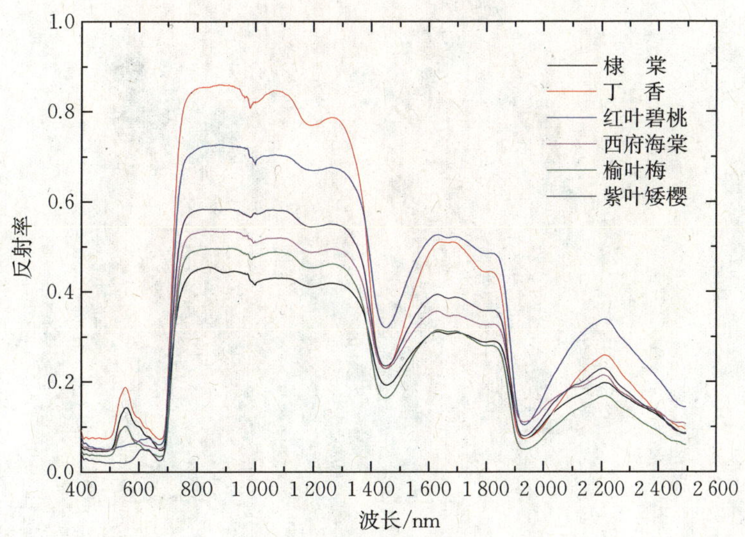

图 F.1 实测植被光谱曲线对比

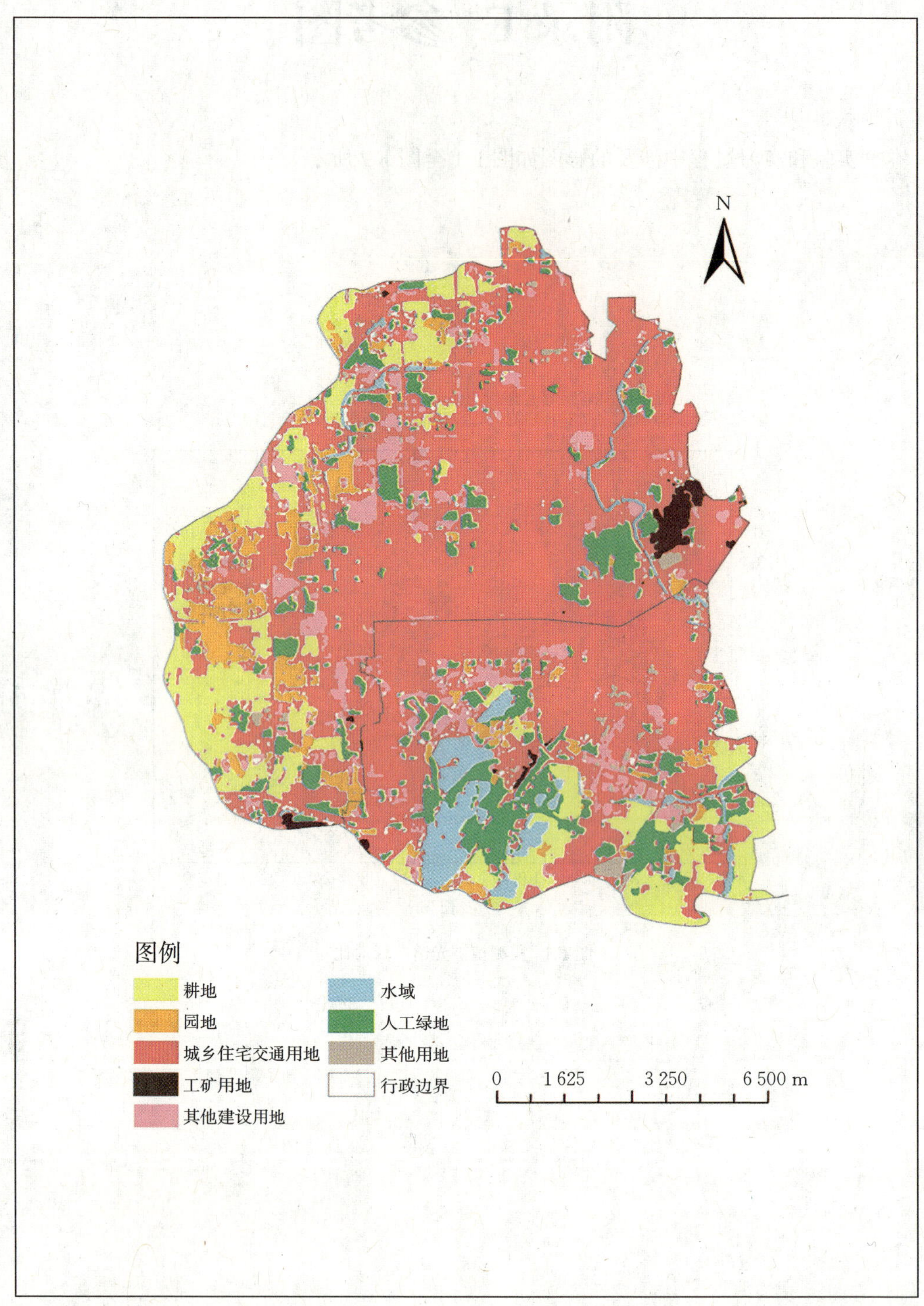

图 F.2 2014 年唐山土地覆被专题图

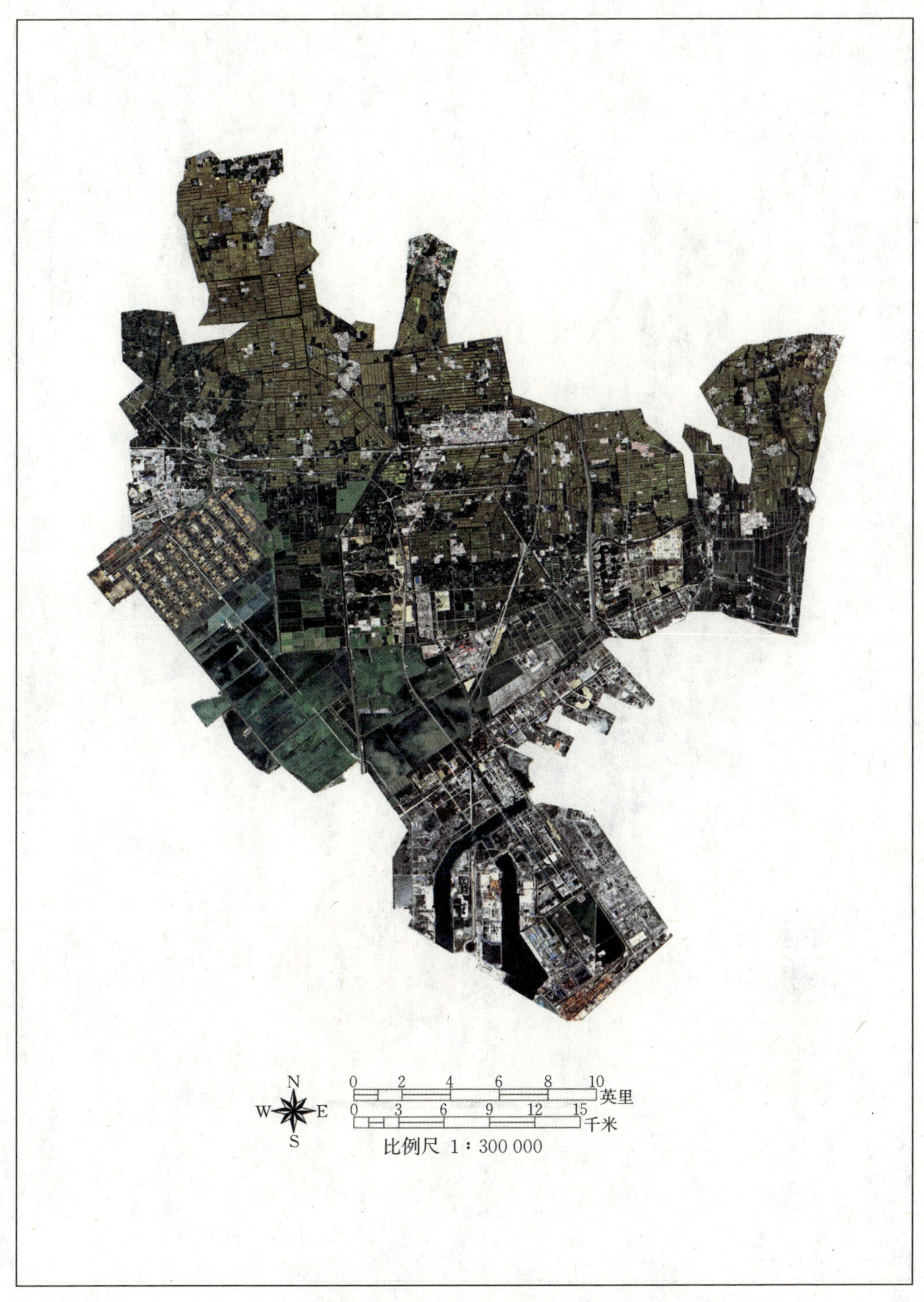

图 F.3 曹妃甸区 Landsat8 遥感影像图

图 F.4 曹妃甸区遥感影像决策树分类后影像图——Landsat8-OLI

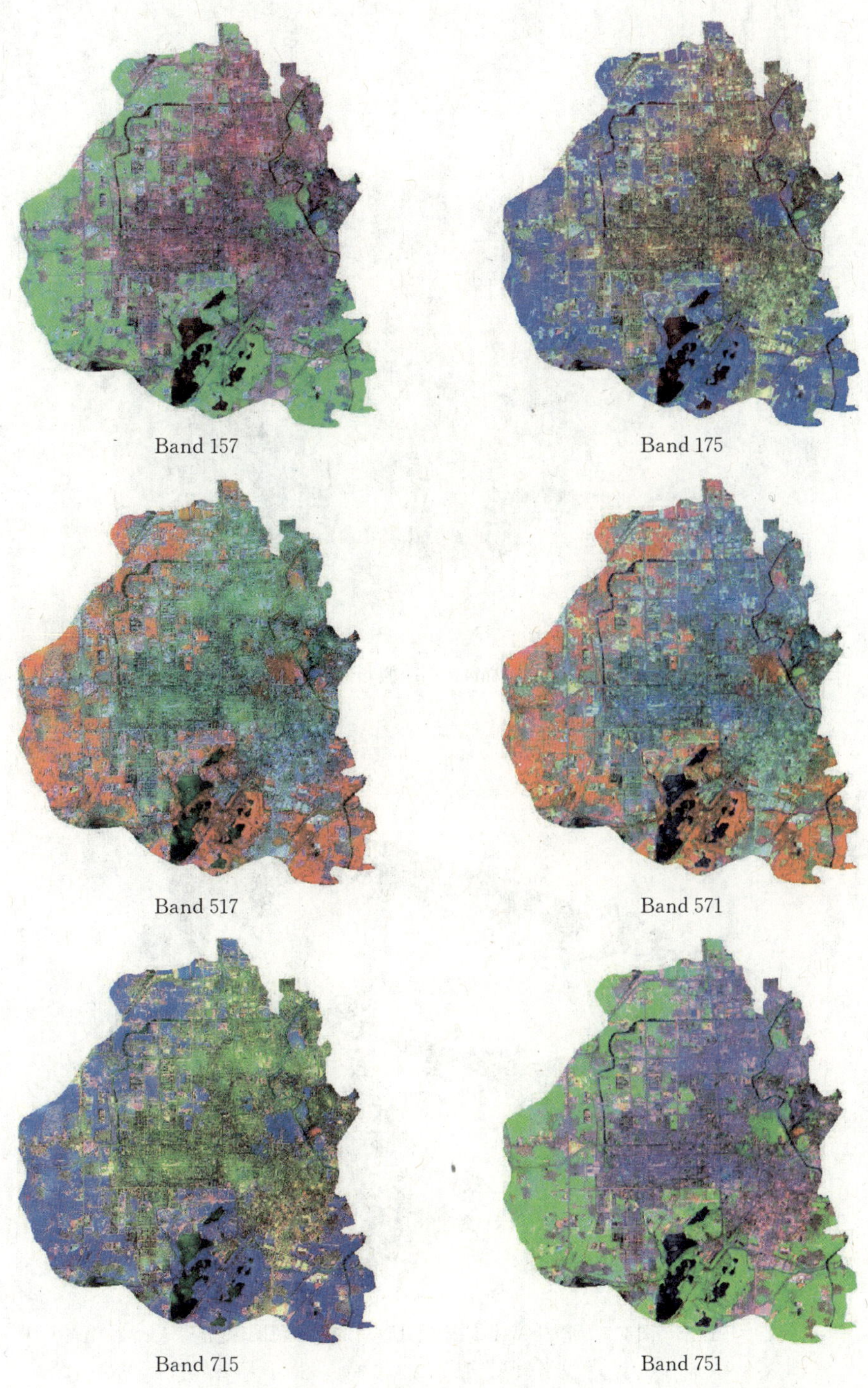

图 F.5 唐山市主城区不同波段组合遥感影像图——Landsat8 数据

图 F.6 TM7、TM4、TM1 假彩色合成图像

图 F.7 研究区数据经掩模处理后的真彩色图像